中国房地产估价师与房地产经纪人学会
地址：北京市海淀区首体南路9号主语国际7号楼11层
邮编：100048
电话：(010) 88083151
传真：(010) 88083156
网址：http://www.cirea.org.cn
http://www.agents.org.cn

全国房地产经纪人职业资格考试用书

房地产交易制度政策

（第五版）

中国房地产估价师与房地产经纪人学会　编写

王全民　主　编
王永慧　副主编

中国建筑工业出版社
中国城市出版社

图书在版编目(CIP)数据

房地产交易制度政策 / 中国房地产估价师与房地产经纪人学会编写 ; 王全民主编 ; 王永慧副主编. — 5版. — 北京 : 中国建筑工业出版社, 2024.1（2024.8重印）
全国房地产经纪人职业资格考试用书
ISBN 978-7-112-29600-2

Ⅰ. ①房… Ⅱ. ①中… ②王… ③王… Ⅲ. ①房地产业—经济制度—中国—资格考试—自学参考资料②房地产业—经济政策—中国—资格考试—自学参考资料 Ⅳ. ①F299.233.1

中国国家版本馆CIP数据核字（2024）第012386号

责任编辑：毕凤鸣
文字编辑：李闻智
责任校对：赵　力

全国房地产经纪人职业资格考试用书
房地产交易制度政策
（第五版）
中国房地产估价师与房地产经纪人学会　编写
王全民　主　编
王永慧　副主编
*
中国建筑工业出版社、中国城市出版社出版、发行（北京海淀三里河路9号）
各地新华书店、建筑书店经销
北京红光制版公司制版
北京市密东印刷有限公司印刷
*
开本：787毫米×960毫米　1/16　印张：18½　字数：351千字
2024年1月第五版　　2024年8月第二次印刷
定价：**50.00**元
ISBN 978-7-112-29600-2
（42316）

目　录

第一章　房地产业及相关法规政策

房地产业是国民经济中的重要产业，按照房地产行业细分，房地产经纪业在房地产交易中具有不可替代的重要作用。房地产经纪人要做好房地产经纪服务工作，应准确掌握和正确运用房地产交易制度与政策。为使房地产经纪人全面了解房地产业状况和房地产相关法规政策等基本情况，本章介绍了房地产业概况、房地产经纪相关法规政策体系和相关法规的主要规定等。

第一节　房　地　产　业

一、房地产业的概念和性质

（一）房地产业的概念

房地产业是从事房地产投资、开发、经营、服务和管理的行业，包括房地产开发经营、物业管理、房地产中介服务、房地产租赁经营和其他房地产活动。在国民经济产业分类中，房地产业属于第三产业，是为生产和生活服务的产业。房地产业关联度高、带动力强，是我国国民经济的基础性、先导性和支柱性的重要产业。引导和促进房地产业持续稳定健康发展，有利于保持国民经济平稳较快增长，有利于满足广大居民的合理住房消费需求，有利于人民群众安居乐业。

（二）房地产业与建筑业的关系

与房地产业密切相关的建筑业，可以从“广义”“狭义”两个层面来理解。广义的建筑业涵盖了建筑产品的生产（即施工）以及与建筑生产有关的所有服务内容，包括规划、勘察、设计、建筑材料与成品及半成品的生产、施工及安装，建成环境的运营、维护及管理，以及相关的咨询和中介服务等。狭义的建筑业是指建筑产品的生产活动。根据《国民经济行业分类》GB/T 4754—2017，建筑业包括：房屋建筑业，土木工程建筑业，建筑安装业，建筑装饰、装修和其他建筑业。建筑产品包括：住宅、公寓、别墅等居住建筑，行政办公、商业商务、旅馆、文化、体育、卫生、交通、通信等公共建筑，生产厂房、仓库、辅助附属设施等工业建筑，铁路、桥梁、码头、大坝和隧道等基础设施。

房地产业与建筑业既有区别又有联系。它们之间的主要区别是：建筑业是物质生产部门，属于第二产业；房地产业兼有生产（开发）、经营、服务和管理等多种性质，属于第三产业。这两个产业又有着非常密切的关系，因为它们的业务对象主要都是房地产。在房地产开发活动中，房地产开发企业与建筑施工企业往往是甲方与乙方的合作关系，房地产开发企业是房地产开发建设的甲方，建筑施工企业是乙方；房地产开发企业是投资开发者、策划者、组织者，承担发包任务；建筑施工企业则是建设工程承包单位，按照承包合同的要求完成基础设施建设、场地平整等土地开发和房屋建设工程的生产任务。

二、房地产业的地位和作用

房地产业是国民经济的重要组成部分。国民经济的发展水平决定着房地产业的发展水平，房地产业的发展既受到国民经济的制约，又能促进国民经济的发展。房地产业有以下重要作用：

（1）可以为国民经济的发展提供重要的物质条件。房地产是国民经济发展的一个基本生产要素，任何行业的发展都离不开房地产。

（2）房地产业关联度高、带动力强，可以带动建筑、建材、化工、轻工、电子、家居用品等相关产业的发展。

（3）可以改善居民的住房条件和生活环境。可通过加快旧城改造和城市基础设施建设，改变落后的城市面貌，改善居民的住房条件和生活环境。通过综合开发，避免分散建设的弊端，有利于城市规划的实施。

（4）有利于优化产业结构，改善投资硬环境，吸引外资，加快改革开放的步伐。

（5）可以扩大就业。特别是房地产经纪行业和物业管理行业，能够吸纳较多的从业人员。

（6）可以增加政府财政收入。随着国民经济和房地产业的进一步发展，房地产业仍将在国民经济发展中发挥重要的作用。

三、房地产业的行业细分

在房地产开发、经营等过程中，需要多领域、多部门和多行业的参与，例如测绘、勘察设计、城市规划、建筑、法律、市场营销等。根据《国民经济行业分类》GB/T 4754—2017，房地产业主要包括房地产开发经营、物业管理、房地产中介服务、房地产租赁经营和其他房地产业。其中，房地产租赁经营、物业管理和房地产中介服务合称房地产服务业；房地产中介服务又分为房地产咨询、房地产估价和房地产经纪等活动。

（一）房地产开发经营业

房地产开发经营是指取得待开发房地产（主要是土地），然后进行基础设施建设、场地平整等土地开发或者房屋建设，再转让开发完成后的土地、房地产开发项目或者销售、出租建成后的房屋的活动。房地产开发经营业则是指从事房地产开发的行业，其具有单件性、投资大、周期长、风险高、回报率高、附加值高、产业关联度高和带动力强等特点。房地产开发企业的收入具有不连续性。房地产开发企业主要是组织者和决策者，在开发经营过程中特别关注房地产市场的发展变化，并把资金、相关专业服务人员和机构、建筑承包商等组织结合起来完成既定的开发经营目标。多年来，在我国房地产业中房地产开发经营业占主体地位，随着存量房时代的到来，房地产开发经营业将发生深刻变化。

（二）物业管理业

物业管理是指物业服务企业按照合同约定，对已建成并经竣工验收投入使用的各类房屋及配套的设施设备和相关场地进行维修、养护、管理，维护物业管理区域内的环境卫生和相关秩序，并提供相关服务的活动。物业管理业则是指从事物业管理的行业。从事物业管理活动的物业服务企业需要树立服务意识，正确处理好与业主的关系。物业管理业又称物业管理服务业。

（三）房地产咨询业

房地产咨询是指为有关房地产活动的当事人提供法律法规、政策、信息、技术等方面的咨询服务。房地产咨询业则是指从事房地产咨询的行业。现实中，房地产咨询业的具体业务主要有接受当事人的委托进行房地产市场调查研究、房地产投资项目可行性研究、房地产开发项目策划等。目前，房地产估价师和房地产估价机构或者房地产经纪人和房地产经纪机构承担了大量的房地产咨询业务。

（四）房地产估价业

房地产估价主要是通过分析、测算和判断房地产的价值并提出相关专业意见，为土地使用权出让、转让和房地产买卖、抵押、征收征用补偿、损害赔偿、课税等提供价值参考依据的活动。房地产估价业则是指从事房地产估价的行业。房地产估价通常要求独立、客观、公正，开展房地产估价工作需要扎实的估价专业知识、丰富的估价实践经验和良好的职业道德。房地产估价业是知识密集型行业。

（五）房地产经纪业

房地产经纪业是指帮助房地产出售者、出租人寻找到房地产的购买者、承租人，或者帮助房地产的购买者、承租人寻找到其欲购买、承租的房地产等促成交易活动的行业。房地产经纪是房地产市场运行的润滑剂。房地产经纪活动由房地产经纪从业人员来完成，房地产经纪机构主要是为房地产经纪从业人员提供平台和品牌。房地产经纪从业人员中的房地产经纪人应当具备一定的专业知识、经验和较好的信誉。房地产经纪业是知识密集和劳动密集的行业。随着我国房地产市场逐步由新建商品房买卖为主转变为存量房租赁和买卖为主，房地产业将逐步由房地产开发经营为主转变为房地产经纪等房地产服务为主。在成熟的房地产市场中，房地产经纪业发挥着重要作用。

（六）房地产租赁经营业

房地产租赁经营是指各类单位和居民住房的营利性房地产租赁的活动，以及房地产管理部门、企事业单位、机关提供的非营利性租赁服务的活动，包括土地使用权租赁服务、住房租赁服务、保障性住房租赁服务、其他房地产租赁服务等。房地产租赁经营业则是指从事房地产租赁经营的行业。

目前，大力发展住房租赁企业，要充分发挥市场作用，调动企业积极性，通过租赁、购买等方式多渠道筹集房源，提高住房租赁企业规模化、集约化、专业化水平，形成大、中、小型住房租赁企业协同发展的格局，满足不断增长的住房租赁需求；要鼓励房地产开发企业开展住房租赁业务，支持房地产开发企业拓展业务范围，利用已建成住房或新建住房开展租赁业务；要鼓励房地产开发企业出租库存商品住房；要引导房地产开发企业与住房租赁企业合作，发展租赁房地产；要支持和规范个人出租住房，落实鼓励个人出租住房的优惠政策，鼓励个人依法出租自有住房；要规范个人出租住房行为，支持个人委托住房租赁企业和经纪机构出租住房等。

【例题 1-1】下列房地产业的行业细分中，不属于房地产中介服务的是(　　)。

A. 房地产经纪　　　　B. 房地产估价

C. 物业管理　　　　D. 房地产咨询

参考答案：C

第二节 房地产经纪相关法规政策体系

房地产交易涉及的社会面广、资金量大、产权关系复杂，特别需要法律法规的规范，以规范市场行为，建立正常的市场秩序，维护房地产交易当事人的合法权益。房地产经纪是围绕房地产交易提供服务的，房地产交易制度政策是房地产经纪人应当了解掌握的核心内容，因此房地产交易法规政策也是房地产经纪相关法规政策体系的核心。

房地产经纪相关法规政策体系由房地产法律、法规、规章和规范性文件构成。房地产法律制度，是指由房地产法律、法规等规范性文件所规定的，用于调整和规范房地产行业管理以及房地产开发、交易、租赁经营、物业管理等活动的行为准则。

一、房地产法律的调整对象

房地产法律有着特定的调整对象，既不是调整一般的民事关系，也不是调整普通的商品交易关系，它调整的是与房地产开发、交易和物业管理等有关的各种社会关系，具体地说，房地产法律的调整对象包括房地产开发关系、房地产交易关系、物业管理关系、房地产行政管理关系及住房保障法律关系等。

（一）房地产开发关系

房地产开发关系是指在房地产开发企业依法取得建设用地使用权并进行基础设施建设、建造房屋过程中产生的法律关系，包括两方面的内容：第一，获得建设用地使用权；第二，在获得建设用地使用权的土地上建造房屋。

（二）房地产交易关系

房地产交易关系是指参与房地产买卖、租赁、抵押等房地产交易行为的各方当事人在房地产交易过程中产生的法律关系，主要包括：房地产开发企业对特定房地产拥有的所有权关系、开发企业或所有权人将房地产出售给他人时所形成的转让关系、房地产权利人将房地产出租或抵押给他人所形成的租赁关系或抵押关系，以及在交易中产生的中介服务关系。

（三）物业管理关系

物业管理关系是指物业所有者（业主）委托特定的物业服务企业对其所有的物业提供修缮、养护、保管、看管等活动时产生的法律关系。物业管理服务涉及面比较广泛，饭店、办公楼、居住区等都可以通过这种方式来进行管理。

（四）房地产行政管理关系

房地产行政管理关系是指房地产行政主管部门依据法律规定对房地产市场实施管理、监督、检查时发生的法律关系。这种法律关系同前几种关系不同，典型特征是其在行政管理过程中主体法律地位不平等，是管理与被管理的关系。

（五）住房保障法律关系

住房保障法律关系是指在政府通过配租、配售保障性住房或者发放租赁补贴等方式，解决城镇中低收入家庭和个人的住房困难，实现住有所居过程中所产生的行政法律关系与民事法律关系的总称。在住房保障法律关系中涉及以下重点内容。

第一，保障对象。保障对象为住房困难且收入、财产等符合条件的城镇常住家庭和在城镇稳定就业的外来务工人员。

第二，保障方式。包括配租、配售保障性住房或者发放租赁补贴等方式。

第三，房源筹集。保障性住房通过建设、收购、租赁、受赠等多种方式筹集，可以由政府投资，也可以由政府提供政策支持，社会力量投资。其中新建的保障性住房可以在商品房项目中配建，也可以采取集中建设的方式。

第四，租赁型保障性住房运作模式。租赁型保障性住房采取市场租金、分档补贴的运作模式，同时在保障对象承租保障房满足一定条件的前提下可以购买承租的保障性住房。各地要结合本地区经济发展水平、财政承受能力、住房市场租金水平、建设与运营成本、保障对象支付能力等因素，进一步完善保障性租赁住房的租金定价机制，动态调整租金。其中，公共租赁住房租金原则上按照适当低于同地段、同类型住房市场租金水平确定。政府投资建设并运营管理的公共租赁住房，各地可根据保障对象的支付能力实行差别化租金，对符合条件的保障对象采取租金减免。社会投资建设并运营管理的公共租赁住房，各地可按规定对符合条件的低收入住房保障对象予以适当补贴。各地可根据保障对象支付能力的变化，动态调整租金减免或补贴额度，直至按照市场价格收取租金。

第五，产权型保障房运作模式。产权型保障性住房目前多采取共有产权的运作模式，产权份额根据配售价格与同地段、同类型商品住房价格的比例，参考政府土地出让价款减让、税费优惠等因素确定，产权型保障房在满足相关规定条件的前提下可以上市交易。

第六，准入、退出。保障对象应当按照政府规定的条件及程序申请保障房，同时在不符合保障条件或违规使用保障房时应当退出。拒不退出的，住房保障主管部门可以申请人民法院强制执行。

二、房地产法规政策体系

房地产法规政策体系是指各种不同层面的调整房地产法律关系的规范性法律文件，由现行有效的房地产法律、行政法规、地方性法规、部门规章、地方政府规章、规范性文件等构成，按照一定的内在联系而组成的一整套有机、统一、完整的房地产法律法规政策体系。从立法层次上看，主要包括下列内容。

（一）法律

(1)《宪法》。《宪法》是国家的根本大法。对于房地产，《宪法》也作了原则性规定。如《宪法》第十条明确了土地的所有权权属关系，“城市的土地属于国家所有。农村和城市郊区的土地，除由法律规定属于国家所有的以外，属于集体所有；宅基地和自留地、自留山，也属于集体所有”；规定了土地使用权转让，“任何组织或者个人不得侵占、买卖或者以其他形式非法转让土地。土地的使用权可以依照法律的规定转让”；还对土地征收、征用及利用作了原则性规定，“国家为了公共利益的需要，可以依照法律规定对土地实行征收或者征用并给予补偿”，“一切使用土地的组织和个人必须合理地利用土地”。《宪法》具有最高的法律效力，无论是房地产立法或执法都必须遵循宪法规定的原则。

（2）《民法典》。该法由中华人民共和国第十三届全国人民代表大会第三次会议于2020年5月28日通过，自2021年1月1日起施行。《民法典》是新中国第一部以法典命名的法律，在法律体系中居于基础性地位，是规范财产关系的基本法律。调整因物的归属和利用而产生的民事关系，包括明确国家、集体、私人和其他权利人的物权以及对物权的保护。《民法典》共7编1260条，包括总则、物权、合同、人格权、婚姻家庭、继承、侵权责任等。颁布《民法典》的目的是“为了保护民事主体的合法权益，调整民事关系，维护社会和经济秩序，适应中国特色社会主义发展要求，弘扬社会主义核心价值观。”《民法典》与房地产领域有着极其广泛的联系和非常密切的关系。《民法典》使房地产领域涉及的权属界定、物权保护、当事人权利与义务等有了更明确的法律依据，是促进和推动房地产行业高质量发展和保障房地产市场健康运行的重要法律基础。

（3）《城市房地产管理法》。该法于1994年颁布，1995年1月1日起施行，2007年第一次修正，2009第二次修正，2019年第三次修正。制定《城市房地产管理法》是“为了加强对城市房地产的管理，维护房地产市场秩序，保障房地产权利人的合法权益，促进房地产业的健康发展”。《城市房地产管理法》对如何取得国有土地使用权，如何进行房地产开发、房地产交易和房地产权属登记管理等作出具体规定。该法是我国第一部全面规范房地产开发用地、房地产开发建设、房地产交易、房地产登记管理的法律，是房地产业立法、执法和管理的主要依据。

（4）《土地管理法》。该法于1986年颁布，分别于1988年修正、1998年修订、2004年修正、2019年修正。颁布《土地管理法》是“为了加强土地管理，维护土地的社会主义公有制，保护、开发土地资源，合理利用土地，切实保护耕地，促进社会经济的可持续发展”。《土地管理法》是解决土地资源的保护、利用和配置，规范城市建设用地的征收或征用，即征收或征用农村集体所有的土地以及使用国有土地等问题的主要依据。

（5）《城乡规划法》。该法于2007年10月28日颁布，2008年1月1日起施行，分别于2015年、2019年修正。颁布《城乡规划法》是“为了加强城乡规划管理，协调城乡空间布局，改善人居环境，促进城乡经济社会全面协调可持续发展”。《城乡规划法》在城市总体规划、镇总体规划中，除规定了城市、镇的发展布局，功能分区，用地布局，综合交通体系，禁止、限制和适宜建设的地域范围以外，重点是确定规划区范围、规划区内建设用地规模、基础设施和公共服务设施用地、水源地和水系、基本农田和绿化用地、环境保护、自然与历史文化遗产保护以及防灾减灾等内容。

（二）行政法规

行政法规是以国务院令形式颁布的规范性法律文件的总称。涉及房地产的行政法规主要有《土地管理法实施条例》《城市房地产开发经营管理条例》《国有土地上房屋征收与补偿条例》《物业管理条例》《城镇国有土地使用权出让和转让暂行条例》《住房公积金管理条例》《不动产登记暂行条例》等。

（三）部门规章

部门规章是指国务院有关部门，依法按照法定程序、在本部门的权限范围内制定的规定。部门规章是以部门首长签署形式颁布的文件。房地产部门规章主要有《商品房销售管理办法》《城市商品房预售管理办法》《城市房地产转让管理规定》《房地产经纪管理办法》《商品房屋租赁管理办法》《已购公有住房和经济适用住房上市出售管理暂行办法》《城市房地产抵押管理办法》《房产测绘管理办法》《住宅室内装饰装修管理办法》《住宅专项维修资金管理办法》《公共租赁住房管理办法》《不动产登记暂行条例实施细则》《房地产广告发布规定》等。

（四）规范性文件

规范性文件是指行政主管部门根据法律、法规、规章的规定，在本部门的权限范围内，以通知、意见等形式发布的文件或者标准、规范的总称。规范性文件包括国务院、国务院办公厅发布的规范性文件和国务院组成部门发布的规范性文件。近几年国务院、国务院办公厅发布的房地产规范性文件主要有《国务院关于深化城镇住房制度改革的决定》《国务院关于促进房地产市场持续健康发展的通知》《国务院关于深入推进新型城镇化建设的若干意见》《国务院办公厅关于加快培育和发展住房租赁市场的若干意见》《国务院办公厅关于加强个人诚信体系建设的指导意见》等。

近几年国务院组成部门发布的房地产规范性文件主要有《关于进一步加强房地产市场监管完善商品住房预售制度有关问题的通知》《关于规范商业性个人住房贷款中第二套住房认定标准的通知》《关于规范住房公积金个人住房贷款政策有关问题的通知》《关于加强房地产经纪管理进一步规范房地产交易秩序的通知》《关于公共租赁住房和廉租住房并轨运行的通知》《关于加快培育和发展住房租赁市场的指导意见》《关于公共租赁住房税收优惠政策的通知》《关于加强房地产中

介管理促进行业健康发展的意见》《关于营改增后契税、房产税、土地增值税、个人所得税计税依据问题的通知》《关于在人口净流入的大中城市加快发展住房租赁市场的通知》《关于进一步规范和加强房屋网签备案工作的指导意见》《房屋交易合同网签备案业务规范（试行）》《关于提升房屋网签备案服务效能的意见》《关于持续整治规范房地产市场秩序的通知》等。

（五）最高人民法院的司法解释

最高人民法院在审理房地产案件中，会对房地产领域的有关问题进行解释，或者对疑难问题进行研究并就此发布指导性文件。根据《民法典》等法律规定，最高人民法院发布了自 2021 年 1 月 1 日起实施的处理纠纷案件的一系列解释。如最高人民法院《关于审理买卖合同纠纷案件适用法律问题的解释》《关于审理建筑物区分所有权纠纷案件适用法律若干问题的解释》《关于审理物业服务纠纷案件适用法律若干问题的解释》《关于审理涉及国有土地使用权合同纠纷案件适用法律问题的解释》《关于审理商品房买卖合同纠纷案件适用法律若干问题的解释》《关于审理城镇房屋租赁合同纠纷案件具体应用法律若干问题的解释》《关于适用〈中华人民共和国民法典〉婚姻家庭编的解释（一）》《关于适用〈中华人民共和国民法典〉继承编的解释（一）》《关于适用〈中华人民共和国民法典〉物权编的解释（一）》《关于适用〈中华人民共和国民法典〉有关担保制度的解释》等，也是我国房地产法律体系的组成部分。

另外，有关房地产的技术规范，如《房地产估价规范》GB/T 50291—2015、《房地产估价基本术语标准》GB/T 50899—2013、《房产测量规范　第 1 单元：房产测量规定》GB/T 17986.1—2000、《房地产市场信息系统技术规范》GJJ/T 115—2007、《住房公积金个人住房贷款业务规范》GB/T 51267—2017 等，也可纳入广义的房地产法律体系的范畴。

【例题 1-2】下列与房地产有关的法规政策中，属于部门规章的是(　　)。

A. 住房公积金资金管理业务标准　　B.《房地产经纪管理办法》

C.《不动产登记暂行条例》　　D.《房产测量规范》

参考答案：B

第三节　相关法规的有关主要规定

作为全面规范房地产开发建设、房地产交易、房地产登记等行为的法律，《城市房地产管理法》确立了一系列重要制度和房地产行政管理体制。

一、国有土地有偿、有限期使用制度

《城市房地产管理法》规定，国家除了依法划拨国有土地使用权外，依法实行国有土地有偿、有限期使用制度。在计划经济时期，我国的城镇土地使用制度，是对土地实行行政划拨、无偿无限期使用、禁止土地使用者转让土地的制度。20世纪70年代末期，随着经济体制改革和对外开放的实行，传统的城市土地使用制度已不能适应改革开放的需要，亟需进行改革。《城市房地产管理法》《土地管理法》均明确规定，国家实行国有土地有偿使用制度。国有土地有偿使用制度的实施，释放出土地作为生产要素的巨大活力，促进了国民经济的持续较快发展。

二、房地产成交价格申报制度

房地产成交价格不仅关系着当事人之间的财产权益，而且也关系着国家的税费收益。因此，加强房地产交易价格管理，对于保护当事人合法权益和保障国家的税费收益、促进房地产市场健康有序的发展，有着极其重要的作用。

《城市房地产管理法》第三十五条规定："国家实行房地产成交价格申报制度。房地产权利人转让房地产，应当向县级以上地方人民政府规定的部门如实申报成交价，不得瞒报或者作不实的申报。"《城市房地产转让管理规定》中规定："房地产转让当事人在房地产转让合同签订后90日内持房地产权属证书、当事人的合法证明、转让合同等有关文件向房地产所在地的房地产管理部门提出申请，并申报成交价格""房地产管理部门核实申报的成交价格，并根据需要对转让的房地产进行现场查勘和评估""房地产转让应当以申报的房地产成交价格作为缴纳税费的依据。成交价格明显低于正常市场价格的，以评估价格作为缴纳税费的依据"。这些规定为房地产成交价格申报制度提供了法律依据，如实申报房地产成交价格是交易当事人的法定义务，是房地产交易受法律保护的必要条件之一。

房地产权利人转让房地产、房地产抵押权人依法处分抵押房地产，应当向房屋所在地县级以上地方人民政府房地产管理部门如实申报成交价格。这一规定进一步明确了房地产权利人转让房地产实行交易双方自愿成交定价，向房地产管理部门申报价格的制度。房地产管理部门在接到价格申报后，如发现成交价格明显低于市场正常价格，应当及时通知交易双方，并不要求交易双方当事人更改合同约定的成交价格，但应当在交易双方按不低于房地产评估价格缴纳了有关税费后，方为其办理房地产交易手续。如果交易双方对房地产评估价格有异议，可以要求重新评估。交易双方对重新评估的价格仍有异议，可以按照法律程序，向人民法院提起诉讼。房地产经纪人在代办有关交易手续时，应坚持如实申报，不可迁就当事人意愿瞒价申报，避免可能的房地产交易纠纷及由此引发的含税收征管在内的一系列法律责任，防范执业风险。通过对房地产成交价格进行申报管理，既能避免房地产交易价格失真，又能有效防止交易双方为偷逃税费对交易价格作不实的申报，保证国家的税费不流失。

三、房地产价格评估制度和评估人员资格认证制度

《城市房地产管理法》第三十四条规定："国家实行房地产价格评估制度。房地产价格评估，应当遵循公正、公平、公开的原则，按照国家规定的技术标准和评估程序，以基准地价、标定地价和各类房屋的重置价格为基础，参照当地的市场价格进行评估。"第三十三条规定："基准地价、标定地价和各类房屋重置价格应当定期确定并公布。具体办法由国务院规定。"

《城市房地产管理法》第五十九条规定："国家实行房地产价格评估人员资格认证制度。"《关于印发〈房地产估价师职业资格制度规定〉〈房地产估价师职业资格考试实施办法〉的通知》进一步明确"国家设置房地产估价师准入类职业资格""国家对房地产估价师职业资格实行执业注册管理制度"。《注册房地产估价师管理办法》规定，注册房地产估价师是指通过全国房地产估价师执业资格考试或者资格认定、资格互认，取得房地产估价师执业资格并经注册，取得房地产估价师注册证书，从事房地产估价活动的人员。取得执业资格的人员，经过注册方能以房地产估价师的名义执业；未经注册人员，不得以房地产估价师的名义从事房地产估价业务。

四、土地使用权和房屋所有权登记发证制度

在过去较长时间内，我国的房地产登记体制是房屋和土地分别由房地产管理部门和土地管理部门分别登记，仅在房屋与土地主管机关合一的少数地方，实现了房屋与土地的统一登记。根据国务院建立不动产统一登记的要求，自 2015 年 3 月 1 日起由自然资源部（原国土资源部），负责指导监督全国土地、房屋、草原、林地、海域等不动产统一登记职责，基本做到登记机构、登记簿册、登记依据和信息平台"四统一"。房屋交易监管等职责继续由住房和城乡建设（房地产）部门承担。

五、房地产行政管理体制

《城市房地产管理法》规定，国务院建设行政主管部门、土地管理部门依照

国务院规定的职权划分，各司其职，密切配合，管理全国房地产工作。县级以上地方人民政府房产管理、土地管理部门的机构设置及其职权由省、自治区、直辖市人民政府确定。

房地产经纪业务主要涉及房地产交易。房地产交易管理是指政府及其房地产交易管理部门、其他相关部门，以法律的、行政的、经济的手段对房地产交易活动行使的指导、监督等管理活动，是房地产市场管理的重要内容。

房地产交易管理机构是指履行房地产交易管理职能的政府部门或其授权的机构，包括国务院建设（房地产）行政主管部门，省、自治区、直辖市人民政府建设（房地产）行政主管部门，市、县人民政府建设（房地产）行政主管部门或其授权的机构，如房地产交易管理所、房地产市场管理处、房地产市场产权管理处、房地产交易中心、房屋租赁处等。

市、县房地产交易管理机构的主要工作任务包括：

（1）执行国家有关房地产交易管理的法律法规、部门规章，并制定具体实施办法；

（2）整顿和规范房地产交易秩序，对房地产交易、经营等活动进行指导和监督，查处违法行为，维护当事人的合法权益；

（3）办理房地产交易合同网签备案手续；

（4）协助财政、税务部门征收与房地产交易有关的税款；

（5）为房地产交易提供洽谈协议、交流信息、展示行情等各种服务；

（6）建立定期的市场交易信息发布制度，为政府宏观决策和正确引导市场发展服务。

【例题 1-3】《城市房地产管理法》确立的重要制度有（　　）。

A. 国有土地有偿、有限期使用制度　B. 土地用途管制制度

C. 房地产成交价格申报制度　　　　D. 房地产价格评估制度

E. 房地产价格评估人员资格认证制度

参考答案：ACDE

复习思考题

1. 简述房地产业的概念和性质。

2. 按房地产业的行业细分，房地产业应包括哪些行业？

3. 简述房地产租赁经营业的含义。目前，房地产租赁经营业需要发展的主要内容有哪些？

4. 在房地产交易过程中产生的法律关系主要有哪些?
5. 房地产法规政策体系包括哪些内容?
6.《民法典》主要包括哪些内容?
7.《城市房地产管理法》规定了哪些制度?

第二章　房地产基本制度与房地产权利

房地产基本制度是通过法律、法规确定的土地、房屋的所有制性质、形式和不同形式所有制范围的规定。房地产权利是权利人依法对自己的房地产享有的相应的权利。房地产基本制度与房地产权利是房地产交易中当事人最关心的问题，也是房地产经纪人做好经纪服务应全面、准确掌握的内容。本章介绍了我国土地基本制度、土地使用制度、房屋基本制度和房地产权利等。

第一节　我国土地基本制度

土地基本制度通常包括土地所有制度（即土地所有制）、土地使用制度和土地管理制度三大方面。本节主要介绍土地所有制和土地管理基本制度。

一、土地所有制

《宪法》《民法典》和《土地管理法》规定了我国现行土地所有制的性质、形式和不同形式土地所有制的范围。

（一）土地所有制的性质和形式

土地所有制是指在一定社会生产方式下，由国家确认的土地所有权归属的制度。《土地管理法》第二条规定："中华人民共和国实行土地的社会主义公有制，即全民所有制和劳动群众集体所有制。"由此可见，我国现行土地所有制的性质为社会主义公有制，其形式有两种，分别是全民所有制和劳动群众集体所有制。

土地公有制是我国土地制度的基础和核心，也是我国社会主义制度的重要经济基础。

（二）土地的全民所有制

《土地管理法》第二条规定："全民所有，即国家所有土地的所有权由国务院代表国家行使。"据此，我国土地的全民所有制具体采取的是国家所有制的形式，该种所有制的土地被称为国家所有土地，简称国有土地，其所有权由国家代表全体人民行使，具体由国务院代表国家行使。

城市市区的土地全部属于国家所有。《宪法》第十条规定："城市的土地属于国家所有。”《民法典》第二百四十九条规定：“城市的土地，属于国家所有。法律规定属于国家所有的农村和城市郊区的土地，属于国家所有。”《土地管理法》第九条明确规定：“城市市区的土地属于国家所有。”这里所说的城市是指国家设立市建制的城市，不同于某些法律、法规中的城市含义。

（三）土地的劳动群众集体所有制

《土地管理法》第十一条规定：“农民集体所有的土地依法属于村农民集体所有的，由村集体经济组织或者村民委员会经营、管理；已经分别属于村内两个以上农村集体经济组织的农民集体所有的，由村内各该农村集体经济组织或者村民小组经营、管理；已经属于乡（镇）农民集体所有的，由乡（镇）农村集体经济组织经营、管理。”据此，我国土地的劳动群众集体所有制具体采取的是农民集体所有制的形式，这种所有制的土地被称为农民集体所有的土地，简称集体土地。农民集体的范围有三种：①村农民集体；②村内两个以上农民集体；③乡镇农民集体。农民集体所有的土地，属于本集体成员集体所有。

《民法典》第二百六十二条规定：“对于集体所有的土地和森林、山岭、草原、荒地、滩涂等，依照下列规定行使所有权：（一）属于村农民集体所有的，由村集体经济组织或者村民委员会依法代表集体行使所有权；（二）分别属于村内两个以上农民集体所有的，由村内各该集体经济组织或者村民小组代表集体行使所有权；（三）属于乡镇农民集体所有的，由乡镇集体经济组织代表集体行使所有权。”

农村和城市郊区的土地部分属于国家所有，部分属于农民集体所有。《宪法》第九条规定：“矿藏、水流、森林、山岭、草原、荒地、滩涂等自然资源，都属于国家所有，即全民所有；由法律规定属于集体所有的森林和山岭、草原、荒地、滩涂除外。”第十条规定：“农村和城市郊区的土地，除由法律规定属于国家所有的以外，属于集体所有；宅基地和自留地、自留山，也属于集体所有。”

二、土地管理基本制度

根据《民法典》《城市房地产管理法》《土地管理法》等法律法规，土地管理的基本制度包括土地登记制度、国有土地有偿有限期使用制度、土地用途管制制度、占用耕地补偿制度和永久基本农田保护制度等。结合房地产经纪工作需要，以下介绍土地登记制度、国有土地有偿有限期使用制度和土地用途管制制度。

（一）土地登记制度

根据《土地管理法》和《不动产登记暂行条例》，国家依法实施土地登记制度。土地登记是指不动产登记机构依法将土地权利及相关事项在不动产登记簿上予以记载的行为，如对集体土地所有权，耕地、林地、草地等土地承包经营权，建设用地使用权，宅基地使用权和土地他项权利（包括抵押权、地役权以及法律、行政法规规定需要登记的其他土地权利）进行登记。根据《不动产登记暂行条例》，土地登记由土地所在地的县级人民政府不动产登记机构办理；直辖市、设区的市人民政府可以确定本级不动产登记机构统一办理所属各区的土地登记。跨县级行政区域的土地登记，由所跨县级行政区域的不动产登记机构分别办理。不能分别办理的，由所跨县级行政区域的不动产登记机构协商办理；协商不成的，由共同的上一级人民政府不动产登记主管部门指定办理。依法登记的土地所有权、使用权和他项权受法律保护，任何单位和个人不得侵犯。

（二）国有土地有偿有限期使用制度

1995年1月1日《城市房地产管理法》施行后，除了国家核准的划拨国有土地以外，凡新增使用国有土地和原使用的国有土地改变用途或使用条件、进行市场交易等，均实行有偿有限期使用。《土地管理法》第二条规定："国家依法实行国有土地有偿使用制度。但是，国家在法律规定的范围内划拨国有土地使用权的除外。"《城镇国有土地使用权出让和转让暂行条例》（以下简称《出让和转让暂行条例》）第八条也明确规定："土地使用权出让是指国家以土地所有者的身份将土地使用权在一定年限内让与土地使用者，并由土地使用者向国家支付土地使用权出让金的行为。"

（三）土地用途管制制度

《土地管理法》第十九条规定："县级土地利用总体规划应当划分土地利用区，明确土地用途。乡（镇）土地利用总体规划应当划分土地利用区，根据土地使用条件，确定每一块土地的用途，并予以公告。"根据土地利用总体规划，规定土地用途，将土地分为农用地、建设用地和未利用土地。土地用途管制的核心是严格限制农用地转为建设用地。农用地转用须经有批准权的人民政府批准。

【例题2-1】土地用途管制的核心是(　　)。

A. 土地登记制度　　B. 严格限制农用地转为建设用地

C. 土地有偿使用制度　　D. 控制水土流失

参考答案：B

（四）耕地保护制度

珍惜、合理利用土地和切实保护耕地是我国的基本国策。《土地管理法》规定，国家对耕地实行特殊保护，严格限制农用地转为建设用地，控制建设用地总量。《土地管理法实施条例》第九条规定："禁止任何单位和个人在国土空间规划确定的禁止开垦的范围内从事土地开发活动。"《乡村振兴促进法》规定："国家建立农用地分类管理制度，严格保护耕地，严格控制农用地转为建设用地，严格控制耕地转为林地、园地等其他类型农用地。”农用地是指直接用于农业生产的土地，包括耕地、林地、草地、农田水利用地、养殖水面等。耕地是指种植农作物的土地。为了保护耕地，国家实行占用耕地补偿制度，非农业建设经批准占用耕地的，按照“占多少、垦多少”的原则，由占用农地的单位负责开垦与所占用耕地的数量和质量相当的耕地，没有开垦条件或者开垦耕地不符合要求的，应当缴纳耕地开垦费。

第二节　我国土地使用制度

一、国有建设用地使用制度

（一）城镇国有土地使用制度改革

改革开放前，我国采取行政划拨的方式，把城镇国有土地无偿分配给单位和个人无限期使用，不允许将土地使用权作为一项财产权利进行流转。通常，把这种土地使用制度概括为“行政划拨、无偿、无限期、无流动的土地使用制度”。这种制度有许多弊端，完全排斥地租规律、市场机制对土地利用的调节作用，土地资源配置不合理，致使土地在经济发展中不能充分发挥应有的作用，特别是土地使用者都想占好地、多占地，导致土地资源配置不合理，城市基础设施建设投资不能通过其带来的土地增值得到回收，导致城市基础设施和城市面貌长期落后。改革开放后，这种土地使用制度越来越不适应经济社会发展的需要，因此国家对原有城镇国有土地使用制度逐步进行改革，实现了土地使用权和土地所有权分离，建立了土地使用权有偿出让和转让制度。

（二）国有土地有偿使用制度

20 世纪 80 年代开始，我国进行了经济体制改革，促进了作为生产要素之一的土地的有偿使用制度改革。1987 年，在深圳等经济特区开展了土地使用制度改革试点。1990 年 5 月 19 日，国务院发布了《城镇国有土地使用权出让和转让暂行条例》，在全国范围内全面推行城镇国有土地有偿使用制度改革，实行城镇国有土地使用权有偿、有限期、可流动的制度。

我国国有土地供给实行有偿使用和无偿使用两种方式。除国家核准的划拨土地可以无偿使用外，其他国有土地的使用均应以有偿方式取得。国有土地有偿使用方式包括：国有建设用地使用权出让、国有土地租赁、国有建设用地使用权作价出资（入股）和授权经营。

（三）国有建设用地使用权的设立

《民法典》第三百四十七条第一款规定："设立建设用地使用权，可以采取出让或者划拨等方式。"《民法典》第三百四十五条、第三百四十六条规定："建设用地使用权可以在土地的地表、地上或者地下分别设立。""设立建设用地使用权，应当符合节约资源、保护生态环境的要求，遵守法律、行政法规关于土地用途的规定，不得损害已设立的用益物权。"

1. 国有建设用地使用权划拨

（1）国有建设用地使用权划拨的概念

《城市房地产管理法》第二十三条规定："土地使用权划拨，是指县级以上人民政府依法批准，在土地使用者缴纳补偿、安置等费用后将该幅土地交付其使用，或者将土地使用权无偿交付给土地使用者使用的行为。"

（2）国有建设用地使用权划拨的特征

① 以划拨方式取得的国有建设用地使用权，除法律、行政法规另有规定外，没有使用期限的限制；

② 划拨国有建设用地使用权取得包括土地使用者缴纳征收（拆迁）安置、补偿费用取得（如城市的存量土地或集体土地）和无偿取得（如国有的荒山、沙漠、滩涂等）两种形式。这里的补偿、安置费用是支付给农民或原用地单位的，不是付给国家的。由于没有向国家支付土地使用费，理论上仍属于无偿取得国有建设用地使用权；

③ 除法律、法规另有规定外，以划拨方式取得的国有建设用地使用权，未经批准不得进行转让、出租、抵押等经营活动；

④ 取得划拨国有建设用地使用权，必须经过县级以上人民政府批准并按法定的程序办理手续；

⑤ 未经批准，划拨的国有建设用地使用权用途不得改变。

（3）国有建设用地使用权划拨的范围

《民法典》第三百四十七条第三款规定："严格限制以划拨方式设立建设用地使用权。"根据《城市房地产管理法》第二十四条、《土地管理法》第五十四条规定，下列建设用地使用权，确属必需的，可以由县级以上人民政府依法批准划拨：

① 国家机关用地和军事用地；

② 城市基础设施用地和公益事业用地；

③ 国家重点扶持的能源、交通、水利等基础设施用地；

④ 法律、行政法规规定的其他用地。

2. 国有建设用地使用权出让

（1）国有建设用地使用权出让的概念

《城市房地产管理法》第八条规定："土地使用权出让，是指国家将国有土地使用权在一定年限内出让给土地使用者，由土地使用者向国家支付土地使用权出让金的行为。"

中华人民共和国境内外的自然人、法人和其他组织，除法律、法规另有规定外，均可申请参加国有建设用地使用权出让活动，取得建设用地使用权，进行土地开发、利用、经营。

（2）国有建设用地使用权出让的方式

目前，国有建设用地使用权出让有招标、拍卖、挂牌和协议等方式。《民法典》第三百四十七条第二款规定："工业、商业、旅游、娱乐和商品住宅等经营性用地以及同一土地有两个以上意向用地者的，应当采取招标、拍卖等公开竞价的方式出让。"

① 招标出让方式。招标出让国有建设用地使用权，是指市、县人民政府自然资源主管部门（以下简称出让人）发布招标公告，邀请特定或者不特定的自然人、法人和其他组织参加国有建设用地使用权投标，根据投标结果确定国有建设用地使用权人的行为。

② 拍卖出让方式。拍卖出让国有建设用地使用权，是指出让人发布拍卖公告，由竞买人在指定时间、地点进行公开竞价，根据出价结果确定国有建设用地使用权人的行为。

③ 挂牌出让方式。挂牌出让国有建设用地使用权，是指出让人发布挂牌公告，按公告规定的期限将拟出让宗地的交易条件在指定的土地交易场所挂牌公布，接受竞买人的报价申请并更新挂牌价格，根据挂牌期限截止时的出价结果或者现场竞价结果确定国有建设用地使用权人的行为。

④ 协议出让方式。协议出让国有建设用地使用权，是指国家以协议方式将国有建设用地使用权在一定年限内出让给土地使用者，由土地使用者向国家支付土地使用权出让金的行为。

【例题 2-2】商品住宅的国有建设用地使用权不能通过（　　）方式取得。

A. 招标　　　　B. 协议

C. 挂牌　　　　D. 拍卖

参考答案：B

（3）国有建设用地使用权出让最高年限

国有建设用地使用权出让的最高年限由国务院规定，按下列用途确定：

① 居住用地70年；

② 工业用地50年；

③ 教育、科技、文化、卫生、体育用地50年；

④ 商业、旅游、娱乐用地40年；

⑤ 综合或其他用地50年。

上述最高年限不是唯一年限，具体出让年限由国家根据产业特点和用地项目情况确定或与用地者商定，但实际年限不得高于法律规定的最高年限。《城市房地产管理法》第二十二条规定："土地使用权出让合同约定的使用年限届满，土地使用者需要继续使用土地的，应当至迟于届满前一年申请续期，除根据社会公共利益需要收回该幅土地的，应当予以批准。经批准准予续期的，应当重新签订土地使用权出让合同，依照规定支付土地使用权出让金。土地使用权出让合同约定的使用年限届满，土地使用者未申请续期或者虽申请续期但依照前款规定未获批准的，土地使用权由国家无偿收回。"《民法典》第三百五十九条规定："住宅建设用地使用权期限届满的，自动续期。续期费用的缴纳或者减免，依照法律、行政法规的规定办理。非住宅建设用地使用权届满后的续期，依照法律规定办理。该土地上的房屋以及其他不动产的归属，有约定的，按照约定；没有约定或者约定不明确的，依照法律、行政法规的规定办理。"

土地使用者需要改变建设用地使用权出让合同约定的土地用途的，必须取得出让人和市、县人民政府城市规划行政管理部门的同意，签订建设用地使用权出让合同变更协议或者重新签订建设用地使用权出让合同，相应调整土地使用权出让金。

(4) 国有建设用地使用权出让金

国有建设用地使用权出让金，又称土地使用权出让金，是指通过有偿有期限出让方式取得国有建设用地使用权的受让人按照出让合同规定的期限，一次或分次向出让人提前支付的整个使用期间的地租，其实质是一定年期国有建设用地的出让价格。建设用地使用权的受让人应当依照法律规定以及合同约定支付出让金等费用。

(5) 国有建设用地使用权出让合同

通过招标、拍卖、协议等出让方式设立建设用地使用权的，当事人应当采取书面形式订立建设用地使用权出让合同。出让合同一般包括下列条款：

① 当事人的名称和住所；

② 土地界址、面积等；

③ 建筑物、构筑物及其附属设施占用的空间；

④ 土地用途、规划条件；

⑤ 建设用地使用权期限；

⑥ 出让金等费用及其支付方式；

⑦ 争议解决的方法。

3. 国有建设用地租赁

(1) 国有建设用地租赁的概念

国有建设用地租赁是指国家将国有建设用地租给使用者使用，由使用者与县级以上人民政府土地行政管理部门签订一定年期的土地租赁合同，并支付租金的行为。国有建设用地租赁是国有建设用地有偿使用的一种形式，是出让方式的补充。

(2) 国有建设用地租赁的方式

国有土地租赁，可以采用招标、拍卖或者双方协议的方式，有条件的，必须采取招标、拍卖方式。

(3) 国有建设用地租赁的期限

国有建设用地租赁可以根据具体情况实行短期租赁和长期租赁。对短期使用或用于修建临时建筑物的土地，应实行短期租赁，年限一般不超过5年；对需要进行地上建筑物、构筑物建设后长期使用的土地，应实行长期租赁，具体租赁期限由租赁合同约定，但最长租赁期限不得超过法律规定的同类用途土地出让最高年期。

4. 国有建设用地使用权作价出资（入股）和授权经营

国有建设用地使用权作价出资（入股）是指国家以一定年期的国有建设用地使用权作价，作为出资投入改组后的新设企业（股份有限公司或有限责任公司），该建设用地使用权由新设企业持有，相应的建设用地使用权转化为国家对企业出资的国家资本金或股本金的行为。

国有建设用地使用权授权经营是指国家根据需要，以一定年期的国有建设用地使用权作价后授权给国务院批准设立的国家控股公司、作为国家授权投资机构的国有独资公司和集团经营管理。建设用地使用权人依法取得授权经营的建设用地使用权后，可以向其直属企业、控股企业、参股企业以作价出资（入股）或租赁等形式配置土地。这种方式主要在现有国有企业使用的划拨建设用地使用权需要改制时适用。

（四）国有建设用地使用权的流转和出租

1. 国有建设用地使用权流转

(1) 国有建设用地使用权流转的概念和方式

《城镇国有土地使用权出让和转让暂行条例》第四条规定："依照本条例的规定取得土地使用权的土地使用者，其使用权在使用年限内可以转让、出租、抵押或者用于其他经济活动，合法权益受国家法律保护。"第十九条规定："土地使用权转让是指土地使用者将土地使用权再转移的行为，包括出售、交换和赠与。"《民法典》第三百五十三条规定："建设用地使用权人有权将建设用地使用权转让、互换、出资、赠与或者抵押，但法律另有规定的除外。"《民法典》中将转让与互换、出资、赠与并列，可以理解为此处的转让仅指出售（即买卖）。

归纳起来，国有建设用地使用权流转的方式主要有下列几种：

① 国有建设用地使用权出售，是指出售方将其取得的建设用地使用权有偿转移给购买方，由购买方向其支付价款的行为；

② 国有建设用地使用权互换，是指当事人双方约定相互交换建设用地使用权的行为；

③ 国有建设用地使用权出资，是指企业投资人以一定年期的建设用地使用权作为出资投入企业，该建设用地使用权由企业持有的行为；

④ 国有建设用地使用权赠与，是指赠与人自愿将建设用地使用权无偿转移给受赠人，受赠人表示接受的行为；

⑤ 国有建设用地使用权抵押，是指建设用地使用权人为了保障自己或他人履行债务，将土地不转移占有而向债权人提供相应的担保，当建设用地使用权人或他人不履行债务时，债权人可就土地使用权变卖或拍卖的价款优先受偿，从而实现土地使用权的流转。

（2）国有建设用地使用权流转的有关规定

国有建设用地使用权转让、互换、出资、赠与或者抵押的，当事人应当采取书面形式订立相应的合同。流转的土地使用权期限由当事人约定，但不得超过建设用地使用权的剩余期限。

国有建设用地使用权转让、互换、出资、赠与的，应当向登记机构申请不动产转移登记。

国有建设用地使用权转让、互换、出资、赠与的，附着于该土地上的建筑物、构筑物及其附属设施一并处分。建筑物、构筑物及其附属设施转让、互换、出资、赠与的，该建筑物、构筑物及其附属设施占用范围内的建设用地使用权一并处分。

2. 国有建设用地使用权出租

（1）国有建设用地使用权出租的概念

国有建设用地使用权出租是指建设用地使用权人作为出租人将建设用地使用

权随同地上建筑物、其他附着物租赁给承租人使用，由承租人向出租人支付租金的行为。

（2）国有建设用地使用权出租的有关规定

国有建设用地使用权出租，出租人和承租人应签订书面租赁合同。租赁合同不得违背国家法律、法规和土地使用权出让合同的规定。国有建设用地使用权出租后，出租人必须继续履行出让合同。

未按出让合同约定的期限和条件投资开发、利用土地的，国有建设用地使用权不得出租。

房屋所有权人以营利为目的将以划拨方式取得使用权的国有土地上建成的房屋出租的，应将租金中所含土地收益上缴国家。

国有建设用地使用权和地上建筑物、其他附着物出租的，出租人应当依照规定办理登记。

二、集体土地使用制度

（一）集体土地使用权的概念

集体土地使用权是指民事主体对依法取得的集体土地进行经营、使用和收益的民事权利。《土地管理法》规定，农民集体所有的土地，可以依法确定给单位或者个人使用。使用土地的单位和个人，有保护、管理和合理利用土地的义务。农民集体所有的土地依法属于村农民集体所有的，由村集体经济组织或者村民委员会经营、管理；已经分别属于村内两个以上农村集体经济组织的农民所有的，由村内各该农村集体经济组织或者村民小组经营、管理；已经属于乡（镇）农民集体所有的，由乡（镇）农村集体经济组织经营、管理。

（二）集体土地使用权的种类

我国《民法典》规定的土地承包经营权和宅基地使用权在性质上可合称为集体土地使用权，是法律赋予农民的用益物权。集体土地使用权可分为两种，第一种为农地使用权（现行规定为土地承包经营权、自留地和自留山使用权）。农地包括耕地、林地、草地以及其他用于农业的土地、用于农业开发的荒地等。第二种为农村建设用地使用权。农村建设用地包括宅基地、集体企业用地、集体经营性建设用地和公益用地等。集体土地使用权的权能要符合保护耕地和保障农业发展的要求。宅基地只限村民使用，经集体经济组织允许后，使用权可在集体经济组织内部流转。

（三）集体土地使用权流转

2014年11月20日，中共中央办公厅、国务院办公厅印发了《关于引导农村土地经营权有序流转发展农业适度规模经营的意见》，为我国农村土地经营权流转提供了政策支持。同年12月30日，国务院办公厅发布了《关于引导农村产权流转交易市场健康发展的意见》，该意见指出，近年来，随着农村劳动力持续转移和农村改革不断深化，农户承包土地经营权、林权等各类农村产权流转交易需求明显增长，许多地方建立了多种形式的农村产权流转交易市场和服务平台，为农村产权流转交易提供了有效服务。但是，各地农村产权流转交易市场发展不平衡，其设立、运行、经营有待规范。该意见还提出了建立农村产权流转交易市场的总体要求、定位和形式、运行和监管以及保障措施。

2015年1月，中共中央办公厅、国务院办公厅联合印发了《关于农村土地征收、集体经营性建设用地入市、宅基地制度改革试点工作的意见》，标志着我国农村集体土地制度改革进入新阶段。《土地管理法》对集体土地经营性建设用地入市作出了相应规定，该法第六十三条规定："土地利用总体规划、城乡规划确定为工业、商业等经营性用途，并经依法登记的集体经营性建设用地，土地所有权人可以通过出让、出租等方式交由单位或者个人使用，并应当签订书面合同，载明土地界址、面积、动工期限、使用期限、土地用途、规划条件和双方其他权利义务。前款规定的集体经营性建设用地出让、出租等，应当经本集体经济组织成员的村民会议三分之二以上成员或者三分之二以上村民代表的同意。通过出让等方式取得的集体经营性建设用地使用权可以转让、互换、出资、赠与或者抵押，但法律、行政法规另有规定或者土地所有权人、土地使用权人签订的书面合同另有约定的除外。集体经营性建设用地的出租，集体建设用地使用权的出让及其最高年限、转让、互换、出资、赠与、抵押等，参照同类用途的国有建设用地执行。"

《土地管理法实施条例》第三十八条规定："国土空间规划确定为工业、商业等经营性用途，且已依法办理土地所有权登记的集体经营性建设用地，土地所有权人可以通过出让、出租等方式交由单位或者个人在一定期限内有偿使用。"《乡村振兴促进法》第六十七条规定："县级以上地方人民政府应当推进节约集约用地，提高土地使用效率，依法采取措施盘活农村存量建设用地，激活农村土地资源，完善农村新增建设用地保障机制，满足乡村产业、公共服务设施和农民住宅用地合理需求。"

同时，《土地管理法实施条例》对集体经营性建设用地的出让、出租管理作了如下规定：

（1）土地所有权人应当依据规划条件、产业准入和生态环境保护要求等，编制集体经营性建设用地出让、出租等方案，由本集体经济组织形成书面意见，在出让、出租前不少于十个工作日报市、县人民政府审批。市、县人民政府认为该方案不符合规划条件或者产业准入和生态环境保护要求等的，应当在收到方案后五个工作日内提出修改意见。土地所有权人应当按照市、县人民政府的意见进行修改。

（2）土地所有权人应当依据集体经营性建设用地出让、出租等方案，以招标、拍卖、挂牌或者协议等方式确定土地使用者，双方应当签订书面合同，载明土地界址、面积、用途、规划条件、使用期限、交易价款支付、交地时间和开工竣工期限、产业准入和生态环境保护要求，约定提前收回的条件、补偿方式、土地使用权届满续期和地上建筑物、构筑物等附着物处理方式，以及违约责任和解决争议的方法等，并报市、县人民政府自然资源主管部门备案。

（3）集体经营性建设用地使用者应当按照约定及时支付集体经营性建设用地流转价款，并依法缴纳相关税费，对集体经营性建设用地使用权以及依法利用集体经营性建设用地建造的建筑物、构筑物及其附属设施的所有权，依法申请办理不动产登记。

（4）通过出让等方式取得的集体经营性建设用地使用权依法转让、互换、出资、赠与或者抵押的，双方应当签订书面合同，并书面通知集体土地所有权人。

第三节　我国房屋基本制度

一、房屋所有制

（一）城镇房屋所有制

改革开放以来，特别是随着城镇住房制度改革的深入推进，我国城镇房屋所有制已不再是过去那种单一的公有制，而是多种所有制并存，其中城镇住宅以私人所有为主。城镇房屋所有制的类型主要有以下几种划分方式。

1. 按所有制结构划分

我国现阶段的房屋所有权，按照所有制的不同，一般划分为下列四种类型。

（1）全民所有制房产。它是国家财产的重要组成部分。国家按照统一领导、分级管理的原则，将房产授权给国家机关、人民团体、企事业单位和军队等单位分别进行管理。这些单位在国家授权范围内，对国有房产行使占有、使用、收益和处分的权利，同时负有保护国有房产不受损失的义务。被授权单位转移或处置房产时，必须按照有关规定，报经上级主管部门批准。

（2）集体所有制房产。它是社会主义劳动群众集体组织所有的房产。集体组织依法对其享有占有、使用、收益和处分的权利。

(3) 个人所有房产。它是公民个人所有的房产。我国宪法规定国家依照法律规定保护公民的私有财产和继承权。所有权人依法对其所有的房产享有占有、使用、收益、处分等权利。目前属于个人所有的房产大部分为住房。

(4) 外资及中外合资房产。外资房产是指外国政府、企业、团体和侨民所有的房产。中外合资房产是指我国企业或私人同外国企业、私人合资经营的房产。

(5) 其他房产。如宗教房产、私营股份公司房产等。

2. 按所有权占有形式划分

房屋所有权按占有形式划分，可分为单独所有和共有两大类。

(1) 单独所有房产：是指房屋产权人单一，即房屋所有权只归一个产权人所有的房产。

(2) 共有房产：是指房屋所有权由两个以上的组织、个人共有的房产，包括公民个人共有房产，公民与集体、国家共有房产以及外国企业与中国企业的共有房产等。

由于资金和实际需要的限制，绝大多数居民不可能也没有必要购买整幢房屋，而是购买一幢房屋内的一个或数个独立的房产单元，因此，普遍存在建筑物区分所有权。《民法典》规定的业主的建筑物区分所有权，包括了以下三个方面的基本内容。

一是对专有部分的所有权。业主对建筑物内属于自己所有的住宅、经营性用房等专有部分享有所有权，可以直接占有、使用，实现居住或者经营的目的；也可以将其依法出租、出借，例如房屋所有权人可将其房屋出租给他人使用获取收益，还可以用来抵押贷款或出售给他人。

二是对建筑物专有部分以外的共有部分享有权利，承担义务。业主不得以放弃权利为由不履行义务。业主转让建筑物内住宅经营性用房，其对共有部分享有的共有和共有管理的权利一并转让。建筑区划内的道路，属于业主共有，但是属于城镇公共道路的除外。建筑区划内的绿地，属于业主共有，但是属于城镇公共绿地或者明示属于个人的除外。建筑区划内的其他公共场所、公用设施和物业服务用房，属于业主共有。建筑区划内，规划用于停放汽车的车位、车库的归属，由当事人通过出售、附赠或者出租等方式约定。占用业主共有的道路或者其他场地用于停放汽车的车位，属于业主共有。建筑区划内，规划用于停放汽车的车位、车库应当首先满足业主的需要。这些都是对建筑物区分所有权中共有权的规定。

三是对共有部分享有共同管理的权利，即有权对共用部分与公共设备设施的使用、收益、维护等事项进行管理。《民法典》第二百七十八条规定了应当由业主共同决定的事项，包括筹集、使用建筑物及其附属设施的维修资金，改建、重建建筑物及其附属设施，改变共有部分的用途或者利用共有部分从事经营活动等。

业主的建筑物区分所有权三个方面的内容是一个不可分离的整体。在上述这三个方面的权利中，专有部分的所有权占主导地位，是业主对共有部分享有共有权以及对共有部分享有共同管理权的基础。如果业主转让建筑物内的住宅、经营性用房专有部分的所有权，其对共有部分享有的共有和共同管理的权利一并转让。

【例题 2-3】在建筑区划内，业主刘某对专有部分以外共同使用的走廊、电梯等享有的权利是(　　)。

A. 完全的处分权　　B. 独占的所有权

C. 独享的经营权　　D. 共有权

参考答案：D

（二）农村房屋所有制

长期以来，我国农村房屋实行农民自建、自用并以农民私有为主的制度。村民对宅基地拥有使用权，对在宅基地上建造的房屋拥有所有权。由于多种原因，过去对村民房屋所有权的确权登记工作并不完善。2007 年《物权法》等相关法律法规颁布后，为进一步维护农民合法权益，农村集体土地上房屋确权登记工作已稳步推进。2020 年 5 月 14 日，自然资源部印发了《关于加快宅基地和集体建设用地使用权确权登记工作的通知》，提出在 2020 年底基本完成宅基地和集体建设用地使用权确权登记工作。

伴随着我国 20 世纪 90 年代开始快速推进的城市化进程和住房商品化演进，我国很多大中型城市及其近郊，村集体、乡村集体与开发商合作或开发商协议租用集体土地后，未经依法征地、规划、审批等程序，在集体土地上自行开发建设并向社会公开出售的所有权权能不完整或权利行使受限制的商品性住房，这类房屋被称为“小产权房”。由于“小产权房”属于违法建设和销售的房屋，依法不能交易、办理房屋登记、抵押、继承。针对违规建设和入市流转的小产权房，国务院及有关部门先后颁发了一系列法规和政策文件，要求各地对其坚决制止、依法严肃查处。

二、房屋征收

（一）房屋征收的概念

《民法典》第二百四十三条规定："为了公共利益的需要，依照法律规定的权限和程序可以征收集体所有的土地和组织、个人的房屋及其他不动产。"因此，征收可分为征收集体所有的土地和征收组织、个人房屋及其他不动产两类。房屋征收，过去称为"房屋拆迁"，是指国家为了公共利益的需要，依照法定的权限和程序强制取得单位、个人房屋及其他不动产并给予公平补偿的行为。房屋征收是物权变动的一种特殊情形。房屋征收的主体是国家，通常是由市、县级人民政府以行政命令的方式执行。2011 年 1 月 21 日国务院公布了《国有土地上房屋征收与补偿条例》（以下简称《房屋征收条例》），同时废止了 2001 年 6 月 13 日国务院公布的《城市房屋拆迁管理条例》。房屋征收通常处于建设项目的前期工作阶段，是城市建设的重要组成部分。在实践中，国有土地上房屋被依法征收的，国有土地使用权也同时收回。

【例题 2-4】 国有土地上房屋被依法征收的，同时收回的是（　　）。

A. 国有土地所有权　　B. 集体土地所有权

C. 国有土地使用权　　D. 集体土地使用权

参考答案：C

（二）房屋征收的限制条件

征收作为一种强制性行为，有严格的法定限制条件：①只能为了公共利益的需要；②必须严格依照法定的权限和程序；③征收的主体只能是国家，并由国家按照被征收房地产的客观市场价值对被征收人的损失予以公平补偿。

（三）房屋征收的前提条件

房屋征收的核心是不需要房屋所有权人的同意而强制取得其房屋，收回国有土地使用权，"公共利益"是国家征收国有土地上单位、个人房屋的前提条件，是预防公共权力滥用的约束性规定。为此，《宪法》《民法典》《土地管理法》《城市房地产管理法》均明确规定房屋征收必须基于"公共利益的需要"。《房屋征收条例》界定了公共利益的范围：①国防和外交的需要；②由政府组织实施的能源、交通、水利等基础设施建设的需要；③由政府组织实施的科技、教育、文化、卫生、体育、环境和资源保护、防灾减灾、文物保护、社会福利、市政公用等公共事业的需要；④由政府组织实施的保障性安居工程建设的需要；⑤由政府依照《城乡规划法》有关规定组织实施的对危房集中、基础设施落后等地段进行旧城区改建的需要；⑥法律、行政法规规定的其他公共利益的需要。

（四）国有土地上房屋征收的管理

为保护被征收人的合法权益，《房屋征收条例》还对房屋征收的管理体制、房屋征收程序、房屋征收补偿等进行了规范。《房屋征收条例》规定，房屋征收与补偿应当遵循决策民主、程序正当、结果公开的原则；市、县级人民政府负责本行政区域的房屋征收与补偿工作；市、县级人民政府确定的房屋征收部门组织实施本行政区域的房屋征收与补偿工作；房屋征收部门拟定征收补偿方案，报市、县级人民政府；市、县级人民政府应当组织有关部门对征收补偿方案进行论证并予以公布，征求公众意见；征求意见期限不得少于 30 日；市、县级人民政府作出房屋征收决定前，征收补偿费用应当足额到位、专户存储、专款专用。

房屋征收部门应当对房屋征收范围内房屋的权属、区位、用途、建筑面积等情况组织调查登记，被征收人应当予以配合；调查结果应当在房屋征收范围内向被征收人公布；房屋征收范围确定后，不得在房屋征收范围内实施新建、扩建、改建房屋和改变房屋用途等不当增加补偿费用的行为；违反规定实施的，不予补偿。

三、城镇住房制度改革和住房供应体系

（一）城镇住房制度改革

新中国成立后，实行计划经济体制，城镇住房投资、建设、分配和管理由国家和单位统包，实物分配，职工支付很低的租金。个人建房和购置住房被限制。这种制度在特定历史条件下起了积极作用，但资源配置效率低，不利于住房投资良性循环。随着城镇人口的迅速增加，住房短缺问题日益突出。1978 年全国城镇人均住宅建筑面积仅 6.7m^2，低于新中国成立初期水平。推进改革住房制度，解决城镇居民住宅短缺问题，成为改革开放初期面临的迫切任务。近年来，我国初步形成了商品房与保障房双轨制的住房供应体系，城镇居民的居住水平与以往相比有了较大改善。总体来看，我国城镇住房制度改革经历了以下三个阶段。

1. 试点探索阶段

1980 年 4 月，邓小平同志提出住房商品化的构想，拉开了我国城镇住房制度改革启动的序幕。国家先后进行了鼓励个人和单位建房、公房出售、提租补贴等改革试点。1980 年 6 月，中共中央、国务院批转《全国基本建设工作会议汇报提纲》，开始准许私人建房、买房和拥有自己的住房。1982 年，试行公有住房的补贴出售。1988 年 1 月，国务院召开第一次全国住房制度改革工作会议，启动了“提租补贴”试点。1991 年 6 月以后，按照《国务院关于继续积极稳妥地进行城镇住房制度改革的通知》（国发〔1991〕30 号）的部署，采取分步提租、

积极组织集资合作建房、新房新制度、发展住房金融业务等多种措施，推进城镇住房制度的改革。

2. 全面推进阶段

1992年，党的十四大提出“我国经济体制改革的目标是建立社会主义市场经济体制”，并要求“努力推进城镇住房制度改革”。按照《中共中央关于建立社会主义市场经济体制若干问题的决定》，1994年，国务院作出《关于深化城镇住房制度改革的决定》，提出要建立与社会主义市场经济体制相适应的新的城镇住房制度，实现住房商品化、社会化。在积极推进公房租金改革、稳步出售公房的同时，开始推行住房公积金制度，加快经济适用住房建设，城镇住房制度改革进入全面推进阶段。

1998年，国务院下发《关于进一步深化城镇住房制度改革加快住房建设的通知》，城镇住房制度开始进行根本性改革。之后，我国逐步停止住房实物分配，实行住房分配货币化。城镇住房制度改革的突破性进展，使市场配置住房资源的基础性作用得到发挥，住房建设进入快速发展期，居民住房消费需求不断释放，以住宅为主的房地产市场交易迅速发展，商品住房逐步成为满足城镇居民住房需求的主要渠道，居民住房条件明显改善。

3. 深化改革阶段

根据党的十六大提出的全面建设小康社会的要求，2003年，国务院发布《关于促进房地产市场持续健康发展的通知》，按照住房市场化的基本方向，不断完善房地产市场体系。2007年，党的十七大强调，全面建设小康社会是党和国家到2020年的奋斗目标，要求深入贯彻落实科学发展观，并提出努力使全体人民住有所居。为了实现这一目标，在继续推进住房商品化的同时，针对城市低收入住房困难家庭，国务院发布了《关于解决城市低收入家庭住房困难的若干意见》，提出以城市低收入家庭为对象，进一步建立健全城市廉租住房制度，改进和规范经济适用住房制度，加大棚户区、旧住宅区改造力度，使低收入家庭住房条件得到明显改善，进城务工人员等其他城市住房困难群体的居住条件得到逐步改善。根据国务院《关于解决城市低收入家庭住房困难的若干意见》发布的精神，住房和城乡建设部随即制定了《廉租住房保障办法》和《经济适用住房管理办法》，对两个层次的保障性质住房的保障对象、资金来源、准入退出机制、建设管理、价格管理、监督管理等问题分别作了规定。2008年，中央将保障性安居工程纳入应对世界金融危机的重大举措，保障性住房建设加快。2012年，住房和城乡建设部出台《公共租赁住房管理办法》，规范了公共租赁住房的管理，保证了以公共租赁住房为重点的保障性安居工程建设顺利开展。2013年底，住房和城乡建设部、财政部、国家发展改革委联合印发《关于公共租赁住房和廉租住房并轨运行的通知》，廉租住房并入公共租赁住房。之后，地方政府原用于廉租住房建设的资金来源渠道，调整用于公共租赁住房（含2014年以前在建廉租住房）建设。原用于租赁补贴的资金，继续用于补贴在市场租赁住房的低收入住房保障对象。

为进一步深化住房改革和促进房地产市场健康发展，根据《国务院办公厅关于加快培育和发展住房租赁市场的若干意见》（国办发〔2016〕39号）要求，在今后较长一段时期内，要建立和完善多主体供应、多渠道保障、租购并举的住房制度，促进房地产市场进一步健康发展。该意见要求，要发展住房租赁企业，鼓励房地产开发企业开展住房租赁业务，规范住房租赁中介机构，支持和规范个人出租住房；要鼓励住房租赁消费，完善住房租赁支持政策，引导城镇居民通过租房解决居住问题，落实提取住房公积金支付房租政策；要完善公共租赁住房，推进公租房货币化，提高公租房运营保障能力；要支持租赁住房建设，允许将商业用房等按规定改建为租赁用房，允许将现有住房按照国家和地方的住宅设计规范改造后出租；要加大政策支持力度，对依法登记备案的住房租赁企业、机构和个人给予税收优惠政策支持，鼓励地方政府盘活城区存量土地，采用多种方式增加租赁住房用地有效供应；要加强住房租赁监管，健全法规制度，落实地方责任，加强行业管理。

2017年党的十九大报告明确指出："坚持房子是用来住的、不是用来炒的定位，加快建立多主体供给、多渠道保障、租购并举的住房制度，让全体人民住有所居。"

2021年3月11日，十三届全国人大四次会议表决通过《关于国民经济和社会发展第十四个五年规划和2035年远景目标纲要的决议》，进一步明确了我国今后一段时期住房制度改革和住房供应体系的发展方向。该决议提出，坚持房子是用来住的，不是用来炒的定位，加快建立多主体供应、多渠道保障、租购并举的住房制度，让全体人民住有所居、职住平衡；坚持因地制宜、多策并举，夯实城市政府主体责任，稳定地价、房价和预期；建立住房和土地联动机制，加强房地产金融调控，发挥住房税收调节作用，支持合理自住需求，遏制投资投机性需求。

（二）城镇住房供应体系

住房问题是重要的民生问题，我国政府高度重视解决居民住房问题，始终把改善居民居住条件作为城镇住房制度改革和房地产业发展的根本目的。经过长期探索，我国已基本建立保障性住房和商品住房并存、租售并举，覆盖全社会各阶层的多层次住房供应体系。其中保障性住房包括廉租住房、经济适用住房、公共租赁住房以及保障性租赁住房和共有产权住房；商品住房包括市场价商品住房、限价商品住房和市场租赁住房。

1. 保障性住房

（1）廉租住房

我国于1998年提出建立廉租住房制度的构想，1999年4月颁布了《城镇廉租住房管理办法》，2003年颁布了《城镇最低收入家庭廉租住房管理办法》，要求向城镇最低收入家庭中原则上不超过当地人均住房面积60%的家庭提供租金低廉的廉租住房。2007年8月，《国务院关于解决城市低收入家庭住房困难的若干意见》出台，要求加快建立健全以廉租住房制度为重点、多渠道解决城市低收入家庭住房困难的政策体系，逐步扩大廉租住房制度的保障范围。2007年11月，包括建设部在内的多个部委联合颁布了《廉租住房保障办法》，进一步完善了廉租住房制度。2010年4月，住房和城乡建设部、民政部和财政部联合下发《关于加强廉租住房管理有关问题的通知》，就廉租住房的配租、使用等管理问题作出具体说明。

廉租住房制度是解决城市低收入家庭住房困难的主要途径。廉租住房保障方式实行货币补贴和实物配租相结合。货币补贴是指县级以上地方人民政府向申请廉租住房保障的城市低收入住房困难家庭发放租赁住房补贴，由其自行承租住房。实物配租是指县级以上地方人民政府向申请廉租住房保障的城市低收入住房困难家庭提供住房，并按照规定标准收取租金。

（2）经济适用住房

1991年6月，《国务院关于继续积极稳妥地进行城镇住房制度改革的通知》提出了大力发展经济适用的商品住房，优先解决无房户和住房困难户的住房问题，从国家政策上对经济适用住房的建设作了初步定位。1994年7月，《国务院关于深化城镇住房制度改革的决定》要求各地人民政府要重视经济适用住房的开发建设，加快解决中低收入家庭的住房问题。同年，建设部、国家住房制度改革领导小组、财政部发布了《城镇经济适用住房建设管理办法》，明确指出要建立以中低收入家庭为对象，具有社会保障性质的经济适用住房供应体系，加强对经济适用住房的建设管理。1998年，国务院发布了《关于进一步深化城镇住房制度改革加快住房建设的通知》，确立了购买经济适用住房的申请、审批制度。这是我国政府关于经济适用住房制度的第一次系统性规定。2002年，国家计委、建设部公布了《经济适用住房价格管理办法》，对经济适用住房的概念进行了界定。2007年，建设部等七部门联合发布新《经济适用住房管理办法》，对经济适用住房的功能定位、开发建设和销售管理等进行了严格规定。随着公共租赁住房的兴起和政府对自住改善型住房支持力度的加大，今后将逐步缩小经济适用住房的建设规模。

经济适用住房制度是解决城市低收入家庭住房困难政策体系的组成部分。经济适用住房是指政府提供政策优惠，限定套型面积和销售价格，按照合理标准建设，面向城市低收入住房困难家庭供应，具有保障性质的政策性住房。根据《经济适用住房管理办法》，城市低收入住房困难家庭是指城市和县人民政府所在地的镇范围内，家庭收入、住房状况等符合市、县人民政府规定条件的家庭。发展经济适用住房应当在国家统一政策指导下，各地区因地制宜，政府主导、社会参与。市、县人民政府要根据当地经济社会发展水平、居民住房状况和收入水平等因素，合理确定经济适用住房的供应范围。

（3）公共租赁住房

2009 年，政府工作报告首次明确指出要积极发展公共租赁住房。2010 年，住房和城乡建设部等七部委根据《国务院关于坚决遏制部分城市房价过快上涨的通知》（国发〔2010〕10 号）和《国务院办公厅关于促进房地产市场平稳健康发展的通知》（国办发〔2010〕4 号）精神，联合制定了《关于加快发展公共租赁住房的指导意见》，标志着我国公共租赁住房制度基本建立。2012 年 5 月，住房和城乡建设部颁布《公共租赁住房管理办法》，对公共租赁住房的分配、运营、使用、退出和管理等问题作出了具体规定。

公共租赁住房简称公租房，是指限定建设标准和租金水平，面向符合规定条件的城镇中等偏下收入住房困难家庭、新就业无房职工和在城镇稳定就业的外来务工人员出租的保障性住房。公共租赁住房可通过新建、改建、收购、长期租赁等多种形式筹集，也可以由政府投资或由政府提供政策支持，社会力量投资建设。公共租赁住房可以是成套住房，也可以是宿舍型住房。2013 年 12 月，住房和城乡建设部、财政部、国家发展改革委联合发布《关于公共租赁住房和廉租住房并轨运行的通知》规定，从 2014 年起，各地公共租赁住房和廉租房并轨运行，并轨后称为公共租赁住房，自此廉租住房不再实行单独管理。今后，公共租赁住房将成为我国住房保障的主要形式之一。大力发展公共租赁住房，是完善住房供应体系、培育住房租赁市场、满足城市中等偏下收入家庭基本住房需求的重要举措，是引导城镇居民合理住房消费、调整房地产市场供应结构的必然要求。

（4）保障性租赁住房

2020 年 10 月 29 日中国共产党十九届五中全会通过的《中共中央关于制定国民经济和社会发展第十四个五年规划和二〇三五年远景目标的建议》提出，有效增加保障性住房供给，完善土地出让收入分配机制，探索支持利用集体建设用地按照规划建设租赁住房，完善长租房政策，扩大保障性租赁住房供给。2020年中央经济工作会议提出，要解决好大城市住房突出问题。在租赁住房方面着重提出，要高度重视保障性租赁住房建设，加快完善长租房政策，逐步使租购住房在享受公共服务上具有同等权利，规范发展长租房市场。2021年3月12日发布的《中华人民共和国国民经济和社会发展第十四个五年规划和2035年远景目标纲要》提出，有效增加保障性住房供给，完善住房保障基础性制度和支持政策。以人口流入多、房价高的城市为重点，扩大保障性租赁住房供给，着力解决困难群体和新市民住房问题。2021年6月24日，国务院办公厅印发了《关于加快发展保障性租赁住房的意见》，明确了我国目前以公租房、保障性租赁住房和共有产权住房为主体的住房保障体系，对加快发展保障性租赁住房提出了指导思想、基础制度和支持政策等。

保障性租赁住房主要解决符合条件的新市民、青年人等群体的住房困难问题，以建筑面积不超过70m²的小户型为主，租金低于同地段同品质市场租赁住房租金，准入和退出的具体条件、小户型的具体面积由城市人民政府按照保基本的原则合理确定。保障性租赁住房由政府给予土地、财税、金融等政策支持，充分发挥市场机制作用，引导多主体投资、多渠道供给，坚持“谁投资、谁所有”，主要利用集体经营性建设用地、企事业单位自有闲置土地、产业园区配套用地和存量闲置房屋建设，适当利用新供应国有建设用地建设，并合理配套商业服务设施。支持专业化规模化住房租赁企业建设和运营管理保障性租赁住房。

（5）共有产权住房

共有产权住房，即政府提供政策支持，由建设单位开发建设，销售价格低于同地段、同品质商品住房价格水平，并限定使用和处分权利，实行政府与购房人按份共有产权的保障性住房。政府与购房人在合同中明确共有双方的资金数额及将来退出过程中所承担的权利义务；退出时由政府回购，购房人只能获得自己资产数额部分的变现，从而实现保障住房的封闭运行。2007年，江苏省淮安市最先在全国提出共有产权住房。此后，北京、上海、深圳等城市陆续开展了共有产权住房试点工作。2017年9月，住房和城乡建设部印发《关于支持北京市、上海市开展共有产权住房试点的意见》，支持北京市、上海市深化开展共有产权住房试点工作。2021年《中华人民共和国国民经济和社会发展第十四个五年规划和2035年远景目标纲要》提出，因地制宜发展共有产权住房。

共有产权住房的保障性体现在地方政府让渡部分土地出让收益，然后以较低的价格配售给符合条件的保障对象家庭，让购房人可以以较低的价格购买住房，解决居住问题。配售时，保障对象与地方政府签订合同，约定双方的产权份额以及房屋将来上市交易的条件和所得价款的分配份额，对房地产市场平稳健康发展起到了良好的调节作用。

2. 商品住房

（1）市场价商品住房

市场价商品住房可分为普通商品住房和中、高档商品住房，满足中高收入者多样化的住房需求。普通商品住房是由政府引导、市场主导的改善性住房。其标准由地方政府根据当地区位价格、容积率、户型标准等制定。普通商品住房供应对象是有改善住房需求的普通中等收入家庭。中、高档商品住房包括中、高档公寓和别墅，是享受型住房。政府只对其进行调控，其价格和供应量主要由市场决定，满足高收入家庭的住房需要。2010 年 4 月《国务院关于坚决遏制部分城市房价过快上涨的通知》出台后，一些房价过高的城市相继制定住房限购政策。一些地方限购政策规定，当地户籍居民家庭最多拥有 2 套住房，能够提供当地一定年限纳税证明或社会保险缴纳证明的非当地户籍居民家庭，最多购买 1 套商品住房。限购住房类型包括所有新建商品住房和二手商品住房。

（2）限价商品住房

限价商品住房也称为两限房，即限套型、限房价的住房，是由政府指导、市场合作，具有改善性的住房，是普通商品住房的一种。2006 年，《国务院办公厅转发建设部等部门关于调整住房供应结构稳定住房价格意见的通知》（国办发〔2006〕37 号）中明确规定“两限”是指限套型、限房价。其土地的供应应在限套型、限房价的基础上，采取竞地价、竞房价的办法，以招标方式确定开发建设单位。自 2006 年 6 月 1 日起，凡新审批、新开工的商品住房项目，套型建筑面积 $90m^2$ 以下住房（含经济适用住房）面积所占比重，必须达到开发建设总面积的 70％以上。两限房满足中低收入普通居民的住房需求，具体的购房标准由地方政府根据当地的经济发展水平、居民收入状况等决定。

（3）市场租赁住房

为与公共租赁住房和市场化商品住房相区别，将企业或其他组织对外出租的住房和个人依法出租的自有住房，统称为市场租赁住房。市场租赁住房是租购并举的住房制度的重要组成部分，与公共租赁住房共同构成住房租赁市场的房源。

《国务院办公厅关于加快培育和发展住房租赁市场的若干意见》提出，鼓励房地产开发企业开展住房租赁业务。支持房地产开发企业拓展业务范围，利用已建成住房或新建住房开展租赁业务；鼓励房地产开发企业出租库存商品住房；引导房地产开发企业与住房租赁企业合作，发展租赁地产。同时，鼓励发展住房租赁企业充分发挥市场作用，调动企业积极性，通过租赁、购买等方式多渠道筹集房源，提高住房租赁企业规模化、集约化、专业化水平，形成大、中、小住房租赁企业协同发展的格局，满足不断增长的住房租赁需求。支持和规范个人出租住房。落实鼓励个人出租住房的优惠政策，鼓励个人依法出租自有住房。规范个人出租住房行为，支持个人委托住房租赁企业和中介机构出租住房。

第四节　房地产权利

一、房地产权利的种类

我国目前的房地产权利主要有所有权、建设用地使用权、宅基地使用权、土地承包经营权、地役权、抵押权、居住权和租赁权。上述房地产权利中，所有权以外的权利，统称为他项权利；租赁权属于债权，其余属于物权。

债权是权利人请求特定义务人为或不为一定行为的权利，债权的权利人不得要求与其债权债务关系无关的人为或者不为一定行为，因此债权又称为“对人权”“相对权”。物权是权利人依法对特定的物享有直接支配和排他的权利。由于物权是直接支配物的权利，任何其他人都不得非法干预，所以物权又称为“绝对权”；物权的权利人享有物权，物权的义务人是物权的权利人以外的任何其他人，因此物权又称为“对世权”。在特定的房地产上，除法律另有规定外，既有物权又有债权的，优先保护物权；同时有两个以上物权的，优先保护先设立的物权。

在物权中，所有权属于自物权，其余属于他物权。自物权是对自己的物依法享有的权利。他物权是在他人的物上依法享有的权利，是对所有权的限制。在他物权中，建设用地使用权、宅基地使用权、土地承包经营权、地役权、居住权属于用益物权，抵押权属于担保物权。用益物权是在他人的物上依法享有占有、使用和收益的权利。担保物权是就他人的担保物依法享有优先受偿的权利。

二、房地产所有权

（一）房地产所有权的概念和权能

房地产所有权是指房地产所有权人对自己的房地产依法享有占有、使用、收益和处分的权利。所有权人有权在自己的房地产上设立用益物权和担保物权，用益物权人、担保物权人行使权利，不得损害所有权人的权益。房地产所有权人通常又被称为房地产所有人、所有者。所有权的上述占有、使用、收益和处分四项内容，在理论上通常被认为是所有权具有的四项基本权能。

（1）占有。占有是对房地产的实际掌握和控制。占有权是所有权的基础，没有占有权，其他权能都会受到影响，即使所有人失去对房屋的实际占有后也并不丧失房屋的占有权。这是房地产所有权人直接行使所有权的表现。所有权人的占有受法律保护，不得非法侵犯。占有通常为所有权人行使，但也可依法或者依所有权人的意志交由非所有权人行使。因此，所有权和占有既可结合又可分离。

（2）使用。使用是对房地产的运用，以便发挥房地产的使用价值。拥有房地产的目的一般是使用。房地产所有权人可以自己使用，也可以授权他人使用。在所有权人将使用权交由非所有权人行使的情况下，所有权人并不丧失所有权。这些都是所有权人行使使用权的行为。因此，使用权和所有权既可结合又可分离。

（3）收益。收益是通过对房地产的占有、使用等方式取得经济利益。使用房地产并获得收益是拥有房地产的目的之一。收益也包括孳息。孳息分为天然孳息和法定孳息。例如，果树结果属于天然孳息，出租房屋所得租金属于法定孳息。

（4）处分。处分是对房地产在事实上和法律上的最终处置。事实上的处分是指对房地产的物质形态进行变更或消灭，如拆除等。法律上的处分是指改变房地产的权利归属状态，如出租、出卖、赠与、抵押等。处分权一般由所有权人行使，但在某些情况下，非所有权人也可以享有处分权。例如，土地所有权人可授权土地使用权人行使部分处分权。

占有、使用、收益和处分四项基本权能，构成所有权完整的权能结构。如果说所有权是一级权能，则占有、使用、收益和处分等权利是二级权能。二级权能具有相对的独立性，它们在一定的条件下同一级权能相分离时，一级权能不会因此而丧失，其条件是拥有二级权能者对所有权人应尽一定的义务或者在一定期限后将分离的二级权能复归于所有权人。

【例题 2-5】房地产所有权的基本权能有（　　）。

A. 占有　　　　B. 使用

C. 处分　　　　D. 收益

E. 他项权利

参考答案：ABCD

（二）房地产所有权的特性

房地产所有权具有下列特性：

（1）完全性。房地产所有权是对房地产享有完全的支配权。所有权作为支配权，是用益物权、担保物权等他物权的源泉。与所有权不同，他物权仅在使用收益上于一定范围内有支配权。

（2）整体性。或者称为单一性。房地产所有权对房地产有统一支配力，是整体的权利，不能在内容或者时间上加以分割。房地产所有权人可以在其房地产上设定他物权，即使其房地产的占有、使用、收益和处分等权能分别归他人享有，房地产所有权人的所有权性质仍不受影响。

（3）恒久性。所有权有永久性，其存在没有存续期间，不因时效而消灭。

（4）弹力性。房地产所有权人在其房地产上为他人设定权利，即使所有权的所有已知表征权利均被剥夺，仍然潜在地保留其完整性。这种剥夺终止后，所有权当然地重新恢复其圆满状态。当房地产被他人非法占有时，无论被何人或何组织控制，房地产所有权人都有权索回。

（三）房地产所有权的种类

房地产所有权可分为单独所有、共有和建筑物区分所有权三种。单独所有是指房地产由一个组织或个人享有所有权。共有是指房地产由两个以上组织或个人共同享有所有权。共有又分为按份共有和共同共有。按份共有人对共有的房地产按照其份额享有所有权；共同共有人对共有的房地产共同享有所有权。建筑物区分所有权是指业主对建筑物内的住宅、经营性用房等专有部分享有所有权，有权对专用部分占有、使用、收益和处分；对专有部分以外的共有部分，如电梯、过道、楼梯、水箱、外墙面、水电气的主管线等享有共有和共同管理的权利。建筑物区分所有权是一种复合性的权利，由专有部分的所有权（该部分通常为单独所有，但也可能为共有，这种共有是该专有部分的共有人之间的共有）、专有部分以外的共有部分的持份权（该部分为建筑物各专有部分的所有权人之间按份共有）和因共同关系所产生的成员权构成。

我国现行的房地产所有制中，土地只能为国家所有或集体所有，房屋可以私人所有，其中住宅主要为私人所有。因此，我国的土地所有权只有国家所有权和集体所有权两种，房屋所有权则有国家所有权、集体所有权、私人所有权和其他经济组织所有权四种。

（四）房屋所有权的取得、消灭及其特点

1. 房屋所有权的取得方式

房屋所有权的取得方式分为原始取得和继受取得两种。

（1）原始取得

原始取得是指根据法律的规定，由于一定的法律事实，权利人取得新建房屋、无主房屋的所有权，或者不以原房屋所有人的权利和意志为根据而取得房屋的所有权。原始取得主要包括以下情形：①合法建造房屋；②依法没收房屋；③收归国有的无主房屋；④合法添附的房屋（如翻建、加层）。

（2）继受取得

继受取得又称传来取得，是指权利人根据原房屋所有权人的意思接受原房屋

所有权人转移之房屋所有权，是以原房屋所有权人的所有权和其转让所有权的意志为根据的取得方式。继受取得分为因法律行为的继受取得和因法律事件的继受取得两类。

① 因法律行为继受取得房屋所有权，是取得房屋所有权最普遍的方法，通常有以下几种形式：房屋买卖（包括拍卖）；房屋赠与；房屋交换。房屋所有权自所有权转移手续办理完毕后产生效力，即进行所有权登记后取得房屋所有权。

② 因法律事件继受取得房屋所有权，是指因被继承人死亡（包括宣告死亡）的法律事件，继承人或受遗赠人依法取得房屋所有权。根据《民法典》的有关规定，在有数个继承人的情况下，只要继承人未作放弃继承的意思表示，继承的房产如果未作分割，则应认为数个继承人对房产享有共同所有权；受遗赠人应在知道受遗赠后60日内，作出接受或者放弃遗赠的表示，到期没有表示的，视为放弃受遗赠。

2. 房屋所有权的消灭

房屋所有权的消灭，是指因某种法律事实的出现，使原房产权利人失去对该房产占有、使用、收益和处分的权利。

引起房屋所有权消灭的法律事实有如下几种。

（1）房屋所有权主体的消灭。如房屋所有权人（自然人）死亡或宣告死亡以及法人或其他非法人组织被终止而导致原所有权人的权利消灭。

（2）房屋所有权客体的消灭。包括自然灾害（地震、洪水、台风等）、爆炸、火灾、战争等引起房屋的毁灭以及自然损毁等。

（3）房产转让、受赠等引起原房屋所有权人对该房地产权利的消灭。

（4）因国家行政命令或法院判决、仲裁裁决而丧失。如国家行政机关依法对房屋所有权人的房产征收，原房屋所有权人的权利因征收而丧失。又如人民法院或仲裁机构依照法律程序将一方当事人的房屋判给另一方当事人所有，原房屋所有权人因生效法律文书的羁束效力而丧失该房屋的所有权。

（5）房屋所有权人放弃所有权。

3. 我国房屋所有权的特点

房屋所有权的特点，一方面由房屋本身的性质所决定，另一方面也由各国的房屋所有权法律制度所决定。我国房屋所有权具有以下特点：

（1）房屋所有权的主体有多种。房屋的国家所有权、集体所有权、个人所有权和其他经济组织所有权，同等地受到宪法和法律的保护。

（2）房屋所有权的客体是具有一定的承重结构、一定的高度和空间、一定的用途和功能的房屋，而不是单指组成房屋的材料。正在建造中的房屋或已经灭失的房屋，不能被称为房屋所有权的客体。

（3）房屋所有权与其所依附的土地的使用权不可分离。房屋的所有权发生变更，土地的使用权也随之发生变更，反之亦然。

（4）国家所有的房屋广泛实行所有权与使用权的分离。国家享有所有权，国有企业、事业单位和其他组织享有使用权。

（5）房屋所有权可以转让，但受到土地使用权转让的制约。由于房屋所有权与其所依附的土地使用权不可分离，因此凡不可转让使用权的地上的房屋，其所有权不能转让；非法转让土地使用权和地上房屋，会导致转让行为无效。

（6）房屋所有权的设立与转移，需办理不动产首次登记和转移登记手续。

【例题 2-6】 下列取得房屋所有权的情形中，属于继受取得的有（　　）。

A. 依法没收房屋　　　　B. 合法翻建、加层

C. 房屋买卖　　　　D. 房屋继承

E. 房屋赠与

参考答案：CDE

三、房地产他项权利

（一）建设用地使用权

建设用地使用权通常称为国有建设用地使用权，过去称为国有土地使用权，简称土地使用权，是指建设用地使用权人依法对国家所有的土地享有占有、使用和收益的权利，有权利用该土地建造建筑物、构筑物及其附属设施。按照取得方式，建设用地使用权分为出让、划拨、租赁、作价出资（入股）和授权经营等方式取得的建设用地使用权。

建设用地使用权实质上是利用土地空间的权利，可称为空间利用权或空间权。《民法典》第三百四十五条规定："建设用地使用权可以在土地的地表、地上或者地下分别设立。"因此，一宗土地的空间，可以分割为很多个三维立体"空间块"，分别成为独立的"物"，可以分别出让、转让等。例如，国家在出让建设用地使用权时可以将受让人对空间享有的权利通过出让土地的四至、建筑物的高度和深度加以确定，确定范围之外的空间仍然属于国家，国家可以将其用于公共用途或者另外出让，比如同一块土地地下 10m 至地上 80m 的建设用地使用权出让给甲公司建造写字楼，地下 20m 至地下 40m 的建设用地使用权出让给乙公司建造商场。更常见、更典型的是"没有分摊的土地面积"的建设用地使用权，如一个地面为公共绿地或公园的地下商场，一个建造在公共道路、公共汽车停车场或火车站上的商场、写字楼等。与此相似，取得一定范围内的空间的建设用地使

用权人，也可能将其空间中的部分空间分割出来，转让、租赁给他人或者将其作价入股等，从而使该被分割出来的部分空间具有了独立的经济价值。

（二）宅基地使用权

宅基地使用权是指经依法审批由农村集体经济组织分配给其成员用于建造住宅的没有使用期限限制的集体土地使用权。《民法典》第三百六十二条、第三百六十三条规定："宅基地使用权人依法对集体所有的土地享有占有和使用的权利，有权依法利用该土地建造住宅及其附属设施。""宅基地使用权的取得，行使和转让，适用土地管理的法律和国家有关规定。"宅基地因自然灾害等原因灭失的，宅基地使用权消灭。已经登记的宅基地使用权转让或者消灭的，应当及时办理转移登记或者注销登记。

宅基地使用权的特征是：其主体只能是农村集体经济组织的成员；其用途仅限于村民建造个人住宅；宅基地使用权实行严格的"一户一宅制"，其面积不得超过省、自治区、直辖市规定的标准；宅基地的初始取得是无偿的；出卖、出租赠与住宅后，再申请宅基地的，不予批准；人均土地少、不能保障一户拥有一处宅基地的地区，县级人民政府在充分尊重农村村民意愿的基础上，可以采取措施，按照省、自治区、直辖市规定的标准，保障农村村民实现户有所居。

国家允许进城落户的农村村民依法自愿有偿退出宅基地，鼓励农村集体经济组织及其成员盘活利用闲置宅基地和闲置住宅。

（三）土地承包经营权

《民法典》第三百三十一条规定："土地承包经营权人依法对其承包经营的耕地、林地、草地等享有占有、使用和收益的权利，有权从事种植业、林业、畜牧业等农业生产。"

根据《民法典》和《农村土地承包法》规定，耕地的承包期为30年；草地的承包期为30～50年；林地的承包期为30～70年。承包期限届满，由土地承包经营权人依照农村土地承包的法律规定继续承包。

（四）地役权

地役权是指房地产所有权人或土地使用权人按照合同约定，利用他人的房地产，以提高自己的房地产效益的权利。上述房地产所有权人或土地使用权人为地役权人，他人的房地产为供役地，自己的房地产为需役地。《民法典》规定，设立地役权，当事人应当采用书面形式订立地役权合同。供役地权人应当按照合同约定，允许地役权人利用其不动产，不得妨害地役权人行使权利。地役权人应当按照合同约定的利用目的和方法利用供役地，尽量减少对供役地权利人物权的限制。地役权期限由当事人约定，但是不得超过土地承包经营权、建设用地使用权等用益物权的剩余期限。地役权不得单独转让、抵押。建设用地使用权转让的，地役权一并转让，但是合同另有约定的除外。建设用地使用权抵押的，在实现抵押权时，地役权一并转让。最典型的地役权是在他人的土地上通行的权利，这种地役权具体称为通行地役权。例如，甲乙两单位相邻，甲单位原有一个东门，为了解决本单位职工上下班通行方便，想开一个西门，但必须借用乙单位的道路通行。于是甲乙两单位约定，甲单位向乙单位支付使用费，乙单位允许甲单位的职工通行，为此双方达成书面协议，在乙单位的土地上设立了通行地役权。此时，乙单位提供通行的土地称为供役地，甲单位的土地称为需役地。常见的地役权还有取水地役权、导水地役权、排水地役权、眺望地役权、采光地役权等。

（五）抵押权

抵押权是指债务人或者第三人不移转房地产的占有，将该房地产作为履行债务的担保，债务人不履行到期债务或者发生当事人约定的实现抵押权的情形时，债权人有权依照法律的规定以该房地产折价或者以拍卖、变卖该房地产所得的价款优先受偿。上述债务人或者第三人为抵押人，债权人为抵押权人，用于担保债务履行的房地产为抵押房地产。例如，甲向乙借款200万元，为保证按时偿还借款，将自己的房屋抵押给乙。在这个法律关系中，甲既是债务人，又是抵押人；乙既是债权人，又是抵押权人；房屋是抵押房地产。有时，提供抵押房地产的人并非债务人，而是主合同（如借款合同）之外的第三人，该第三人就是抵押人。如甲向乙借款，丙将自己的房屋抵押给乙，作为甲向乙履行债务的担保。在这种情况下，甲为债务人，乙为抵押权人，丙为抵押人。

（六）租赁权

租赁权是指以支付租金的方式从房屋所有权人或土地权利人那里取得的占有和使用房地产的权利。租赁权又称使用收益权，即承租人依据租赁合同，在租赁房地产交付后对租赁房地产享有的以使用收益为目的的、必要的、占有的权利。例如，房屋承租人与出租人签订了一个租赁期限为10年的房屋租赁合同，承租人即取得了该房屋10年期限的租赁权，在租赁期限内，承租人可以依法实际占有和使用该房屋。承租人取得房屋使用权后，未经出租人同意不得随意处置可承租的房屋，除非租赁合同另有约定，否则就是违约行为。承租人不依约定行使承租权造成租赁房屋损坏、灭失的，出租人有权请求赔偿损失或恢复原状。

（七）居住权

居住权是《民法典》中新增加的一种用益物权，是指居住权人为了满足生活居住的需要，有权按照合同约定或者遗嘱规定，对他人所有住宅的全部或者部分及其附属设施享有占有、使用的权利。设立居住权，当事人应当采用书面形式订立居住权合同，居住权合同一般包括以下内容：当事人的姓名或者名称和住所、住宅的位置、居住的条件和要求、居住权的期限、解决争议的方法等。原则上，居住权无偿设立，但是当事人另有约定的除外。设立居住权的，应当向登记机构申请居住权登记，居住权自登记时设立。居住权不得转让、继承，除非当事人另有约定。设立居住权的住宅不得出租。居住权人有权为居住的目的对房屋进行维护和修缮。

因此，虽然居住权人对住宅不享有所有权，但可以长时间乃至终生居住。设立居住权的房屋出售后，虽然新的业主获得不动产权证，可以依法享有房屋的所有权，但无法单方改变居住权已存在的事实，也没有权利要求居住权人搬离房屋。居住权期限届满或者居住权人死亡的，居住权消灭。居住权制度的确立，必将对今后的房地产交易带来巨大影响。

复习思考题

1. 我国的土地所有制性质是什么？土地所有制的形式有哪些？

2. 我国土地管理的基本制度有哪些？

3. 国家建设所需的土地，可采取哪些途径获得？

4. 什么是国有建设用地使用权划拨？划拨的范围是什么？

5. 国有建设用地使用权出让的方式有哪几种？出让的最高年限国家是怎样规定的？

6. 房屋征收的限制条件和前提条件是什么？

7. 我国城镇住房制度改革主要经历了哪几个阶段？

8. 我国城镇住房供应体系主要包括哪些种类的住房？

9. 我国目前房地产权利包括哪些种类？房地产所有权、房地产他项权利包括哪些类型的权利？

10. 房屋所有权取得和消灭的方式有哪些？

11. 什么是居住权？设立居住权有哪些要求？

第三章　房地产转让相关制度政策

房地产经纪服务的主要目的是促成房地产交易，房地产转让是房地产交易的主要形式之一。要做好房地产经纪服务，应熟悉房地产转让的有关规定，了解政府对房地产市场的宏观调控政策及其变化。为此，本章主要介绍了房地产转让的一般规定，土地使用权出让和转让，重点介绍了存量房买卖制度政策，并阐述了其他类型房地产转让的管理规定、交易合同网签备案和交易资金监管等。

第一节　房地产转让概述

一、房地产转让的概念与特征

《城市房地产管理法》第三十七条规定："房地产转让，是指房地产权利人通过买卖、赠与或者其他合法方式将其房地产转移给他人的行为。"房地产买卖是指房地产权利人将其合法拥有的房地产以一定价格转让给他人的行为。房地产赠与是指房地产权利人将其合法拥有的房地产无偿赠送给他人，不要求受赠人支付任何费用或为此承担任何义务的行为。《城市房地产转让管理规定》对此概念中的其他合法方式作了进一步的细化，主要包括下列行为：

（1）以房地产作价入股、与他人成立企业法人或其他组织，房地产权属发生变更的；

（2）一方提供土地使用权，另一方或者多方提供资金，合资、合作开发经营房地产，而使房地产权属发生变更的；

（3）因企业被收购、兼并或合并，房地产权属随之转移的；

（4）以房地产抵债的；

（5）法律、法规规定的其他情形。

《城市房地产管理法》规定，房地产转让时，房屋所有权和该房屋所占用范围的土地使用权同时转让。

房地产转让的特征是房地产权属发生转移。房地产转让可分为有偿和无偿两种方式，有偿转让主要包括房地产买卖、房地产抵债、房地产作价入股等行为，无偿转让主要包括房地产赠与、房地产划拨等行为。

房地产买卖属于双务法律行为，即买卖双方均享有一定的权利，并需承担一定的义务；房地产赠与属于单务法律行为，转让人负有义务将房屋赠与受让人，但受让人无需支付任何对价。正是由于这一点，在实践中，经常会出现为了某种目的（譬如降低交易税费或方便抵押贷款），而将房地产买卖与房地产赠与相互转化的现象，需要严格区分并加以管理。

【例题 3-1】 在房地产转让行为中，属于无偿转让的是房地产（　　）。

A. 买卖　　　　B. 抵债

C. 赠与　　　　D. 作价入股

参考答案：C

二、房地产转让的条件

《城市房地产管理法》第四十一条、第四十二条规定，房地产转让应当签订书面转让合同，合同中应当载明土地使用权取得的方式。房地产转让时，房屋所有权和该房屋占用范围内的土地使用权同时转让；土地使用权出让合同载明的权利、义务随之转移。

（一）转让的条件

《城市房地产管理法》及《城市房地产转让管理规定》都明确规定了房地产转让应当符合的条件。

（1）以出让方式取得土地使用权的房地产转让

以出让方式取得土地使用权的，转让房地产时，应当符合下列条件：①按照出让合同约定已经支付全部土地使用权出让金，并取得土地使用权证书；②按照出让合同约定进行投资开发，属于房屋建设工程的，完成开发投资总额的25%以上，属于成片开发土地的，形成工业用地或者其他建设用地条件。转让房地产时房屋已经建成的，还应当持有房屋所有权证书。

（2）以划拨方式取得土地使用权的房地产转让

以划拨方式取得土地使用权的，转让房地产时，应当按照国务院规定，报有批准权的人民政府审批。有批准权的人民政府准予转让的，应当由受让方办理土地使用权出让手续，并依照国家有关规定缴纳土地使用权出让金。

以划拨方式取得土地使用权的，转让房地产报批时，有批准权的人民政府按照国务院规定决定可以不办理土地使用权出让手续的，转让方应当按照国务院规定将转让房地产所获收益中的土地收益上缴国家或者作其他处理。

（二）不得转让的情形

（1）未达到转让条件的。未达到上述转让条件的房地产不得转让，作出此项规定的目的，就是严格限制炒卖地皮牟取暴利，限制房地产投机并切实保障建设项目的实施。

（2）司法机关和行政机关依法裁定、决定查封或者以其他形式限制房地产权利的。司法机关和行政机关可以根据当事人的申请或社会公共利益的需要，依法裁定、决定查封、限制房地产权利，如查封、限制转移等。在权利受到限制期间，房地产权利人不得转让该项房地产。

（3）依法收回土地使用权的。根据国家利益或社会公共利益的需要，国家有权决定收回出让或划拨给单位和个人使用的土地。在国家依法作出收回土地使用权决定之后，原土地使用权人应当服从国家的决定，不得再行转让土地使用权。

（4）共有房地产。共有房地产，是指房屋的所有权或国有土地使用权为两个或两个以上权利人共同拥有。共有房地产转让权利的行使需经相应共有人同意，不能因部分权利人的请求而转让。《民法典》第三百零一条规定："处分共有的不动产或者动产以及对共有的不动产或动产作重大修缮、变更性质或者用途的，应当经占份额三分之二以上的按份共有人或者全体共同共有人同意，但共有人之间另有约定的除外。"

（5）权属有争议的。权属有争议的房地产，是指有关当事人对房屋所有权和土地使用权的归属发生争议，致使该项房地产权属难以确定。转让该类房地产，可能影响交易的合法性，因此在权属争议解决之前，该项房地产不得转让。

（6）未依法登记领取权属证书的。产权登记是国家依法确认房地产权属的法定手续，未履行该项法律手续，除法律和行政法规另有规定外，房地产权利人的权利不具有物权效力，因此也不得转让该项房地产。

（7）法律和行政法规规定禁止转让的其他情形。《城市房地产管理法》第四十六条规定："商品房预售的，商品房预购人将购买的未竣工的预售商品房再行转让的问题，由国务院规定。"为抑制投机性购房，国务院印发的《国务院办公厅转发建设部等部门关于做好稳定住房价格工作意见的通知》规定，禁止商品房预购人将购买的未竣工的预售商品房再行转让；在预售商品房竣工交付、预购人取得房屋所有权证之前，住房和城乡建设管理部门不得办理转让手续；房屋所有权申请人与登记备案的预售合同载明的预购人不一致的，不动产登记机构不得为其办理所有权登记手续。

三、房地产转让合同的主要内容

房地产转让合同是指房地产转让当事人之间签订的用于明确双方权利、义务关系的书面协议。合同的内容由当事人协商拟定，一般包括：

（1）双方当事人的姓名或者名称、住所；

（2）不动产（房地产权属）证书的名称和编号；

（3）房地产坐落位置、面积、四至界限；

（4）土地宗地号、土地使用权取得的方式及年限；

（5）房地产的用途或使用性质；

（6）成交价格及支付方式；

（7）房地产交付时间；

（8）违约责任；

（9）双方约定的其他事项。

【例题 3-2】根据《城市房地产管理法》，下列房屋中可以转让的是（　　）。

A. 已查封的　　B. 权属有争议的

C. 已办理租赁登记备案的　　D. 未领取权属证书

参考答案：C

第二节　土地使用权出让和转让

一、城镇国有土地使用权出让

土地使用权出让是指国家以土地所有者的身份将土地使用权在一定年限内让与土地使用者，并由土地使用者向国家支付土地使用权出让金的行为。国有建设用地使用权出让规定详见第二章，本节重点介绍《最高人民法院关于审理涉及国有土地使用权合同纠纷案件适用法律问题的解释》（2020年修正）的有关规定。

开发区管理委员会作为出让方与受让方订立的土地使用权出让合同，应当认定无效。在该解释实施前，开发区管理委员会作为出让方与受让方订立的土地使用权出让合同，起诉前经市、县人民政府自然资源主管部门追认的，可以认定合同有效。

经市、县人民政府批准同意以协议方式出让的土地使用权，土地使用权出让金低于订立合同时当地政府按照国家规定确定的最低价的，应当认定土地使用权出让合同约定的价格条款无效。当事人请求按照订立合同时的市场评估价格交纳土地使用权出让金的，应予支持；受让方不同意按照市场评估价格补足，请求解除合同的，应予支持。因此造成的损失，由当事人按照过错承担责任。

土地使用权出让合同的出让方因未办理土地使用权出让批准手续而不能交付土地，受让方请求解除合同的，应予支持。受让方经出让方和市、县人民政府城市规划行政主管部门同意，改变土地使用权出让合同约定的土地用途，当事人请求按照起诉时同种用途的土地出让金标准调整土地出让金的，应予支持。受让方擅自改变土地使用权出让合同约定的土地用途，出让方请求解除合同的，应予支持。

二、城镇国有土地使用权转让

按照所有权与使用权分离的原则，对市、县城、建制镇、工矿区范围内属于全民所有的土地实行城镇国有土地使用权出让、转让制度，但地下资源、埋藏物和市政公用设施除外。中华人民共和国境内外的公司、企业、其他组织和个人，除法律另有规定者外，均可依照规定取得土地使用权，进行土地开发、利用、经营。土地使用者开发、利用、经营土地的活动，应当遵守国家法律、法规的规定，并不得损害社会公共利益。

（一）城镇国有土地使用权转让的含义

土地使用权转让是指土地使用者将土地使用权再转移的行为，包括出售、交换和赠与。未按土地使用权出让合同规定的期限和条件投资开发、利用土地的，土地使用权不得转让。土地使用权转让应当签订转让合同。

土地使用权转让时，土地使用权出让合同和登记文件中所载明的权利、义务随之转移。土地使用者通过转让方式取得的土地使用权，其使用年限为土地使用权出让合同规定的使用年限减去原土地使用者已使用年限后的剩余年限。土地使用权转让时，其地上建筑物、其他附着物所有权随之转让。地上建筑物、其他附着物的所有人或者共有人，享有该建筑物、附着物使用范围内的土地使用权。土地使用者转让地上建筑物、其他附着物所有权时，其使用范围内的土地使用权随之转让，但地上建筑物、其他附着物作为动产转让的除外。土地使用权和地上建筑物、其他附着物所有权转让，应当依照规定办理过户登记。土地使用权和地上建筑物、其他附着物所有权分割转让的，应当经市、县人民政府土地管理部门和房产管理部门批准，并依照规定办理过户登记。土地使用权转让价格明显低于市场价格的，市、县人民政府有优先购买权。土地使用权转让的市场价格不合理上涨时，市、县人民政府可以采取必要的措施。

（二）土地使用权转让合同纠纷

为正确审理国有土地使用权合同纠纷案件，依法保护当事人的合法权益，《最高人民法院关于审理涉及国有土地使用权合同纠纷案件适用法律问题的解释》对土地使用权转让合同纠纷处理作出了以下规定。

土地使用权人作为转让方与受让方订立土地使用权转让合同后，当事人一方以双方之间未办理土地使用权变更登记手续为由，请求确认合同无效的，不予支持。

土地使用权人作为转让方就同一出让土地使用权订立数个转让合同，在转让合同有效的情况下，受让方均要求履行合同的，按照以下情形分别处理：①已经办理土地使用权变更登记手续的受让方，请求转让方履行交付土地等合同义务的，应予支持；②均未办理土地使用权变更登记手续，已先行合法占有投资开发土地的，受让方请求转让方履行土地使用权变更登记等合同义务的，应予支持；③均未办理土地使用权变更登记手续，又未合法占有投资开发土地，先行支付土地转让款的受让方请求转让方履行交付土地和办理土地使用权变更登记等合同义务的，应予支持；④合同均未履行，依法成立在先的合同受让方请求履行合同的，应予支持。

未能取得土地使用权的受让方请求解除合同、赔偿损失的，依照民法典的有关规定处理。

土地使用权人与受让方订立合同转让划拨土地使用权，起诉前经有批准权的人民政府同意转让，并由受让方办理土地使用权出让手续的，土地使用权人与受让方订立的合同可以按照补偿性质的合同处理。土地使用权人与受让方订立合同转让划拨土地使用权，起诉前经有批准权的人民政府决定不办理土地使用权出让手续，并将该划拨土地使用权直接划拨给受让方使用的，土地使用权人与受让方订立的合同可以按照补偿性质的合同处理。

三、房地产项目转让

（一）以出让方式取得国有建设用地使用权的房地产项目的转让管理

1. 转让的条件

《城市房地产管理法》第三十九条规定了以出让方式取得的土地使用权，转让房地产开发项目时的条件。

（1）按照出让合同约定已经支付全部土地使用权出让金，并取得土地使用权证书。

（2）按照出让合同约定进行投资开发，完成一定开发规模后才允许转让。具体又分为两种情形：一是属于房屋建设工程的，开发单位除土地使用权出让金外，实际投入房屋建设工程的资金额应占全部开发投资总额的25%以上；二是属于成片开发土地的，应形成工业或其他建设用地条件，方可转让。这样规定，其目的在于严格限制炒买炒卖地皮，牟取暴利，以保证开发建设的顺利实施。

2. 转让的程序

《城市房地产开发经营管理条例》第二十条规定："转让房地产开发项目，转让人和受让人应当自土地使用权变更登记手续办理完毕之日起30日内，持房地产开发项目转让合同到房地产开发主管部门备案。"

房地产项目转让涉及房地产项目建设单位的变更，涉及项目转让方已经签订合同的效力。为了保护已经与房地产开发项目转让人签订合同的当事人的权利，要求房地产项目转让的双方当事人在办理完土地使用权变更登记后30日内，到房地产开发主管部门办理备案手续。在办理备案手续时，房地产开发主管部门要审核项目转让是否符合有关法律、法规的规定；房地产开发项目转让人已经签订的设计、施工、监理、材料采购等合同是否作了变更；相关的权利、义务是否已经转移；新的项目开发建设单位是否具备开发受让项目的条件；开发建设单位的名称是否已经变更。上述各项均满足规定条件，转让行为有效。如有违反规定或不符合条件的，房地产开发主管部门有权责令补办有关手续或者认定该转让行为无效，并可对违规的房地产开发企业进行处罚。

备案应当提供的文件，在《城市房地产开发经营管理条例》中只提到了房地产开发项目转让合同，各地在制定具体办法时应当进一步明确须提供的证明材料。如受让房地产开发企业的资质条件、房屋征收安置补偿的落实情况、土地使用权的变更手续以及其他的证明材料。

房地产开发企业转让房地产开发项目时，《国有土地上房屋征收与补偿条例》实施前的历史遗留项目，尚未完成征收安置补偿的，原房屋征收安置补偿合同中的有关权利、义务随之转移给受让人。项目转让人应当书面通知被征收人。

3. 转让的规定

以出让方式取得建设用地使用权的房地产转让时，受让人所取得的建设用地使用权的权利、义务范围应当与转让人原有的权利和承担的义务范围相一致。转让人的权利、义务是由建设用地使用权出让合同载明的，因此，该出让合同载明的权利、义务随土地使用权的转让而转移给新的受让人。以出让方式取得建设用地使用权，在土地使用期限届满前可以在不同土地使用者之间自由转让，但无论转让几次，原建设用地使用权出让合同约定的使用年限不变。以房地产转让方式取得出让建设用地使用权的权利人，其实际使用年限不是出让合同约定的年限，而是出让合同约定的年限减去该宗建设用地使用权已使用年限后的剩余年限。例如建设用地使用权出让合同约定的使用年限为50年，原建设用地使用者使用10年后转让，受让人的使用年限只有40年。

以出让方式取得土地使用权的，房地产转让后，受让人拟改变原建设用地使用权出让合同约定的土地用途的，必须取得原土地出让方并经土地管理部门和市、县人民政府城乡规划行政主管部门的同意，签订建设用地使用权出让合同变更协议或者重新签订建设用地使用权出让合同，并相应调整土地使用权出让金。

例如，2015年6月，甲房地产开发企业（以下简称甲企业）通过出让方式获得一宗居住用途、法定最高年限的国有建设用地使用权，2016年3月开工建设。2020年6月，甲企业将该项目转让给乙房地产开发企业（以下简称乙企业），则乙企业受让时的土地使用年限只有65年。

（二）以划拨方式取得国有建设用地使用权的房地产项目的转让管理

划拨土地使用权的取得方式，包括有批准权的人民政府无偿给土地使用者使用的国有土地使用权，土地使用者经有批准权的人民政府批准同意缴纳补偿、安置费用后获得的国有土地使用权，以及既非前述方式获得也非出让方式获得的合法国有土地使用权。其中，以划拨方式取得土地使用权的房地产，转让时应按国务院的规定报有批准权的人民政府审批。《城市房地产管理法》对划拨土地使用权的转让管理规定了两种不同的处理方式：一种是需办理出让手续的，变划拨土地使用权为出让土地使用权，由受让方缴纳土地出让金；另一种是不改变原有土地的划拨性质的，由转让方上缴土地收益或作其他处理。《城市房地产转让管理规定》规定以下几种情况经有批准权的人民政府批准，可以不办理出让手续。

（1）经城市规划行政主管部门批准，转让的土地用于建设《城市房地产管理法》第二十四条规定的项目，即：①国家机关用地和军事用地；②城市基础设施用地和公益事业用地；③国家重点扶持的能源、交通、水利等项目用地；④法律、行政法规规定的其他用地。

（2）私有住宅转让后仍用于居住的。

（3）按照国务院住房制度改革有关规定出售公有住宅的。

（4）同一宗土地上部分房屋转让而土地使用权不可分割转让的。

（5）转让的房地产暂时难以确定土地使用权出让年限、土地用途和其他条件的。

（6）根据城市规划、土地使用权不宜出让的。

（7）县级以上人民政府规定暂时无法或不需要采取土地使用权出让方式的其他情形。

四、集体经营性建设用地入市

《城市房地产管理法》第九条规定："城市规划区内的集体所有的土地，经依法征收转为国有土地后，该幅国有土地的使用权方可有偿出让，但法律另有规定的除外。"《土地管理法》第二十三条规定："各级人民政府应当加强土地利用计划管理，实行建设用地总量控制。土地利用年度计划，根据国民经济和社会发展计划、国家产业政策、土地利用总体规划以及建设用地和土地利用的实际状况编制。土地利用年度计划应当对本法第六十三条规定的集体经营性建设用地作出合理安排。土地利用年度计划的编制审批程序与土地利用总体规划的编制审批程序相同，一经审批下达，必须严格执行。"第六十三条规定："土地利用总体规划、城乡规划确定为工业、商业等经营性用途，并经依法登记的集体经营性建设用地，土地所有权人可以通过出让、出租等方式交由单位或者个人使用，并应当签订书面合同，载明土地界址、面积、动工期限、使用期限、土地用途、规划条件和双方其他权利义务。前款规定的集体经营性建设用地出让、出租等，应当经本集体经济组织成员的村民会议三分之二以上成员或者三分之二以上村民代表的同意。通过出让等方式取得的集体经营性建设用地使用权可以转让、互换、出资、赠与或者抵押，但法律、行政法规另有规定或者土地所有权人、土地使用权人签订的书面合同另有约定的除外。集体经营性建设用地的出租，集体建设用地使用权的出让及其最高年限、转让、互换、出资、赠与、抵押等，参照同类用途的国有建设用地执行。具体办法由国务院制定。"第六十四条规定："集体建设用地的使用者应当严格按照土地利用总体规划、城乡规划确定的用途使用土地。"

《土地管理法》第六十六条规定，有下列情形之一的，农村集体经济组织报经原批准用地的人民政府批准，可以收回土地使用权：①为乡（镇）村公共设施和公益事业建设，需要使用土地的；②不按照批准的用途使用土地的；③因撤销、迁移等原因而停止使用土地的。为乡（镇）村公共设施和公益事业建设，需要使用土地，收回农民集体所有的土地的，对土地使用权人应当给予适当补偿。收回集体经营性建设用地使用权，依照双方签订的书面合同办理，法律、行政法规另有规定的除外。

《土地管理法实施条例》对集体经营性建设用地入市管理作了以下规定：

（1）国土空间规划确定为工业、商业等经营性用途，且已依法办理土地所有权登记的集体经营性建设用地，土地所有权人可以通过出让、出租等方式交由单位或者个人在一定年限内有偿使用；

（2）土地所有权人拟出让、出租集体经营性建设用地的，市、县人民政府自然资源主管部门应当依据国土空间规划提出规划条件，明确土地界址、面积、用途和开发建设强度等；

（3）土地所有权人应当依据规划条件、产业准入和生态环境保护要求等，编制集体经营性建设用地出让、出租等方案；

（4）土地所有权人应当依据集体经营性建设用地出让、出租方案，以招标、拍卖、挂牌或者协议等方式确定土地使用者，双方应当签订书面合同，载明土地界址、面积、用途、规划条件、使用期限、交易价款支付、交地时间和开工竣工期限、产业准入和生态环境保护要求等。合同示范文本由自然资源主管部门制定；

（5）集体经营性建设用地使用者应当按照约定及时支付地价款，并依法缴纳相关税费，对集体经营性建设用地使用权以及依法利用集体经营性建设用地建造的建筑物、构筑物及其附属设施的所有权，应依法申请办理不动产登记；

（6）集体经营性建设用地使用权依法转让、互换、出资、赠与或者抵押的，双方应当签订书面合同，并书面通知土地所有权人。集体经营性建设用地的出租，集体建设用地使用权的出让及其最高年限、转让、互换、出资、赠与、抵押等，参照同类用途的国有建设用地执行。

随着《土地管理法》《城市房地产管理法》《土地管理法实施条例》的修改和实施，集体经营性建设用地入市等改革将全面展开，可能存在国有建设用地使用权转让开发中没有遇到的新问题，有待出台具体细则作出规定。

第三节　存量房买卖

一、存量房买卖市场概述

房地产买卖市场是指所买卖的商品是房地产或房地产权益的市场。房地产买卖可能有固定的交易场所，称之为有形市场，否则就是无形的。房地产买卖市场的主体为卖方和买方。卖方也称为房地产供给者，主要有房地产开发企业和房屋所有权人。个人出售房地产的原因主要有改善住房、急需资金、获利变现、规避风险或离开本地。买方也称为房地产的需求者，任何单位和个人都可以成为房地产买方。买方购买房地产的目的主要有自用、投资或者投机。房地产需求又可以分为刚性需求、改善性需求、投资性需求、投机性需求等。

存量房是指已办理不动产转移登记，并取得房屋所有权证或不动产权证书的房屋。存量房是房地产市场中房地产商品的重要组成部分，从而与其他房地产商品一样，同样具有独一无二、不可移动、价值量大等特性，因此决定了存量房买卖市场不同于普通商品市场。存量房买卖市场是指已办理不动产转移登记并取得房屋所有权证或不动产权证书的房屋再次买卖的市场。存量房买卖市场也是房地产买卖市场的重要组成部分，也是典型的区域市场，不同的城市之间，甚至同一城市的不同区域之间存量房市场的规模、价格水平、供求状况、价格走势等情况都可能差异很大。同时由于存量房剩余寿命时间仍较长久、供给有限、保值增值，具有很好的投资品属性，且交易过程为交易双方协议定价，所以存量房市场也极容易出现投机。过度的投机炒作会使存量房房价大幅上涨，偏离其实际价值，产生价格泡沫。国际上曾出现过多次严重的房地产泡沫事件，泡沫一旦破裂，对宏观经济和金融体系的影响巨大。此外，受到经济发展、人口、政策等多种因素的影响，存量房市场会表现出周期性波动，出现高峰期和低谷期。

二、住房买卖的调控政策和“房住不炒”的定位

（一）住房买卖的调控政策

房价过高、上涨过快，加大了居民通过市场解决住房问题的难度，增加了金融风险，不利于经济社会协调发展。近年来，我国实施了一系列住房转让的调控政策。2010 年 4 月 17 日，《国务院关于坚决遏制部分城市房价过快上涨的通知》（国发〔2010〕10 号）要求坚决抑制不合理住房需求，房价过高、上涨过快的地区，要增加限价商品住房的供应。为满足住房的合理需求，住房和城乡建设部、财政部、国家税务总局、中国人民银行发布出台有关首套房政策，对个人购买家庭唯一住房给予贷款、税收等方面的优惠。2011 年 1 月 26 日，《国务院办公厅关于进一步做好房地产市场调控工作有关问题的通知》（国办发〔2011〕1 号）提出合理引导住房需求，要求各直辖市、计划单列市、省会城市和房价过高、上涨过快的城市，在一定时期内，要从严制定和执行住房限购措施。原则上对已拥有 1 套住房的当地户籍居民家庭、能够提供当地一定年限纳税证明或社会保险缴纳证明的非当地户籍居民家庭，限购 1 套住房（含新建商品住房和二手住房）；对已拥有 2 套及以上住房的当地户籍居民家庭、拥有 1 套及以上住房的非当地户籍居民家庭、无法提供一定年限当地纳税证明或社会保险缴纳证明的非当地户籍居民家庭，要暂停在本行政区域内向其售房。已采取住房限购措施的城市，凡与该通知要求不符的，要立即调整完善相关实施细则，并加强对购房人资格的审核工作，确保政策落实到位。根据国务院的工作部署，北京、天津、上海、重庆四个直辖市、大部分省会城市和计划单列市，以及部分热点城市相继出台阶段性的住房限购措施，房价调控取得一定成效。根据市场形势的变化，各地进一步加大

对房地产市场的调控力度，出台了限购、限贷、限售等政策。2016 年 9 月 30 日，北京市宣布提高购房首付款比例（也称为“930 新政”）。其中购买首套普通住房的首付款比例不低于 35%，购买首套非普通住房的首付款比例不低于 40%（自住型商品住房、两限房等政策性住房除外）。北京“930 新政”拉开“限购、限贷、限价”大幕，取消限购的城市相继重启限购限贷，其他房价上涨过快的城市也开始实施限购限贷政策。

（二）“房住不炒”的定位

人人住有所居，是人民对美好生活向往的基础性组成部分。随着我国城镇住房价格持续飙升，房子炒作引起的房地产市场乱象，成为社会不安定因素，增加了金融风险，住房脱离了本来的居住属性，变成投资和投机的对象。2016 年底，中央经济工作会议第一次提出“坚持房子是用来住的、不是用来炒的”定位。党的十九大报告提出“坚持房子是用来住的、不是用来炒的定位，加快建立多主体供给、多渠道保障、租购并举的住房制度，让全体人民住有所居”。坚持“房住不炒”，将成为我国相当长时间内党和政府解决我国城镇住房问题、建立房地产市场健康稳定发展长效机制的核心指导思想。

坚持“房住不炒”，除了加强住房需求的调控包括限购限贷、平抑炒作之风、让房子变得难炒外，更主要是治标也治本，从深化住房供给侧结构性改革入手，让一部分房子变得不可炒、无炒作价值。比如，北京探索共有产权住房模式，广东推动建立涵盖共有产权住房、限价商品房等方面的住房保障体系，而上海则早在 2010 年就开始试点共有产权房，并连续 5 次放宽准入标准。共有产权房有利于建立长效机制，构建住房多层次供给体系，一方面，明确现有各类保障性住房中政府投入的权属及其定价规则，能有效封堵保障性住房的寻租及套利空间；另一方面，充分利用市场机制的作用，提升政府保障性资金投入的利用效率，同时提高家庭购房支付能力。

2018 年以来，各地贯彻落实党中央、国务院决策部署，分类调控，因城施策，房地产市场总体保持平稳运行，但部分城市房地产市场仍出现过热苗头，投机炒作有所抬头。住房和城乡建设部发布的《关于进一步做好房地产市场调控工作有关问题的通知》要求坚持调控目标不动摇、力度不放松，加快制定实施住房发展规划，抓紧调整住房和用地供应结构，切实加强资金管控，大力整顿规范房地产市场秩序，加强舆论引导和预期管理，并进一步落实地方调控主体责任。

三、存量房买卖合同

为维护房地产市场秩序，规范存量房（二手房）买卖和房地产经纪服务行为，明确存量房屋买卖各方当事人的权利和义务，保障合同当事人的合法权益，规范房地产经纪服务机构及从业人员服务行为，营造公平竞争、诚实信用、规范运作的市场环境，各地住房和城乡建设管理部门和市场监督管理部门联合制定了适用于本行政区域内的存量房屋买卖合同示范文本。

北京市住房和城乡建设委员会、市场监督管理局2007年制定了《北京市存量房屋买卖合同》BF—2007—0129，2018年修订后的《北京市存量房屋买卖合同》BF—2018—0129，于2018年2月2日正式发布，自2018年4月15日起实施。北京市存量房屋买卖合同示范文本包括14条合同条款和8个附件。

该合同示范文本要求，签订该合同前，出卖人应当向买受人出示房屋所有权证或不动产权证书及其他有关证书和证明文件。买卖双方应当清楚知晓本市存量房房源核验、限购等政策法规要求。出卖人应当就合同重大事项对买受人尽到提示义务。买卖双方应当审慎签订合同，并在签订本合同前仔细阅读合同条款，特别是其中具有选择性、补充性、填充性、修改性的内容，注意防范潜在的市场交易风险。双方当事人应当按照自愿、平等、公平及诚实信用的原则订立合同，任何一方不得将自己的意志强加给另一方。该合同文本【　】中选择内容、空格部位填写及其他需要删除或添加的内容，双方当事人应当协商确定。【　】中选择内容，以画√方式选定；对于实际情况未发生或双方当事人不作约定时，应当在空格部位画×，以示删除。该合同文本相关条款后留有空白行，双方当事人可以在协商一致的基础上，针对合同中未约定或约定不详的内容，在空白行中进行补充约定，也可另行签订补充协议。合同生效后，未被修改的文本内容视为双方当事人同意内容。买卖双方选择抵押贷款作为付款方式的，买受人应当提交全面、真实、准确的申请材料。如买卖双方对约定的买卖价格作出调整的，买受人应当及时书面告知贷款机构，否则，由此造成贷款机构不予批贷、批贷金额减少等责任，由买受人自行承担。双方当事人在履行合同中发生争议的，可以通过调解、仲裁、诉讼等方式解决。双方当事人可以根据实际情况确定本合同原件的份数，并在签订合同时认真核对，确保各份合同内容一致；在任何情况下，出卖人、买受人都应当至少持有一份合同原件。

四、存量房买卖经纪服务

（一）房地产经纪服务合同

《民法典》中不再使用“居间合同”的提法，而是使用了“中介合同”的概念。中介合同是指中介人向委托人报告订立合同的机会或者提供订立合同的媒介服务，委托人支付报酬的合同。房地产经纪服务合同是一种典型的中介合同。为了保护房地产交易当事人合法权益，规范房地产经纪服务行为，维护房地产市场秩序，中国房地产估价师与房地产经纪人学会制定了《房地产经纪服务合同推荐文本》，供房地产经纪机构与房地产交易委托人签订经纪服务合同参考使用。房地产经纪服务合同可使用《房地产经纪服务合同推荐文本》中的《房地产经纪服务合同（房屋出售）》《房地产经纪服务合同（房屋购买）》。

1.《房地产经纪服务合同（房屋出售）》

《房地产经纪服务合同（房屋出售）》包括11条合同条款和6个附件。签订该合同前，房地产经纪机构应向房屋出售委托人出示自己的营业执照和备案证明。房屋出售委托人或其代理人应向房地产经纪机构出示自己的有效身份证明原件，以及不动产权证书或房屋所有权证原件或其他房屋来源证明原件，并提供复印件。房屋出售委托人的代理人办理房屋出售事宜的，应提供合法的授权委托书；房屋属于有限责任公司、股份有限公司所有的，应提供公司章程、公司的权力机构审议同意出售房屋的合法书面文件；房屋属于共有的，房屋出售委托人或代理人应提供房屋共有权人同意出售房屋的书面证明。

签订该合同前，房地产经纪机构应向房屋出售委托人说明该合同内容，并书面告知以下事项：

（1）应由房屋出售委托人协助的事宜、提供的资料；

（2）委托出售房屋的市场参考价格；

（3）房屋买卖的一般程序及房屋出售可能存在的风险；

（4）房屋买卖涉及的税费；

（5）经纪服务内容和完成标准；

（6）经纪服务收费标准、支付方式；

（7）房屋出售委托人和房地产经纪机构认为需要告知的其他事项。

签订该合同前，房屋出售委托人应仔细阅读该合同条款，特别是其中有选择性、补充性、修改性的内容。该合同【 】中的选择内容、空格部位填写及需要删除或添加的其他内容，合同双方应协商确定。【 】中的选择内容，以划√方式选定；对于实际情况未发生或合同双方不作约定的，应在空格部位打×，以示删除。

合同双方应遵循自愿、公平、诚信原则，就房屋基本状况、委托挂牌价格、经纪服务内容、服务期限和完成标准、委托权限、经纪服务费用、资料提供和退还、违约责任、合同变更和解除、争议处理、合同生效等达成合意。

合同的附件内容主要有：

（1）房屋所有权人及其代理人（有代理人的）的有效身份证明复印件；

（2）房屋的不动产权证书或房屋所有权证或其他房屋来源证明复印件；

（3）房屋所有权人出具的合法的授权委托书（代理人办理房屋出售事宜的）；

（4）公司章程、公司的权力机构审议同意出售房屋的合法书面文件（房屋属于有限责任公司、股份有限公司所有的）；

（5）房屋共有权人同意出售房屋的书面证明（房屋属于共有的）；

（6）房屋承租人放弃房屋优先购买权的书面声明、房屋租赁合同（房屋已出租的）。

2.《房地产经纪服务合同（房屋购买）》

《房地产经纪服务合同（房屋购买）》包括9条合同条款和1个附件。签订该合同前，房地产经纪机构应向房屋购买委托人出示自己的营业执照和备案证明。房屋购买委托人或其代理人应向房地产经纪机构出示自己的有效身份证明原件，并提供复印件。房屋购买委托人的代理人办理房屋购买事宜的，应提供合法的授权委托书。

签订该合同前，房地产经纪机构应向房屋购买委托人说明合同内容，并书面告知以下事项：

（1）应由房屋购买委托人协助的事宜、提供的资料；

（2）房屋买卖的一般程序及房屋购买可能存在的风险；

（3）房屋买卖涉及的税费；

（4）经纪服务内容和完成标准；

（5）经纪服务收费标准、支付方式；

（6）房屋购买委托人和房地产经纪机构认为需要告知的其他事项。

签订该合同前，房屋购买委托人应仔细阅读该合同条款，特别是其中有选择性、补充性、修改性的内容。该合同【　】中的选择内容、空格部位填写及需要删除或添加的其他内容，合同双方应协商确定。【　】中的选择内容，以划√方式选定；对于实际情况未发生或合同双方不作约定的，应在空格部位打×，以示删除。

合同双方应遵循自愿、公平、诚信原则，就房屋需求基本信息、经纪服务内容、服务期限和完成标准、经纪服务费用、资料提供和退还、违约责任、合同变更和解除、争议处理、合同生效等事项达成协议，并将房屋购买人及其代理人（有代理人的）的有效身份证明复印件作为合同的附件。

（二）存量房买卖经纪服务收费

2014 年 12 月，国家发展改革委《关于放开部分服务价格的通知》要求，不再实行房地产经纪服务收费的地方定价管理，实行市场调节价，完全放开房地产经纪服务收费。据此，房地产经纪服务收费标准由委托和受托双方，依据服务内容、服务成本、服务质量和市场供求状况协商确定。各房地产经纪服务机构应按照《价格法》《房地产经纪管理办法》等法律法规要求，公平竞争、合法经营、诚实守信，为委托人提供价格合理、优质高效的服务；严格执行明码标价制度，在其经营场所的醒目位置公示价目表，价目表应包括服务项目、服务内容及完成标准、收费标准、收费对象及支付方式等基本标价要素；一项服务包含多个项目和标准的，应当明确标示每一个项目名称和收费标准，不得混合标价、捆绑标价；代收代付的税、费也应予以标明。房地产中介服务机构不得收取任何未标明的费用。

根据《民法典》，对中介人的报酬没有约定或者约定不明确，依据《民法典》第五百一十条的规定仍不能确定的，双方可通过签订补充协议约定；如不能达成补充协议的，按照合同相关条款或者交易习惯确定。因中介人提供订立合同的媒介服务而促成合同成立的，由该合同的当事人平均负担中介人的报酬。中介人未促成合同成立的，不得请求支付报酬；但是，可以按照约定请求委托人支付从事中介活动支出的必要费用。委托人在接受中介人的服务后，利用中介人提供的交易机会或者媒介服务，绕开中介人直接订立合同的，应当向中介人支付报酬。

2023 年 5 月 8 日，住房和城乡建设部、国家市场监管总局发布《关于规范房地产经纪服务的意见》特别强调，房地产经纪机构应当在经营门店、网站、客户端等场所或渠道，公示服务项目、服务内容和收费标准，不得混合标价和捆绑收费。房地产经纪机构提供的基本服务和延伸服务，应当分别明确服务项目和收费标准。房地产经纪机构收费前应当向交易当事人出具收费清单，列明收费标准、收费金额，由当事人签字确认。要求房地产经纪机构要合理降低住房买卖服务费用。鼓励按照成交价格越高、服务费率越低的原则实行分档定价。引导由交易双方共同承担经纪服务费用。严禁操纵经纪服务收费。具有市场支配地位的房地产经纪机构，不得滥用市场支配地位以不公平高价收取经纪服务费用。房地产互联网平台不得强制要求加入平台的房地产经纪机构实行统一的经纪服务收费标准，不得干预房地产经纪机构自主决定收费标准。房地产经纪机构、房地产互联网平台、相关行业组织涉嫌实施垄断行为的，市场监管部门依法开展反垄断调查。

五、存量房销售违规行为的处罚

《城市房地产管理法》第五十八条规定了房地产经纪机构应当具备的条件。第六十九条规定，违反上述规定，未取得营业执照擅自从事房地产经纪业务的，由县级以上人民政府市场监督管理部门责令停止房地产经纪业务活动，没收违法所得，可以并处罚款。

《房地产经纪管理办法》第三十三条规定，有下列行为之一的，由县级以上地方人民政府建设（房地产）主管部门责令限期改正，记入信用档案；对房地产经纪人员处以 1 万元罚款；对房地产经纪机构处以 1 万元以上 3 万元以下罚款：

（1）房地产经纪人员以个人名义承接房地产经纪业务和收取费用的；

（2）房地产经纪机构提供代办贷款、代办房地产登记等其他服务，未向委托人说明服务内容、收费标准等情况，并未经委托人同意的；

（3）房地产经纪服务合同未由从事该业务的一名房地产经纪人或者两名房地产经纪人协理签名的；

（4）房地产经纪机构签订房地产经纪服务合同前，不向交易当事人说明和书面告知规定事项的；

（5）房地产经纪机构未按照规定如实记录业务情况或者保存房地产经纪服务合同的。

房地产经纪服务实行明码标价制度。房地产经纪机构未完成房地产经纪服务合同约定事项，或者服务质量未达到房地产经纪服务合同约定标准的，不得收取佣金。房地产经纪机构和房地产经纪人员不得捏造散布涨价信息，或者与房地产开发经营单位串通捂盘惜售、炒卖房号，操纵市场价格；不得对交易当事人隐瞒真实的房屋交易信息，低价收进高价卖（租）出房屋赚取差价。房地产经纪机构违反规定，构成价格违法行为的，由县级以上人民政府价格主管部门按照价格法律、法规和规章的规定，责令改正、没收违法所得、依法处以罚款；情节严重的，依法给予停业整顿等行政处罚。

房地产经纪机构与委托人签订房屋出售、出租经纪服务合同，应当查看委托出售、出租的房屋及房屋权属证书，委托人的身份证明等有关资料，并应当编制房屋状况说明书。经委托人书面同意后，方可以对外发布相应的房源信息。房地产经纪机构与委托人签订房屋承购、承租经纪服务合同，应当查看委托人身份证明等有关资料。房地产经纪机构违反规定擅自对外发布房源信息的，由县级以上地方人民政府建设（房地产）主管部门责令限期改正，记入信用档案，取消网上签约资格，并处以1万元以上3万元以下罚款。

房地产交易当事人约定由房地产经纪机构代收代付交易资金的，应当通过房地产经纪机构在银行开设的客户交易结算资金专用存款账户划转交易资金。交易资金的划转应当经过房地产交易资金支付方和房地产经纪机构的签字和盖章。房地产经纪机构违反规定，擅自划转客户交易结算资金的，由县级以上地方人民政府建设（房地产）主管部门责令限期改正，取消网上签约资格，处以3万元罚款。

房地产经纪机构和房地产经纪人员不得以隐瞒、欺诈、胁迫、贿赂等不正当手段招揽业务，诱骗消费者交易或者强制交易；不得泄露或者不当使用委托人的个人信息或者商业秘密，谋取不正当利益；不得为交易当事人规避房屋交易税费等非法目的，就同一房屋签订不同交易价款的合同提供便利；不得改变房屋内部结构分割出租；不得侵占、挪用房地产交易资金；不得承购、承租自己提供经纪服务的房屋；不得为不符合交易条件的保障性住房和禁止交易的房屋提供经纪服务等。违反以上规定的，由县级以上地方人民政府住房和城乡建设管理部门责令限期改正，记入信用档案；对房地产经纪人员处以1万元罚款；对房地产经纪机构，取消网上签约资格，处以3万元罚款。

第四节　其他类型房地产转让管理

一、已购公有住房、经济适用住房、限价商品房转让管理

（一）已购公有住房

已购公有住房的土地使用权绝大部分是划拨的，经济适用住房的土地使用权全部是划拨供给，住房和城乡建设部对这两类住房的上市有较严格的限制性规定。

《已购公有住房和经济适用住房上市出售管理暂行办法》对这两类住房上市进行了规范。为鼓励住房消费，国家对已购公有住房和经济适用住房的上市，从增值税、土地增值税、契税、个人所得税、土地收益以及上市条件等方面均给予了优惠政策（详见第七章）。各地又在此基础上出台了一些地方优惠政策，大大活跃了存量房市场。

（二）经济适用住房

为改进和规范经济适用住房制度，保护当事人的合法权益，原建设部会同国

家发展改革委等七部门出台了《经济适用住房管理办法》，对经济适用住房的建设、供应、使用及监督管理作出了规定。经济适用住房购房人拥有有限产权。购买经济适用住房不满5年，不得直接上市交易，购房人因特殊原因确需转让经济适用住房的，由政府按照原价格并考虑折旧和物价水平等因素进行回购。购买经济适用住房满5年，购房人上市转让经济适用住房的，应按照届时同地段普通商品住房与经济适用住房差价的一定比例向政府交纳土地收益等相关价款，具体交纳比例由市、县人民政府确定，政府可优先回购；购房人也可以按照政府所定的标准向政府交纳土地收益等相关价款后，取得完全产权。个人购买的经济适用住房在取得完全产权以前不得用于出租经营。

住房和城乡建设部印发的《关于加强经济适用住房管理有关问题的通知》，对加强经济适用住房交易管理作出了具体规定：

（1）经济适用住房上市交易，必须符合有关政策规定并取得完全产权。住房保障部门应当对个人是否已缴纳相应土地收益等价款取得完全产权、成交价格是否符合正常交易、政府是否行使优先购买权等情况出具书面意见。不动产登记机构、房屋租赁备案管理机构办理房屋权属登记、租赁备案登记时，要比对住房保障部门提供的有关信息。对已购经济适用住房的家庭，不能提供住房保障部门出具的书面意见的，任何中介机构不得代理买卖、出租其经济适用住房；房屋租赁备案管理机构应当暂停办理其经济适用住房的租赁备案，不动产登记机构应当暂停办理该家庭购买其他房屋的权属登记，并及时通报住房保障部门。

（2）住房保障部门应当会同有关部门结合各地段普通商品住房交易指导价格，定期制订经济适用住房上市补交土地收益等价款的标准，报经市、县人民政府同意后公布实施。经济适用住房交易价格低于政府公布的同地段、同类普通商品住房交易指导价格的，需按照指导价格缴纳相应的土地收益等价款。

（三）限价商品房

限价商品房，又称限房价、限地价的“两限”商品房，是指房地产开发企业按照政府出让商品住房用地时提出的商品房价格及套型（面积）要求，开发建设并定向销售的普通商品住房。《国务院关于坚决遏制部分城市房价过快上涨的通知》（国发〔2010〕10号）要求房价过高、上涨过快的地区，要增加限价商品住房的供应。

限价商品房按照“以房价定地价”的思路，采用政府组织监管、市场化运作的模式。国家没有制定限价商品住房转让的统一政策，而是由各地根据具体情况制定并实施。一般而言，限价商品房在满足一定条件后是可以上市交易的。如北京市规定，购买限价房在5年内不得转让，确需转让的可向保障部门申请回购，回购价格按原价格并考虑折旧和物价水平等因素确定；满5年转让限价房要按照届时同地段普通商品房价和限价房差价的一定比例缴纳土地收益价款。

此外，《国务院办公厅关于加快发展保障性租赁住房的意见》（国办发〔2021〕22号）提出加快完善以公租房、保障性租赁住房和共有产权住房为主体的住房保障体系。共有产权住房，即政府与购房者共同承担住房建设资金，分配时在合同中明确共有双方的资金数额及将来退出过程中所承担的权利义务；退出时由政府回购，购房者只能获得自己资产数额部分的变现，从而实现保障住房的封闭运行。试点城市对共有产权住房上市交易作出了规定，要求仅向经审核符合条件的轮候对象销售。满5年的，允许上市转让，同等条件下地方人民政府有优先收购权；不足5年需出售的，由地方人民政府回购，禁止上市交易；共有产权住房上市交易的，交易金额由住房保障对象与地方人民政府或投资人按产权比例分配。如《北京市共有产权住房管理暂行办法》规定，共有产权住房购房人取得不动产权证未满5年的，不允许转让房屋产权份额，因特殊原因确需转让的，可向原分配区住房和城乡建设委（房管局）提交申请，由保障性住房专业运营管理机构（以下简称代持机构）回购。回购价格按购买价格并考虑折旧和物价水平等因素确定。回购的房屋继续作为共有产权住房使用。共有产权住房购房人取得不动产权证满5年的，可按市场价格转让所购房屋产权份额。购房人向原分配区住房和城乡建设委（房管局）提交转让申请，明确转让价格。同等价格条件下，代持机构可优先购买。代持机构放弃优先购买权的，购房人可在代持机构建立的网络服务平台发布转让所购房屋产权份额信息，转让对象应为其他符合共有产权住房购买条件的家庭。新购房人获得房屋产权性质仍为“共有产权住房”，所占房屋产权份额比例不变。代持机构行使优先购买权的房屋价格，应委托房地产估价机构参照周边市场价格评估确定。购房人转让价格明显低于评估价格的，代持机构应当按购房人提出的转让价格予以回购。购房人通过购买、继承、受赠等方式取得其他住房的，其共有产权住房产权份额由代持机构回购。

二、夫妻财产关系中的房地产转让管理

《民法典》婚姻家庭编设立了夫妻财产制，以调整夫妻财产关系，保护夫妻的合法权利和财产利益，维护平等、和睦的家庭关系，并保障夫妻与第三人的交易安全。夫妻财产制，包括夫妻婚前财产和婚后所得财产的归属、管理、使用、收益和处分，以及家庭生活费用的负担、夫妻债务的清偿、婚姻终止时夫妻财产的清算和分割等内容，其核心是夫妻婚前财产和婚后所得财产的所有权归属问题。按照夫妻财产制的产生依据，可分为法定财产制和约定财产制。法定财产制

是指夫妻婚前或者婚后均未就夫妻财产关系作出约定，或者所作约定无效时，依照法律规定当然适用的夫妻财产制。在夫妻法定财产制下，夫妻双方对于夫妻共同财产享有共同所有权，即对夫妻共同财产不分份额地共同享有权利并承担义务。约定财产制是相对于法定财产制而言的，指法律允许的由夫妻双方以约定的形式，确定适用夫妻双方的财产制形式的法律制度。约定财产制是法律对婚姻关系双方当事人就双方之间的财产关系进行约定的意思自治的尊重，具有优先于法定财产制适用的效力，只有在没有约定或者约定无效时才适用法定财产制。

（一）夫妻共同财产

《民法典》第一千零六十二条对夫妻共同财产作出了规定："夫妻在婚姻关系存续期间所得的下列财产，为夫妻的共同财产，归夫妻共同所有：（一）工资、奖金、劳务报酬；（二）生产、经营、投资的收益；（三）知识产权的收益；（四）继承或者受赠的财产，但是本法第一千零六十三条第三项规定的除外；（五）其他应当归共同所有的财产。夫妻对共同财产，有平等的处理权。"

夫妻双方在婚姻关系存续期间所得的房地产，夫妻双方有平等的处理权。夫妻双方在处分共同共有的房地产时，应当平等协商，取得一致意见，任何一方不得违背他方的意志，擅自处理。特别是对共同共有的房地产作处分时，如出卖、赠与、抵押等，更应征得他方的同意，否则就侵犯了另一方对共有财产的所有权。

（二）夫妻个人财产

《民法典》第一千零六十三条对夫妻个人财产作出了规定："下列财产为夫妻一方的个人财产：（一）一方的婚前财产；（二）一方因受到人身损害获得的赔偿或者补偿；（三）遗嘱或者赠与合同中确定只归一方的财产；（四）一方专用的生活用品；（五）其他应当归一方的财产。"

（三）夫妻约定财产制

《民法典》第一千零六十五条对约定财产制作出了规定："男女双方可以约定婚姻关系存续期间所得的财产以及婚前财产归各自所有、共同所有或者部分各自所有、部分共同所有。约定应当采用书面形式；没有约定或者约定不明确的，适用本法第一千零六十二条、第一千零六十三条的规定。夫妻对婚姻关系存续期间所得的财产以及婚前财产的约定，对双方具有法律约束力。夫妻对婚姻关系存续期间所得的财产约定归各自所有，夫或者妻一方对外所负的债务，相对人知道该约定的，以夫或者妻一方的个人财产清偿。"

夫妻双方根据实际情况，可以在婚前或者婚姻关系存续期间任一时间约定婚姻关系存续期间所得的房产以及婚前房产归各自所有、共同所有或者部分各自所有、部分共同所有。只要双方同意，也可以随时变更或者撤销原约定。如果夫妻双方未作出约定，或者所作约定不明确，或者所作约定无效，适用夫妻法定财产制。

（四）婚姻关系存续期间夫妻共同财产的分割

《民法典》第一千零六十六条对婚姻关系存续期间夫妻共同财产的分割作出了规定："婚姻关系存续期间，有下列情形之一的，夫妻一方可以向人民法院请求分割共同财产：（一）一方有隐藏、转移、变卖、毁损、挥霍夫妻共同财产或者伪造夫妻共同债务等严重损害夫妻共同财产利益的行为；（二）一方负有法定扶养义务的人患重大疾病需要医治，另一方不同意支付相关医疗费用。"

《民法典》婚姻家庭编实行的是以法定财产制为主、约定财产制为辅的夫妻财产制度，没有约定或者约定无效时适用法定财产制。婚姻关系存续期间，夫妻双方一般不得请求分割共同共有的房产。只有在两种法定情形下，夫妻一方才可以向人民法院请求分割。一种情形是一方有隐藏、转移、变卖、毁损、挥霍夫妻共同财产或者伪造夫妻共同债务等严重损害夫妻共同财产利益的行为。隐藏是指将财产藏匿起来，不让他人发现，使另一方无法获知财产的所在从而无法控制。转移是指私自将财产移往他处，或者将资金取出移往其他账户，脱离另一方的掌握。变卖是指将财产折价卖给他人。毁损是指采用破坏性手段使物品失去原貌，失去或者部分失去原来具有的使用价值和价值。挥霍是指超出合理范围任意处置、浪费夫妻共同财产。伪造夫妻共同债务是指制造内容虚假的债务凭证，包括合同、欠条等，意图侵占另一方财产。另一种情形是一方负有法定扶养义务的人患重大疾病需要医治，另一方不同意支付相关医疗费用。关于"重大疾病"的界定，在司法实践中应当参照医学上的认定，并借鉴保险行业中重大疾病的范围。相关医疗费用主要指为治疗疾病需要的必要、合理费用，不应包括营养、陪护等费用。

（五）夫妻共同债务

《民法典》第一千零六十四条对夫妻共同债务作出了规定："夫妻双方共同签名或者夫妻一方事后追认等共同意思表示所负的债务，以及夫妻一方在婚姻关系存续期间以个人名义为家庭日常生活需要所负的债务，属于夫妻共同债务。夫妻一方在婚姻关系存续期间以个人名义超出家庭日常生活需要所负的债务，不属于夫妻共同债务；但是，债权人能够证明该债务用于夫妻共同生活、共同生产经营或者基于夫妻双方共同意思表示的除外。"

《民法典》在婚姻家庭编中规定了以下三类比较重要的夫妻共同债务，属于夫妻共同债务的，方可用夫妻共有的房产予以清偿。

（1）基于共同意思表示所负的夫妻共同债务。这就是俗称的“共债共签”或“共签共债”。这种制度安排，一方面有利于保障夫妻另一方的知情权和同意权，可以从债务形成源头上尽可能杜绝夫妻一方“被负债”现象发生；另一方面也可以有效避免债权人因事后无法举证证明债务属于夫妻共同债务而遭受不必要的损失。实践中，很多商业银行在办理贷款业务时，对已婚者一般都要求夫妻双方共同到场签名，这种操作方式最大限度地降低了债务清偿的风险，保障了债权人的合法权益，也不会造成对夫妻一方权益的损害。

（2）为家庭日常生活需要所负的夫妻共同债务。夫妻任何一方实施夫妻日常家事的民事法律行为，对夫妻双方都发生效力，即该民事法律行为所产生的法律效果归属于夫妻双方，取得的权利由夫妻双方共同享有，产生的义务包括债务也由夫妻双方共同承担。一方在行使夫妻日常家事代理权的同时，与相对人就该民事行为的法律效力另有约定的，则法律效力依照该约定。

（3）债权人能够证明的夫妻共同债务。债权人能够证明该债务用于妻共同生活、共同生产经营或者基于夫妻双方共同意思表示的，就是夫妻共同债务。这里强调债权人的举证证明责任。随着我国经济社会的发展，城乡居民家庭财产结构发生了很大变化，人们的生活水平不断提高，生活消费日趋多元化，很多夫妻的共同生活支出不再局限于以前传统的家庭日常生活消费开支，还包括大量超出家庭日常生活范围的支出，或用于形成夫妻共同财产的支出，或基于夫妻共同利益管理共同财产产生的支出，性质上均属于夫妻共同生活支出的范围。夫妻共同生产经营，主要是指由夫妻双方共同决定生产经营事项，或者虽由一方决定但另一方进行了授权的情形。夫妻共同生产经营所负的债务一般包括双方共同从事工商业、共同投资以及购买生产资料等所负的债务。此外，在实践中还存在依据法律规定产生的其他种类的夫妻共同债务，如夫妻因共同侵权所负的债务，以及因被监护人侵权所负的债务等。

（六）婚姻家庭财产纠纷案件审理的司法解释

《最高人民法院关于适用〈中华人民共和国民法典〉婚姻家庭编的解释（一）》对夫妻关系中房屋财产纠纷案件的审理作出以下规定。

（1）夫妻一方个人财产在婚后产生的收益，除孳息和自然增值外，应认定为夫妻共同财产。

（2）由一方婚前承租、婚后用共同财产购买的房屋，登记在一方名下的，应当认定为夫妻共同财产。

（3）一方未经另一方同意出售夫妻共同所有的房屋，第三人善意购买、支付合理对价并已办理不动产登记，另一方主张追回该房屋的，人民法院不予支持。

夫妻一方擅自处分共同所有的房屋造成另一方损失，离婚时另一方请求赔偿损失的，人民法院应予支持。

（4）当事人结婚前，父母为双方购置房屋出资的，该出资应当认定为对自己子女个人的赠与，但父母明确表示赠与双方的除外。当事人结婚后，父母为双方购置房屋出资的，依照约定处理；没有约定或者约定不明确的，除非赠与合同中确定只归一方所有，应为夫妻共同财产。举例：甲与乙结婚无房，婚后甲方父母出资购买了一套房产并登记在甲方名下，则该房产为甲方的一方财产。

（5）《民法典》第一千零六十三条规定为夫妻一方的个人财产，不因婚姻关系的延续而转化为夫妻共同财产。但当事人另有约定的除外。

（6）婚前或者婚姻关系存续期间，当事人约定将一方所有的房产赠与另一方或者共有，赠与方在赠与房产变更登记之前撤销赠与，另一方请求判令继续履行的，人民法院可以判令撤销赠与。

（7）双方对夫妻共同财产中的房屋价值及归属无法达成协议时，人民法院按以下情形分别处理：①双方均主张房屋所有权并且同意竞价取得的，应当准许；②一方主张房屋所有权的，由评估机构按市场价格对房屋作出评估，取得房屋所有权的一方应当给予另一方相应的补偿；③双方均不主张房屋所有权的，根据当事人的申请拍卖、变卖房屋，就所得价款进行分割。

（8）离婚时双方对尚未取得所有权或者尚未取得完全所有权的房屋有争议且协商不成的，人民法院不宜判决房屋所有权的归属，应当根据实际情况判决由当事人使用。当事人就上述规定的房屋取得完全所有权后，有争议的，可以另行向人民法院提起诉讼。

（9）夫妻一方婚前签订不动产买卖合同，以个人财产支付首付款并在银行贷款，婚后用夫妻共同财产还贷，不动产登记于首付款支付方名下的，离婚时该不动产由双方协议处理。依上述规定不能达成协议的，人民法院可以判决该不动产归登记一方，尚未归还的贷款为不动产登记一方的个人债务。双方婚后共同还贷支付的款项及其相对应财产增值部分，离婚时应根据《民法典》第一千零八十七条第一款规定的原则，由不动产登记一方对另一方进行补偿。《民法典》第一千零八十七条第一款规定，离婚时，夫妻的共同财产由双方协议处理；协议不成的，由人民法院根据财产的具体情况，按照照顾子女、女方和无过错方权益的原则判决。举例：甲与乙是夫妻，甲在婚前购买了一套总价100万元的住房，支付首付款30万元，其余贷款，该房产登记于甲方名下，婚后双方以夫妻共同财产偿还贷款10万元，后因感情不和，乙起诉离婚，双方就该房产的归属问题未能达成一致协议，请求分割该套房产（起诉时该房屋的公允价值为150万元），法院审理后，判决该房产归甲所有，剩余60万元贷款亦由甲偿还；判决甲返还乙还贷金额以及相对应的财产增值额7.5万元（乙方已还贷金额5万元+房产共同还贷期间对应的增值2.5万元）。

（10）婚姻关系存续期间，双方用夫妻共同财产出资购买以一方父母名义参加房改的房屋，登记在一方父母名下，离婚时另一方主张按照夫妻共同财产对该房屋进行分割的，人民法院不予支持。购买该房屋时的出资，可以作为债权处理。

三、个人无偿赠与的房地产转让管理

《关于进一步简化和规范个人无偿赠与或受赠不动产免征营业税、个人所得税所需证明资料的公告》（国家税务总局公告2015年第75号）对在办理个人赠与不动产税收免征手续时，应提交的证明资料作出了相应规定。

纳税人在办理个人无偿赠与或受赠不动产免征增值税、个人所得税手续时，应报送《个人无偿赠与不动产登记表》、双方当事人的身份证明原件及复印件（继承或接受遗赠的，只需提供继承人或接受遗赠人的身份证明原件及复印件）、房屋所有权证原件及复印件。属于以下四类情形之一的，还应分别提交相应证明资料。

（一）离婚分割财产的，应提交的材料

（1）通过协议方式离婚的，应当提交离婚协议、离婚证原件及复印件；

（2）通过诉讼方式离婚的，应当提交人民法院判决书或者人民法院调解书的原件及复印件。

（二）亲属之间无偿赠与的，应提交的材料

（1）无偿赠与配偶的，提交结婚证原件及复印件；

（2）无偿赠与父母、子女、祖父母、外祖父母、孙子女、外孙子女、兄弟姐妹的，提交户口簿或者出生证明或者人民法院判决书或者人民法院调解书或者其他部门（有资质的机构）出具的能够证明双方亲属关系的证明资料原件及复印件。

（三）无偿赠与非亲属抚养或赡养关系人的，应提交的材料

人民法院判决书或者人民法院调解书或者乡镇政府或街道办事处出具的抚养（赡养）关系证明或者其他部门（有资质的机构）出具的能够证明双方抚养（赡养）关系的证明资料原件及复印件。

（四）继承或接受遗赠的，应提交的材料

（1）房屋产权所有人死亡证明原件及复印件；

（2）有权继承或接受遗赠的证明资料原件及复印件。

四、共有房屋的转让管理

房屋共有是指两个或两个以上的组织、个人对同一房屋享有所有权。“共有”分为“按份共有”和“共同共有”。按份共有的各所有权人按照所有权份额享有对房屋的权利和承担义务。共同共有的所有权人对于房屋享有平等的所有权。通常情况下，按份共有关系是按约定或者根据出资额形成的，而共同共有关系则一般形成于配偶关系、父母子女关系中，个别情况下也可以通过合同约定。如果共有人之间没有约定是“按份共有”还是“共同共有”，或者约定不明确，除非共有人之间具有家庭关系，否则默认为“按份共有”。

根据《民法典》，按份共有的房屋和共同共有的房屋在买卖时又有所不同。①按份共有房屋的份额处分更为灵活。通常情况下，按份共有人可以随时请求分割共有房屋，并自由处分分割所得份额，而且即便在共有条件下，按份共有人也可以转让其份额，其他共有人在同等条件下有优先购买权；而具有家庭关系的共同共有人只有在共有的基础丧失或者有重大理由需要分割共有房屋时，才可请求分割，并自由处分分割所得份额。②共同共有房屋的买卖条件较为严苛。除非另有约定，共同共有人处分共有房屋，须经全体共同共有人同意；而按份共有人处分共有房屋，应当经占份额三分之二以上的按份共有人同意。

《民法典》在物权编中规定了按份共有人的份额处分权、其他共有人的优先购买权和优先购买权的实现方式。《民法典》第三百零五条规定：“按份共有人可以转让其享有的共有的不动产或者动产份额。其他共有人在同等条件下享有优先购买的权利。”第三百零六条规定：“按份共有人转让其享有的共有的不动产或者动产份额的，应当将转让条件及时通知其他共有人。其他共有人应当在合理期限内行使优先购买权。两个以上其他共有人主张行使优先购买权的，协商确定各自的购买比例；协商不成的，按照转让时各自的共有份额比例行使优先购买权。”《民法典》第三百零五条所称的“同等条件下”，是指其他共有人就购买该份额所给出的价格等全部交易条件与欲购买该份额的非共有人相同，其他共有人有优先购买的权利。《民法典》第三百零六条所称行使优先购买权的“合理期限”，按份共有人之间有约定的，按照约定处理；没有约定或者约定不明的，按照下列情形确定：①转让人向其他按份共有人发出的包含同等条件内容的通知中载明行使期间的，以该期间为准；②通知中未载明行使期间，或者载明的期间短于通知送达之日起 15 日的，为 15 日；③转让人未通知的，为其他按份共有人知道或者应当知道最终确定的同等条件之日起15日；④转让人未通知，且无法确定其他按份共有人知道或者应当知道最终确定的同等条件的，为共有份额权属转移之日起6个月。按份共有人向共有人之外的人转让其份额，其他按份共有人根据法律、司法解释规定，请求按照同等条件优先购买该共有份额的，应予支持。其他按份共有人的请求具有下列情形之一的，不予支持：①未在以上规定的期间内主张优先购买，或者虽主张优先购买，但提出减少转让价款、增加转让人负担等实质性变更要求；②以其优先购买权受到侵害为由，仅请求撤销共有份额转让合同或者认定该合同无效。按份共有人之间转让共有份额，其他按份共有人主张依据《民法典》第三百零五条规定优先购买的，不予支持，但按份共有人之间另有约定的除外。共有份额的权利主体因继承、遗赠等原因发生变化时，其他按份共有人主张优先购买的，不予支持，但按份共有人之间另有约定的除外。

【例题3-3】 按份共有人处分共有房屋，需经占份额(　　)以上的按份共有人同意。

A. 1/4　　B. 1/3

C. 1/2　　D. 2/3

参考答案：D

五、对查封登记的房地产转让限制

登记机构对被司法机关和行政机关依法查封、预查封的房屋，在查封、预查封期间不得办理抵押、转让等权属变更、转移登记手续。已被司法机关和行政机关查封、预查封并在登记机构办理了查封、预查封登记手续的房屋，被执行人隐瞒真实情况，到登记机构办理抵押、转让等手续的，人民法院应当依法确认其行为无效，并可视情节轻重，依法追究有关人员的法律责任。登记机构应当按照人民法院的生效法律文书撤销不合法的抵押、转让等登记，并注销所颁发的证照。登记机构明知房屋已被人民法院查封、预查封，仍然办理抵押、转让等权属变更、转移登记手续的，对有关的登记机构和直接责任人可以依照《民事诉讼法》的规定处理。

对被执行人因继承、判决或者强制执行取得，但尚未办理过户登记的房屋的查封，执行法院应当向登记机构提交被执行人取得财产所依据的继承证明、生效判决书或者执行裁定书及协助执行通知书，由登记机构办理过户登记手续后，办理查封登记。对登记机构已经受理被执行人转让房屋的过户登记申请，尚未核准登记的，人民法院可以进行查封，已核准登记的，不得进行查封。

以下三种房屋虽未进行房屋所有权登记，人民法院也可以进行预查封：一是作为被执行人的房地产开发企业，已办理了商品房预售许可证且尚未出售的房屋；二是被执行人购买的已由房地产开发企业办理了房屋权属初始登记的房屋；三是被执行人购买的办理了商品房预售合同登记备案手续或者商品房预告登记的房屋。

人民法院对可以分割处分的房屋应当在执行标的额的范围内分割查封；分割查封的，应当在协助执行通知书中明确查封房屋的具体部位。

六、对失信被执行人的房地产转让限制

根据《关于对失信被执行人实施联合惩戒的合作备忘录》（发改财金〔2016〕141号）、《中共中央办公厅、国务院办公厅关于加快推进失信被执行人信用监督、警示和惩戒机制建设的意见》（中办发〔2016〕64号）、《国务院关于建立完善守信联合激励和失信联合惩戒制度加快推进社会诚信建设的指导意见》（国发〔2016〕33号）、《最高人民法院关于限制被执行人高消费及有关消费的若干规定》（法释〔2015〕17号）、《最高人民法院关于公布失信被执行人名单信息的若干规定》（法释〔2017〕7号）、《关于对房地产领域相关失信责任主体实施联合惩戒的合作备忘录》（发改财金〔2017〕1206号）、《住房和城乡建设部办公厅关于印发失信被执行人信用监督、警示和惩戒机制建设分工方案的通知》（建办厅〔2017〕32号）和《关于对失信被执行人实施限制不动产交易惩戒措施的通知》（发改财金〔2018〕370号）等有关要求，对失信被执行人房地产转让限制的相关规定主要有以下几个方面。

（一）惩戒对象

1. 失信被执行人

失信被执行人是指具有履行能力而不履行生效法律文书确定的义务的被执行人。被执行人未履行生效法律文书确定的义务，并具有下列情形之一的，人民法院应当将其纳入失信被执行人名单，依法对其进行信用惩戒：

（1）有履行能力而拒不履行生效法律文书确定义务的；

（2）以伪造证据、暴力、威胁等方法妨碍、抗拒执行的；

（3）以虚假诉讼、虚假仲裁或者以隐匿、转移财产等方法规避执行的；

（4）违反财产报告制度的；

（5）违反限制消费令的；

（6）无正当理由拒不履行执行和解协议的。

2. 房地产领域相关失信责任主体

房地产领域相关失信责任主体主要是指在房地产领域开发经营活动中存在失信行为的相关机构及人员等责任主体，包括：

（1）房地产开发企业、房地产中介机构、物业管理企业；

（2）失信房地产企业的法定代表人、主要负责人和对失信行为负有直接责任的从业人员。

（二）惩戒措施

1. 联合惩戒

2016 年 1 月 20 日，国家发展改革委和最高人民法院牵头，中国人民银行、国土资源部、住房和城乡建设部等 44 家单位联合签署的《关于对失信被执行人实施联合惩戒的合作备忘录》进一步拓展和丰富了对人民法院失信被执行人的限制领域和惩戒措施，形成“一处失信、处处受限”的联合惩戒局面，从而促使被执行人主动履行生效法律文书确定的义务。联合惩戒措施分为八大类，其中第六类是对失信被执行人高消费及其他消费行为的限制措施，包括限制购买不动产。失信被执行人违反限制消费令进行消费的行为，属于拒不履行人民法院已经发生法律效力的判决、裁定的行为，经查证属实的，依照《民事诉讼法》第一百一十一条的规定，予以拘留、罚款；情节严重、构成犯罪的，追究其刑事责任。

2. 限制房地产交易

各级人民法院限制失信被执行人及失信被执行人的法定代表人、主要负责人、实际控制人、影响债务履行的直接责任人员参与房屋司法拍卖。

各级住房和城乡建设管理部门要及时查询各级人民法院失信被执行人名单信息库，对失信被执行主体就商品房开发、施工许可、商品房预售许可、房屋买卖合同备案、房屋交易资金监管、楼盘表建立、购房资格审核、房源验核、存量房和政策房交易上市、住房公积金贷款等提出的申请，不予受理或从严审核有关材料。完善住房开发、租赁企业、中介机构和从业人员信用管理制度，对于协助失信被执行人购买房产或获得住房公积金贷款的，一经查实，记入市场主体信用档案，并视情节轻重予以惩戒。

依法限制或者禁止房地产领域相关失信责任主体的市场准入、行政许可或者融资行为，包括限制取得政府供应的土地，限制取得安全生产许可证，限制取得生产许可证，限制取得施工许可、商品房预（销）售许可、商品房买卖合同备案等 37 项措施。

根据《最高人民法院关于限制被执行人高消费及有关消费的若干规定》第三条规定，被执行人为自然人的，被采取限制消费措施后，不得购买不动产，不得新建、扩建、高档装修房屋；不得租赁高档写字楼、宾馆、公寓等场所办公。根据《关于对失信被执行人实施限制不动产交易惩戒措施的通知》规定，限制失信被执行人及失信被执行人的法定代表人、主要负责人、实际控制人、影响债务履行的直接责任人员取得政府供应土地。

3. 信息互通共享

进一步落实行政许可和行政处罚信息公开制度，根据部门权力清单、责任清单和负面清单依法将失信被执行人信用监督、警示和惩戒信息列入政务公开事项。依托国家信用信息共享平台、住房和城乡建设领域信用信息共享平台和各级各类信用信息共享平台，归集整合行业信用信息，实现互联互通和信息共享。将住房和城乡建设领域信用信息查询使用嵌入审批、监管工作流程，确保“应查必查”“奖惩到位”。

住房和城乡建设部将惩戒对象失信信息推送到全国信用信息共享平台，依法在“信用中国”网站（www.creditchina.gov.cn）或住房和城乡建设部网站公布，并及时更新。有关行政监督管理部门可以通过全国信用信息共享平台、“信用中国”网站、各省级信用信息共享平台或住房和城乡建设部网站查询相关主体失信行为信息，并采取必要方式做好失信行为主体信息查询记录和证据留存。社会公众可以通过“信用中国”网站或住房和城乡建设部网站查询相关主体失信行为信息。国家公共资源交易平台、各省级信用信息共享平台和各省级公共资源交易平台，通过全国信用信息共享平台共享惩戒对象失信信息，逐步实现房地产行业失信行为信息推送、接收、查询、应用的自动化。

各地自然资源部门与人民法院要积极推进建立同级不动产登记信息和失信被执行人名单信息互通共享机制。有条件的地区，自然资源部门在为失信被执行人及失信被执行人的法定代表人、主要负责人、实际控制人、影响债务履行的直接责任人员办理转移、抵押、变更等涉及不动产产权变化的不动产登记时，应将相关信息通报给人民法院，便于人民法院依法采取执行措施。

建立健全全国信用信息共享平台与国家不动产登记信息平台信息互通共享机制。全国信用信息共享平台将最高人民法院提供的失信被执行人名单信息及时推送至国家不动产登记信息平台；国家不动产登记信息平台将失信被执行人名下的不动产登记信息及时反馈至全国信用信息共享平台。

【例题 3-4】根据《关于对失信被执行人实施联合惩戒的合作备忘录》，限制购买房地产的失信被执行人有(　　)。

A. 违反限制消费令的

B. 违反财产报告制度的

C. 以转移财产方法规避执行的

D. 因没有履行能力而不能履行法律义务的

E. 无正当理由拒不履行执行和解协议的

参考答案：ABCE

第五节　交易合同网签备案

一、交易合同网签备案概述

交易合同网签备案是交易双方当事人通过政府建立的房屋交易网签备案系统，在线签订交易合同并进行备案，是房屋交易的重要环节。也就是说，交易双方在签订房屋买卖合同后，要到房地产的相关部门进行备案，并公布在网上。合同网签备案会得到一个网签号，可以通过这个网签号在网上进行查询。合同网签备案是为了让房地产交易更加透明化，买卖双方都可以在网上的交易系统中查询到自己的交易情况，第三方也可以了解该房是否正在交易、出售，从而可以有效避免一房多卖。新建商品房买卖合同网签备案可使房地产开发企业资质经过核实，使其更加可信，存量房买卖合同网签备案还有利于政府对存量房市场进行监控。交易合同网签备案主要有如下法规政策依据。

《城市房地产管理法》第三十五条第一款规定："国家实行房地产成交价格申报制度。"房屋网签备案就是落实房地产成交价格申报制度的具体举措。建立房地产成交价格申报制度的目的，就是政府部门要通过价格申报及时准确掌握市场的情况，更好地监管市场，促进市场健康发展。《城市房地产管理法》还对预售商品房合同备案作出了特别规定，要求由预售人（开发商）统一负责向政府部门申报价格、登记备案。《城市房地产开发经营管理条例》规定，房地产开发企业应当自商品房预售合同签订之日起30日内，到商品房所在地的县级以上人民政府住房和城乡建设管理部门和自然资源管理部门备案。《城市商品房预售管理办法》规定，房地产管理部门应当应用网络信息技术，逐步推行商品房预售合同网上登记备案。

《国务院办公厅关于促进房地产市场平稳健康发展的通知》（国办发〔2010〕4号），要求进一步建立健全新建商品房、存量房交易合同网上备案制度，加大交易资金监管力度。经国务院同意，住房和城乡建设部印发了《关于进一步规范和加强房屋网签备案工作的指导意见》，要求在全国城市规划区国有土地范围内全面实行房屋交易合同网签备案，加快推进房屋网签备案系统全国联网工作。全国人大常委会2019年通过了对《电子签名法》的修改，电子签名可依法在房屋交易活动中使用，网签备案合同对交易当事人具有法律约束力。

为全面贯彻《优化营商环境条例》，进一步规范和加强房屋网签备案工作，住房和城乡建设部印发了《关于提升房屋网签备案服务效能的意见》，并将《房屋网签备案业务操作规范》作为附件。为进一步加强房屋网签备案信息共享，提升公共服务水平，促进房地产市场平稳健康发展，住房和城乡建设部、最高人民法院、公安部、中国人民银行、国家税务总局和中国银行保险监督管理委员会联合发布《关于加强房屋网签备案信息共享提升公共服务水平的通知》。

二、规范和加强房屋网签备案工作的要求

（一）全面采集楼盘信息

1. 建立健全楼盘数据。楼盘表是房屋信息基础数据库，是实施房屋交易合同网签备案，开展房屋交易、使用和安全管理的基础。市、县住房和城乡建设管理部门应当按照规定建立健全覆盖所辖行政区域的各类新建商品房和存量房的楼盘表。

2. 优化流程精简材料。市、县住房和城乡建设管理部门应当加强房屋面积管理工作，落实房屋面积测量规范标准要求，为房地产开发企业等各类市场主体提供规范、便捷、高效的预（实）测绘成果审核服务。建立楼盘表所需材料，能够通过部门间共享获取的，不再要求当事人提供；能够获取电子材料的，不再收取纸质要件。

3. 统一数据标准规范。市、县住房和城乡建设管理部门应当按照统一的数据标准要求建立楼盘表。楼盘表具体包含房屋坐落、房屋编码、建筑面积、房屋用途、土地用途、房屋性质、房屋所有权人、交易状况等房屋基础数据。各地房屋交易合同示范文本的内容应当包含建立楼盘表必需的数据指标。

4. 动态更新楼盘表信息。市、县住房和城乡建设管理部门开展商品房预售许可、商品房现售备案、房屋交易合同网签备案、交易资金监管、物业管理、住宅专项维修资金管理、房屋征收等业务产生的，或者通过部门间信息共享获取的交易状况和权利状况相关信息，应当及时载入楼盘表，实现楼盘表信息动态更新。

（二）提供自动核验服务

1. 自动核验交易主体。市、县住房和城乡建设管理部门应当推动房屋网签备案系统与公安、民政、税务、人力资源社会保障、市场监管、自然资源、法院等部门和单位相关信息系统联网，通过信息共享等方式自动核验交易主体的身份、婚姻状况、税收、社会保障、市场主体登记、不动产登记、失信被执行人等信息，逐步实现当事人仅凭身份证件即可完成交易主体核验。

2. 自动核验房源信息。市、县住房和城乡建设管理部门应当通过比对楼盘表实现房源信息真实性核验。通过信息共享等方式，逐步实现房屋网签备案系统

自动核验新建商品房是否取得预售许可或者现售备案，房屋是否存在查封、抵押、按政策未满足上市交易条件等限制交易或者权利负担的情形。

（三）优化网签备案服务

1. 推进“互联网＋网签”。积极推行“互联网大厅”模式，鼓励使用房屋交易电子合同，利用大数据、人脸识别、电子签名、区块链等技术，加快移动服务端建设，实现房屋网签备案掌上办理、不见面办理。优化窗口服务，做好“一窗受理”，提供房屋交易、缴税和登记集中办理、一次办结服务。

2. 延伸端口就近办理。市、县住房和城乡建设管理部门应当将房屋网签备案端口延伸至房地产开发企业、房地产经纪机构、金融机构，方便房屋交易主体就近办理、当场办结。新建商品房买卖，由房地产开发企业与购房人签订买卖合同时办理网签备案；通过房地产经纪机构成交的存量房买卖，由房地产经纪机构在当事人签订买卖合同时办理网签备案；金融机构提供房屋贷款的，可由金融机构为当事人办理房屋买卖合同、抵押合同网签备案。

3. 实现网签即时备案。按照减环节、减材料、减时限的要求，编制统一标准的房屋网签备案流程和办事指南。当事人仅需录入交易合同必填字段，房屋网签备案系统即可自动比对核验楼盘表信息及交易主体资格，自动生成合同文本。推行房屋交易合同网上签约即时备案，当事人完成签约后，通过相关技术手段实现即时备案，生成备案编码，在楼盘表中自动更新房屋交易状况信息。

4. 保障交易便捷安全。当事人申请变更、注销网签备案的，住房和城乡建设部门应当及时办理，在变更、注销网签备案前，不得重复办理同一套房屋的交易合同网签备案。市、县住房和城乡建设管理部门应当建立交易资金监管制度，商品房预售资金应当用于有关工程建设，纳入监管的存量房交易资金应在房屋转移登记完成后立即划转，不得挪作他用。

（四）提高数据使用效能

1. 强化信息对接共享。市、县住房和城乡建设管理部门履行房屋交易管理职能过程中，能通过信息共享获取的数据，不再要求当事人重复提交。加快将房屋交易网签备案信息与国家政务服务一体化平台对接，及时交换数据信息，提升公共服务水平。

2. 拓宽数据应用范围。市、县住房和城乡建设管理部门应当推送房屋网签备案数据，方便税务、金融、住房公积金、自然资源、公安、民政、教育、财政、人力资源社会保障、市场监管、统计、法院等部门和单位及相关公共服务部门利用，为当事人办理税务、贷款、住房公积金、不动产登记、积分落户、子女入学、市场主体登记、强制执行等业务和公共服务提供便利，让数据多跑路，让群众少跑腿。

（五）推进全国一张网建设

1. 落实城市主体责任。各地应当落实城市主体责任，建立以房屋网签备案数据为基础的房地产市场监测体系，为房地产市场调控提供数据支撑和决策依据，促进房地产市场平稳健康发展。市、县住房和城乡建设管理部门应当及时完善房屋网签备案系统，按照《房屋网签备案业务操作规范》要求，统一流程开展房屋网签备案工作，及时获取和上传交易数据，实现新建商品房、存量房网签备案全覆盖。提高房屋网签备案数据质量，加强房屋网签备案价格监测，确保数据真实准确。

2. 构建房屋管理平台。市、县住房和城乡建设管理部门应当以房屋网签备案系统为基础，整合资质许可、房屋面积管理、房屋预售、交易资金监管、住房专项维修资金监管、房屋征收、信用管理等系统，加快建设具有自动核验、便捷查询、统计监测等功能的房屋管理基础平台。按照统一的数据创建、采集、检查、存储和传输标准，实时更新房屋信息。

3. 强化信息安全防护。各级住房和城乡建设管理部门要强化网络安全意识，严格执行信息安全等级保护和信息系统分级保护制度，严格个人隐私信息保护。加强信息基础设施网络安全防护，把数据安全纳入房屋管理基础平台建设和使用的全周期，在业务办理、数据维护和数据共享等关键环节严把安全关。

4. 加快市县系统联网。各城市住房和城乡建设管理部门应当将市本级房屋网签备案系统向所辖区县扩展，全面覆盖所辖行政区域，按要求接入全国房地产市场监测系统。各省级住房城乡建设管理部门应当落实监督指导责任，指导所辖城市住房城乡建设管理部门按照工作要求，完善网签备案系统建设。推进房屋网签备案系统全国联网，实现部门间数据共享，建立跨地区、跨部门、跨层级的全国房地产市场数据库。

三、楼盘表业务规范

楼盘表是住房和城乡建设管理部门基于房产测绘成果建立，记载各类房屋基础信息和应用信息的数据库，是实施房屋网签备案业务操作、开展房屋交易、使用和安全管理的基础，在不同业务应用场景中可表现为表格、数据集等形式。

楼盘表包括的内容有：①物理状况信息。包括丘数据、项目基本信息、幢数据、房屋基本单元、房屋编码、房屋坐落、建筑面积、建成年份、建筑结构、户型结构、房屋朝向、房屋楼层等。②权利状况信息。包括土地使用权利人、土地性质、土地用途、土地使用期限、宗地编号等土地权利状况信息，以及房屋所有权人、房屋性质、房屋用途等房屋权利状况信息。③交易状况信息。房屋买卖信息包括买卖当事人、成交价格、成交时间、付款类型等。房屋抵押信息包括抵押当事人、评估价格、贷款金额、贷款方式等。房屋租赁信息包括租赁当事人、租赁价格、租赁套间、租金支付方式、押金、租赁期限等。房屋查封限制信息包括查封限制人、被查封限制人、查封期限等。④其他应记载的信息。包括物业管理、交易资金监管、住宅专项维修资金管理、房屋征收等。

房地产开发企业等各类市场主体在完成房屋预（实）测绘后提交房产测绘成果报告和建筑物符合规划许可、竣工验收（实测绘）相关材料，市、县住房和城乡建设管理部门对各类市场主体提交的材料进行审核，包括房产测绘成果适用性、界址点准确性、面积测算依据与方法等内容，并采集规划许可、土地审批、建设审批、测绘成果及相关电子图表信息，建立新建商品房楼盘表。存量房未建立楼盘表的，可通过信息共享等方式采集房产测绘成果，获得房屋物理状况、权利状况、交易状况等信息，补建楼盘表并逐步完善。

四、房屋买卖合同网签备案业务规范

《房屋网签备案业务操作规范》要求市、县住房和城乡建设管理部门按照及时、准确、全覆盖的要求，加强房屋买卖合同网签备案管理，全面实行新建商品房、存量房网签备案制度。新建商品房网签备案，由房地产开发企业办理。存量房网签备案，通过房地产经纪机构成交的，由房地产经纪机构办理。存量房网签备案，通过买卖双方当事人自行成交的，由双方当事人办理。金融机构提供贷款的，宜由金融机构办理。市、县住房和城乡建设管理部门应向经网签备案系统注册的房地产开发企业、房地产经纪机构、金融机构等提供网签备案端口，方便当事人就近办理、当场办结。

新建商品房交易的，房地产开发企业宜在销售现场登录网签备案系统办理网签备案。通过房地产经纪机构成交存量房的，房地产经纪机构宜在经营场所登录网签备案系统现场办理网签备案。买卖双方当事人自行成交存量房的，双方当事人可通过互联网或手机应用软件（App）登录网签备案系统，也可通过房地产交易中心等政务服务大厅窗口办理网签备案。金融机构提供贷款的，宜在金融机构现场登录网签备案系统办理网签备案。

五、房屋网签备案信息共享

住房和城乡建设管理部门通过城市政府“一体化”政务服务平台，共享楼盘

表、网签备案等相关数据，加强部门间数据交换和使用管理，落实便民利企政策，提升服务水平。信息服务领域主要有以下五种：①政务服务。与税务、金融、住房公积金、自然资源、公安、民政、教育、财政、人力资源社会保障、市场监管、统计、法院等部门共享数据，为当事人办理税务、贷款、住房公积金、不动产登记、积分落户、子女入学、市场主体登记、强制执行等业务和公共服务提供便捷服务。②房屋交易服务。通过开放网签备案系统，为房屋买卖当事人提供房屋交易主体、房源信息自动核验服务。③金融服务。向住房公积金管理、金融机构等部门开放数据，为当事人办理购房贷款等业务提供便捷服务。④公用事业服务。向供水、供电、供气、供热等公用企事业单位开放数据，为当事人办理水电气热等业务提供便捷服务。⑤企业服务。向房地产开发企业、房地产经纪机构、住房租赁企业、物业管理企业等开放数据，提升企业办事效率。

住房和城乡建设部等《关于加强房屋网签备案信息共享提升公共服务水平的通知》提出了以下八个方面的要求。

（一）加快推进系统对接信息共享

市、县住房和城乡建设管理部门要按照《关于提升房屋网签备案服务效能的意见》《关于印发全国房屋网签备案业务数据标准的通知》要求，统一规范房屋网签备案业务流程，夯实房屋信息基础数据库，优化升级房屋网签备案信息系统。住房和城乡建设、金融、公积金、税务、公安、法院等部门和单位及银行业金融机构等，要积极推进房屋网签备案系统与相关信息系统数据对接，通过网络专线、国家数据共享交换平台、全国一体化在线政务服务平台、延伸房屋网签备案系统操作端口等方式共享房屋网签备案数据，为相关单位和个人办理抵押贷款、纳税申报、住房公积金提取或者贷款、反洗钱、居住证和流动人口管理、司法案件执行等业务提供便捷服务。对能通过信息共享获取房屋网签备案数据的，不再要求当事人提交纸质房屋买卖、抵押、租赁合同。

（二）优化住房商业贷款办理服务

金融机构可通过房屋网签备案系统实时查询新建商品房、二手房网签备案合同及住房套数等信息。金融机构在办理个人住房贷款业务时，以网签备案合同和住房套数查询结果作为审核依据，并以买卖合同网签备案价款和房屋评估价的低值作为计算基数确定住房贷款额度。房屋抵押当事人应当将房屋抵押合同通过网签备案系统进行备案，经网签备案的房屋抵押合同，作为金融机构发放抵押贷款的依据之一。金融机构要依托房屋网签信息共享机制，完善客户尽职调查工作，加强贷款审核管理，防范交易欺诈、骗取贷款等行为，在可疑交易监测分析中，及时关注网签备案价款与房屋评估价、客户实际交易资金之间存在显著差异的异常情形，有效防范洗钱风险。

（三）完善住房公积金贷款和提取服务

住房公积金管理中心及受托银行办理住房公积金贷款或者按实际租房金额提取住房公积金的，应当以共享的网签备案合同为依据，并以买卖合同网签备案价款和房屋评估价的低值作为计算基数确定住房贷款额度；以租赁合同网签备案价款、房屋租赁税票金额、市场租金价格水平等作为依据，综合确定住房公积金提取金额。住房公积金管理中心及受托银行签订的住房公积金贷款房屋抵押合同信息，应实时共享至房屋网签备案系统。办理异地提取住房公积金的，房屋所在地住房和城乡建设部门要积极配合查询房屋网签备案信息。

（四）优化房屋交易纳税申报服务

住房和城乡建设管理部门要及时向税务部门共享房屋买卖合同网签备案信息，税务机关要充分利用房屋网签备案信息，加快实现房屋交易纳税申报“无纸化”“免填单”。纳税人办理房屋交易纳税申报业务时，税务机关可通过房屋网签备案系统获取房屋买卖合同信息的，不再要求纳税人提供房屋买卖合同原件或复印件。

（五）提升流动人口管理服务水平

公民以合法稳定住所为由申领居住证，公安机关可通过房屋网签备案系统查询并获取房屋租赁合同、房屋买卖合同相关信息的，不再要求提供相关合同原件或者复印件。市、县住房和城乡建设管理部门和公安机关要积极共享房屋租赁信息，大力推行“以房管人、人房共管”，提高流动人口居住登记和人户一致率，实现流动人口管理和租赁房屋管理有机结合、相互促进。

（六）提高司法案件执行效率

市、县住房和城乡建设管理部门与人民法院积极对接业务信息系统，实时共享房屋网签备案、失信被执行人名单、房屋查封等信息，逐步推进住房和城乡建设部、最高人民法院实现信息共享。人民法院办理执行案件时，可以通过房屋网签备案系统实时查询相关信息，为执行程序依法确认涉案房屋买卖、租赁信息和被执行人信息等提供便利。住房和城乡建设管理部门对纳入失信被执行人名单的买受人，通过房屋网签备案系统自动不予办理网签备案。

（七）全面提高房屋交易网签数据质量

按照建立房地产市场平稳健康发展长效机制、落实城市主体责任制的部署和要求，城市住房和城乡和建设管理部门要加快推进市、县房屋网签备案系统联网，加强城市房地产市场运行情况监测，为房地产市场调控提供数据支撑。已经接入全国房地产市场监测系统的城市，要按照“及时、准确、全覆盖”的要求上传房屋交易数据，实现新建商品房、存量房交易网签备案全覆盖。对因房屋交易、登记管理体制不清以及房屋网签备案系统调整等，可能造成房屋交易网签数据覆盖不全面、上传不及时，以及房地产市场监管不力等问题的，城市住房和城乡建设部门要及时向城市人民政府反映，同时向省级住房和城乡建设管理部门报告，确保不对房地产市场调控和监管产生不利影响。市、县住房和城乡建设管理部门要切实履行房屋交易管理和房地产中介市场监管职责，按照《关于提升房屋网签备案服务效能的意见》要求，将网签备案端口延伸至房地产开发企业和房地产经纪机构，确保在签订房屋交易合同时即完成备案上传交易数据。优化窗口服务，做好房屋网签备案"一窗受理"，积极与全国一体化在线政务服务平台对接，逐步实现政务服务"一网通办"、异地可办。

（八）抓好信息共享组织落实

地方各级住房和城乡建设、金融、税务、公安、法院等部门要加快建立信息共享常态化沟通协调机制，制定具体实施方案，明确任务分工和完成时限，抓好各项工作落实。各有关部门和单位要强化信息安全意识，做好用户身份认证管理、数据安全监测审计、应用安全防护手段建设工作，严格执行网络安全等级保护和涉及国家秘密信息系统分级保护制度，加强个人隐私信息保护，非因工作需要不得访问共享使用房屋网签备案系统，使用过程中发生侵犯公民个人隐私案件的，依法追究所在单位和个人责任。其他公共服务领域需要共享房屋网签备案信息的，住房和城乡建设管理部门可会同相关部门参照该通知要求开展信息共享。

【例题 3-5】 不得进行房屋网签备案的情形有(　　)。

A. 新建商品房未取得预售许可的

B. 存在查封限制交易的

C. 租赁房屋存在禁止出租的

D. 政策性住房未满足上市交易条件的

E. 买受人具备购房条件的

参考答案：ABCD

第六节　交易资金监管

随着我国房地产市场的发展，房地产交易形态日益丰富，房地产市场出现了一些新的问题，如一些房地产开发企业挪用、占用预售房款，一些房地产经纪机构挪用客户交易资金等违法、违规行为。这些问题的发生，严重侵害了购房人的利益，制约了我国房地产业的健康发展。房地产交易资金监管要求交易时所有的房款存到资金监管账户，一方面可规避卖房人恶意骗取房款，切实保护购房人的权益。另一方面交易资金提前划入监管账户，保证购房资金足额到位，也保护了卖房人的正当利益。资金监管可有效保障交易安全，打消交易双方的顾虑，促进交易的顺利进行。

一、交易资金监管概述

交易资金监管是房屋交易网签备案过程中，由住房和城乡建设管理部门、政府授权的银行业金融机构或具有相应资质的第三方机构对商品房预售资金、存量房交易资金等实施监管，是确保房屋交易资金安全的重要环节。市、县住房和城乡建设管理部门要加强商品房预售资金、存量房交易资金监管。商品房预售资金应当用于有关的工程建设，不得挪作他用；存量房交易资金应在房屋完成转移登记后划转，保证交易安全，实现符合条件应即时拨付，方便企业和群众办事。交易资金监管的主要依据有《城市房地产管理法》《城市商品房预售管理办法》《国务院办公厅关于促进房地产市场平稳健康发展的通知》《关于进一步规范和加强房屋网签备案工作的指导意见》等，《关于加强房地产经纪管理规范交易结算资金账户管理有关问题的通知》《房地产经纪管理办法》《关于提升房屋网签备案服务效能的意见》等分别对交易资金监管提出了具体要求。

二、商品房预售资金监管

商品房买卖过程较长，从买卖双方签订合同，到完成过户登记，一般需要几个月甚至更长时间，期间交易风险较大，需要对交易资金实施监管。商品房预售资金应全部纳入监管，由住房和城乡建设管理部门会同银行对商品房预售资金实施第三方监管，房地产开发企业须将预售资金存入银行专用监管账户，只能用作本项目建设，不得随意支取、使用。

实践中，各地积极探索对商品房预售资金监管的有效方式，如设立商品房预售款专项账户，由房地产开发企业、商业银行及住房和城乡建设管理部门三方签订统一格式的商品房预售款监管协议，明确三方的权利、义务，并在电视台和公众信息网上公告，供社会公众查询。预售所得款项应当存入监管账户，接受资金监管，用于本项目工程建设。监管账户内的资金专款专用，根据项目进行分批扣划。

三、存量房交易资金监管

除当事人提出明确要求外，存量房交易资金也应纳入资金监管。存量房自行成交的，由当事人选择是否进行交易资金监管。《关于加强房地产经纪管理规范交易结算资金账户管理有关问题的通知》要求建立存量房交易结算资金管理制度，发展交易保证机构，专门从事交易资金监管。交易保证机构不得从事经纪业务。建立交易保证机构保证金制度，各地要对保证金的数额作出具体规定。交易当事人可以通过合同约定，由双方自行决定交易资金支付方式，可以通过房地产经纪机构或交易保证机构在银行开设的客户交易结算资金专用存款账户支付，根据合同约定条件，划转交易资金。客户交易结算资金专用存款账户中的交易结算资金，独立于房地产经纪机构和交易保证机构的固有财产及其管理的其他财产，也不属于房地产经纪机构和交易保证机构的负债，交易结算资金的所有权属于交易当事人。若有关部门对客户交易结算资金专用存款账户进行冻结和扣划，开户银行、房地产经纪机构或交易保证机构有义务出示证据以证明交易结算资金及其银行账户的性质。交易结算资金的存储和划转均应通过交易结算资金专用存款账户进行，房地产经纪机构、交易保证机构和房地产经纪人员不得通过客户交易结算资金专用存款账户以外的其他银行结算账户代收代付交易资金。存量房买方应将资金存入或转入客户交易结算资金专用存款账户下的子账户，交易完成后，通过转账的方式划入存量房卖方的个人银行结算账户。当交易未达成时，通过转账的方式划入存量房买方的原转入账户；以现金存入的，转入存量房买方的个人银行结算账户。客户交易结算资金专用存款账户不得支取现金。

《房地产经纪管理办法》要求房地产经纪机构及其分支机构应当在其经营场所醒目位置公示交易资金监管方式，并规定房地产交易当事人约定由房地产经纪机构代收代付交易资金的，应当通过房地产经纪机构在银行开设的客户交易结算资金专用存款账户划转交易资金，交易资金的划转应当经过房地产交易资金支付方和房地产经纪机构的签字和盖章。

实践中，很多城市住房和城乡建设管理部门公布了房地产经纪机构存量房交易资金专用结算账户，并提醒交易当事人，凡交易双方约定由房地产经纪机构代收代付交易资金的，当事人在对公示的各经纪机构客户交易资金专用存款账户（交易资金监管账户）信息进行仔细核对后，将交易资金存入该机构监管账户中。同时，凡未按规定公示房屋交易资金监管账户信息的房地产经纪机构，不得为交易双方代收代付房屋交易资金。房屋交易双方不要将交易资金存入公示交易资金监管账户以外的任何房地产经纪机构公司或个人名下账户，以防交易资金被侵占、挪用。

存量房交易资金监管的流程各地不尽相同，但一般包括以下环节：①交易双方签订买卖合同及资金监管协议；②买方首付款资金存入资金监管账户；③交易双方到交易中心办理交易；④办理房屋转移登记；⑤银行凭收件收据将贷款或剩余的购房资金划转至资金监管账户；⑥领取不动产权证书；⑦监管资金划付至卖房人账户。若交易不成功，可协商解除资金监管，交易双方只需前往各处交易中心签署资金监管解除协议，办理解冻手续即可。

加强对存量房交易资金的监管，还应提高立法层级，在行政法规以上立法中明确存量房资金的法律性质，避免或降低购买的存量房被查封、冻结的风险。存量房交易资金监管采用网络信息技术监管的技术手段，通过房屋交易与产权管理系统、银行结算系统、公积金管理系统等相关业务网络系统的跨行业链接，搭建成一体化的网络监管系统，从而实现交易信息的及时传输，交易资金的实时划拨和动态划拨。

复习思考题

1. 什么是房地产转让？
2. 以出让方式取得土地使用权的房地产转让，应符合哪些条件？
3. 哪些情形下的房地产不得转让？
4. 房地产转让合同一般包括哪些内容？
5. 对房地产经纪机构处以1万元以上3万元以下罚款的情形有哪些？
6. 以房地产转让方式取得建设用地使用权，其实际使用年限是如何规定的？
7. 依法登记的集体经营性建设用地出让、出租的要求是什么？
8. 已购公有住房和经济适用住房转让应符合哪些条件？
9. 共有房地产的转让有什么规定？
10. 对查封登记的房地产转让有什么限制？
11. 对失信被执行人从事房地产交易有什么限制？
12. 房屋楼盘表的种类有哪些？各自测绘建立的要求是什么？
13. 房屋网签备案的条件有哪些？
14. 不得进行房屋网签备案的情形有哪些？
15. 商品房预售资金、存量房交易资金监管的要求各是什么？

第四章　新建商品房销售相关制度政策

新建商品房销售根据房屋建设状况可分为新建商品房的预售和现售，按照销售方式可分为房地产开发企业自行销售和委托房地产经纪机构代理销售。为规范新建商品房销售行为，房地产经纪人员应掌握商品房预售条件、现售条件、买卖合同的质量保修、交付使用规定，并应掌握新建商品房销售后维修管理、物业管理等相关法律法规和政策规定。本章介绍了商品房预售管理、商品房买卖合同、商品房现售管理、商品房售后质量管理和物业管理等。

第一节　商品房预售管理

商品房预售是指房地产开发企业将正在建设中的取得商品房预售许可证的商品房预先出售给承购人，并由承购人预付定金或房价款的行为。《城市房地产管理法》从国家法律层面上确立了商品房预售许可制度。《城市商品房预售管理办法》对商品房预售管理机构、预售许可制度的实施和监管作出了具体规定。我国城镇住房制度建立之后的一段时期，房地产市场以新建开发为主，在直接融资渠道尚不完善的情况下，商品房预售制度对解决住房问题发挥了重要作用。

一、商品房预售的条件

《城市房地产管理法》第四十五条和《城市房地产开发经营管理条例》第二十二条规定，商品房预售应当符合下列条件：

（1）已交付全部土地使用权出让金，取得土地使用权证书；

（2）持有建设工程规划许可证和施工许可证；

（3）按提供预售的商品房计算，投入开发建设的资金达到工程建设总投资的25％以上，并已经确定施工进度和竣工交付日期；

（4）已办理预售登记，取得商品房预售许可证明。

二、商品房预售许可

《城市商品房预售管理办法》规定，商品房预售实行预售许可制度，房地产开发企业取得商品房预售许可证方能预售商品房。

1. 商品房预售许可申请

房地产开发企业申请办理商品房预售许可证，应当向直辖市、市、县人民政府住房和城乡建设管理部门提交下列证件及资料：

（1）商品房预售许可申请表；

（2）开发企业的营业执照和资质证书；

（3）土地使用权证、建设工程规划许可证、施工许可证；

（4）投入开发建设的资金占工程建设总投资25%以上的证明；

（5）工程施工合同及关于施工进度的说明；

（6）商品房预售方案。预售方案应当说明预售商品房的位置、面积、竣工交付日期等内容，并应当附预售商品房分层平面图；

（7）其他有关资料。

2. 商品房预售许可程序

（1）受理。开发企业按《城市商品房预售管理办法》的规定提交有关材料，材料齐全的，住房和城乡建设管理部门应当当场出具受理通知书；材料不齐的，应当当场或者5日内一次性书面告知需要补充的材料。

（2）审核。住房和城乡建设管理部门对开发企业提供的有关材料是否符合法定条件进行审核。开发企业对所提交材料实质内容的真实性负责。

（3）许可。经审查，房地产开发企业的申请符合法定条件的，住房和城乡建设管理部门应当在受理之日起10日内，依法作出准予预售的行政许可书面决定，发送开发企业，并自作出决定之日起10日内向开发企业颁发、送达商品房预售许可证。取得预售许可的商品住房项目，房地产开发企业要在10日内一次性公开全部准售房源及每套房屋价格，并严格按照申报价格，明码标价对外销售。

经审查，开发企业的申请不符合法定条件的，住房和城乡建设管理部门应当在受理之日起10日内，依法作出不予许可的书面决定。书面决定应当说明理由，告知开发企业享有依法申请行政复议或者提起行政诉讼的权利，并送达房地产开发企业。

商品房预售许可决定书、不予商品房预售许可决定书应当加盖住房和城乡建设管理部门的行政许可专用印章，商品房预售许可证应当加盖住房和城乡建设管理部门的印章。

（4）公示。住房和城乡建设管理部门作出的准予商品房预售许可的决定，应当予以公开，公众有权查阅。房地产开发企业进行商品房预售，应当向承购人出示商品房预售许可证。售楼广告和说明书应当载明商品房预售许可证的批准文号。

【例题 4-1】 按照《城市商品房预售管理办法》规定，房地产开发企业申请办理《商品房预售许可证》，应向相关部门提交的证件有(　　)。

A. 土地使用权证　　B. 土地所有权证

C. 建设工程规划许可证　　D. 施工许可证

E. 已完建筑工程获奖证

参考答案：ACD

三、商品房预售合同登记备案

房地产开发企业取得了商品房预售许可证后，就可以向社会预售其商品房，开发企业应当与承购人签订书面预售合同。开发企业应当自商品房预售合同签订之日起 30 日内，向商品房所在地的直辖市、市、县级以上人民政府住房和城乡建设管理部门和土地管理部门办理商品房预售合同登记备案手续。

住房和城乡建设管理部门应积极应用网络信息技术，逐步实现商品房预售合同网上登记备案。商品房预售合同登记备案手续可以委托代理人办理，委托代理人办理的，应当有书面委托书。

四、商品房预售中禁止的行为

《国务院办公厅转发建设部等部门关于做好稳定住房价格工作意见的通知》（国办发〔2005〕26 号）中规定，禁止商品房预购人将购买的未竣工的预售商品房再行转让。在预售商品房竣工交付、预购人取得房屋权属证书之前，住房和城乡建设管理部门不得为其办理转让等手续；房屋所有权申请人与登记备案的预售合同载明的预购人不一致的，不动产登记机构不得为其办理房屋权属登记手续。实行实名制购房，推行商品房预售合同网上即时备案，防范私下交易行为。《国务院办公厅关于进一步做好房地产市场调控工作有关问题的通知》要求，各直辖市、计划单列城市、省会城市和房价过高、上涨过快的城市，在一定时期内，要从严制定和执行住房限购措施。

五、商品房预售监管

住房和城乡建设部印发的《关于进一步加强房地产市场监管完善商品住房预售制度有关问题的通知》，对加强商品房预售监管作出了明确规定。

（1）严格商品住房预售许可管理。各地要结合当地实际，合理确定商品住房项目预售许可的最低规模和工程形象进度要求，预售许可的最低规模不得小于栋，不得分层、分单元办理预售许可。住房供应不足的地区，要建立商品住房预售许可绿色通道，提高行政办事效率，支持具备预售条件的商品住房项目尽快办理预售许可。

(2) 强化商品住房预售方案管理。房地产开发企业应当按照商品住房预售方案销售商品住房。预售方案应当包括项目基本情况、建设进度安排、预售房屋套数、面积预测及分摊情况、公共部位和公共设施的具体范围、预售价格及变动幅度、预售资金监管落实情况、住房质量责任承担主体和承担方式、住房能源消耗指标和节能措施等。预售方案中主要内容发生变更的，应当报主管部门备案并公示。

(3) 完善预售资金监管机制。各地要加快完善商品住房预售资金监管制度。尚未建立监管制度的地方，要加快制定本地区商品住房预售资金监管办法。商品住房预售资金要全部纳入监管账户，由监管机构负责监管，确保预售资金用于商品住房项目工程建设；预售资金可按建设进度进行核拨，但必须留有足够的资金保证建设工程竣工交付。

(4) 严格预售商品住房退房管理。商品住房严格实行购房实名制，认购后不得擅自更改购房者姓名。各地要规范商品住房预订行为，对可售房源预订次数作出限制规定。购房人预订商品住房后，未在规定时间内签订预售合同的，预订应予以解除，解除的房源应当公开销售。已签订商品住房买卖合同并网上备案、经双方协商一致需解除合同的，双方应递交申请并说明理由，所退房源应当公开销售。

预售的商品房交付使用之日起 90 日内，承购人应当依法到登记机构办理权属登记手续。开发企业应当予以协助，并提供必要的证明文件。

由于房地产开发企业的原因，承购人未能在房屋交付使用之日起 90 日内取得房屋权属证书的，除房地产开发企业和承购人有特殊约定外，房地产开发企业应当承担违约责任。

六、违反商品房预售许可行为的处罚

房地产开发企业未取得商品房预售许可证预售商品房的，依照《城市房地产开发经营管理条例》《城市商品房预售管理办法》的有关规定给予处罚。

违反法律法规规定，擅自预售商品房的，由县级以上人民政府房地产开发主管部门责令停止违法行为，没收违法所得，可以并处已收取的预付款 1%以下的罚款。房地产开发企业不按规定使用商品房预售款项的，由住房和城乡建设管理部门责令限期纠正，并可处以违法所得 3 倍以下但不超过 3 万元的罚款。

房地产开发企业隐瞒有关情况，提供虚假材料，或者采用欺骗、贿赂等不正当手段取得商品房预售许可的，由住房和城乡建设管理部门责令停止预售，撤销商品房预售许可，并处3万元罚款。

第二节　商品房现售管理

商品房现售是指房地产开发企业将竣工验收合格的商品房出售给买受人，并由买受人支付房款的行为。

一、商品房现售的具体规定

商品房现售应当符合以下条件：

（1）现售商品房的房地产开发企业应当具有企业法人营业执照和房地产开发企业资质证书；

（2）取得土地使用权证书或使用土地的批准文件；

（3）持有建设工程规划许可证和施工许可证；

（4）已通过竣工验收；

（5）拆迁安置已经落实；

（6）供水、供电、供热、燃气、通信等配套设施具备交付使用条件，其他配套基础设施和公共设施具备交付使用条件或已确定施工进度和交付日期；

（7）物业管理方案已经落实。

房地产开发企业应当在商品房现售前将房地产开发项目手册及符合商品房现售条件的有关证明文件报送房地产开发主管部门备案。

二、商品房销售代理

商品房销售代理，是指房地产开发企业或其他房地产拥有者将商品房销售业务委托给依法设立并取得营业执照的房地产经纪机构代为销售的经营方式。以现售商品房为例，商品房销售代理有委托一家房地产经纪机构独家代理和委托多家房地产经纪机构联合代理两种模式，其中独家代理最为常见。

（1）实行销售代理必须签订委托合同。房地产权利人应当与受托房地产经纪机构订立书面委托合同，委托合同应当载明委托期限、委托权限以及委托人和受托人的权利、义务。受托房地产经纪机构销售商品房时，应当向商品房买受人出示商品房的有关证明文件和商品房销售委托书。

（2）受托房地产经纪机构销售商品房时，应当如实向买受人介绍所代理销售商品房的有关情况。受托房地产经纪机构不得代理销售不符合销售条件的商品房。

(3) 房地产经纪机构的收费。受托房地产经纪机构在代理销售商品房时，不得收取佣金以外的其他费用。

(4) 房地产销售人员的专业培训。房地产专业性强、涉及的法律法规多，对房地产销售人员具有一定的要求。房地产销售人员一般需经过专业培训，达到一定的水平，方可从事商品房的销售业务。

【例题 4-2】 房地产经纪机构从事商品房销售代理业务的要求有(　　)。

A. 与委托方签订委托合同

B. 如实向买受人介绍代售商品房情况

C. 按合同约定收取佣金

D. 向购买人出示商品房销售委托书

E. 根据代售商品房业务量多少收取其他费用

参考答案：ABCD

三、商品房销售中禁止的行为

《商品房销售管理办法》规定，商品房销售中禁止以下行为：

(1) 房地产开发企业不得在未解除商品房买卖合同前，将作为合同标的物的商品房再行销售给他人；

(2) 房地产开发企业不得采取返本销售或者变相返本销售的方式销售商品房，不得采取售后包租或者变相售后包租的方式销售未竣工商品房；

(3) 房地产开发企业不得销售不符合商品房销售条件的商品房，不得向买受人收取任何预订款性质费用；

(4) 商品住宅按套销售，不得分割拆零销售。

对虚构买卖合同，囤积房源；发布不实价格和销售进度信息，恶意哄抬房价，诱骗消费者争购；不履行开工时间、竣工时间、销售价格和套型面积控制性项目建设要求的，当地住房和城乡建设管理部门要将以上行为记入房地产企业信用档案，公开予以曝光。对一些情形严重、性质恶劣的，住房和城乡建设部会同有关部门要及时依法从严处罚，并向社会公布。

四、违规销售行为的处罚

(1) 未取得营业执照，擅自销售商品房的，由县级以上人民政府市场监督管理部门依照《城市房地产开发经营管理条例》的规定处罚。

（2）未取得房地产开发企业资质证书，擅自销售商品房的，责令停止销售活动，处 5 万元以上 10 万元以下的罚款。

（3）在未解除商品房买卖合同前，将作为合同标的物的商品房再行销售给他人的，处以警告，责令限期改正，并处 2 万元以上 3 万元以下罚款；构成犯罪的，依法追究刑事责任。

（4）房地产开发企业将未组织竣工验收、验收不合格或者对不合格按合格验收的商品房擅自交付使用的，按照《建设工程质量管理条例》的规定处罚。

（5）房地产开发企业未按规定将测绘成果或者需要由其提供的办理房屋权属登记的资料报送房地产行政主管部门的，处以警告，责令限期改正，并可处以 2 万元以上 3 万元以下罚款。

（6）房地产开发企业在销售商品房中有下列行为之一的，处以警告，责令限期改正，并可处以 1 万元以上 3 万元以下罚款：

① 未按照规定的现售条件现售商品房的；

② 未按照规定在商品房现售前将房地产开发项目手册及符合商品房现售条件的有关证明文件报送房地产开发主管部门备案的；

③ 返本销售或者变相返本销售商品房的；

④ 采取售后包租或者变相售后包租方式销售未竣工商品房的；

⑤ 分割拆零销售商品住宅的；

⑥ 不符合商品房销售条件，向买受人收取预订款性质费用的；

⑦ 未按照规定向买受人明示《商品房销售管理办法》《商品房买卖合同示范文本》《城市商品房预售管理办法》的；

⑧ 委托没有资格的机构代理销售商品房的。

（7）房地产经纪机构代理销售不符合销售条件的商品房的，处以警告，责令停止销售，并可处以 2 万元以上 3 万元以下罚款。

第三节　商品房买卖合同

一、商品房买卖合同概述

（一）商品房买卖合同示范文本

1. 商品房买卖合同示范文本修订概况

为加强房地产市场管理，进一步规范商品房交易行为，保障交易当事人的合法权益，切实维护公平公正的商品房交易秩序，2014 年住房和城乡建设部、国家工商行政管理总局对2000年颁布的《商品房买卖合同示范文本》GF—2000—0171进行了修订，颁发了《关于印发〈商品房买卖合同示范文本〉的通知》，要求从2014年4月9日起使用新的《商品房买卖合同（预售）示范文本》GF—2014—0171、《商品房买卖合同（现售）示范文本》GF—2014—0172。示范文本根据商品房预售和现售的不同特点，设置更多和更为细致的提示性条款，提示买卖双方签订合同并履约。《商品房买卖合同（预售）示范文本》适用于正在建设中且已取得商品房预售许可证的商品房买卖；《商品房买卖合同（现售）示范文本》适用于已竣工验收合格的商品房买卖。其中，已竣工验收合格，并经实际测量，房地产开发企业完成房屋初始登记的房屋买卖也在商品房现售范围内。由于对于现售的规定不同，各地可结合本地实际情况对合同进行调整。此外，经济适用住房等保障性住房及车位（库）等特殊房屋的买卖，也可参照以上示范文本签订。

示范文本主要采取了章节式体例，包括封面、目录、说明、专业术语解释和合同主条款及附件，并对合同相关条款进行归类，整体框架更为清晰，更加突出其示范性。

2. 商品房买卖合同的主要内容

《商品房买卖合同（预售）示范文本》包括10章29条内容，并设11个合同附件。《商品房买卖合同（预售）示范文本》具体内容主要有：合同当事人、商品房基本状况、商品房价款、商品房交付条件与交付手续、面积差异处理方式、规划设计变更、商品房质量及保修责任、合同备案与房屋登记、前期物业管理和其他事项。合同附件内容包括：房屋平面图，该商品房共用部位的具体说明，抵押权人同意该商品房转让的证明及抵押相关约定，该商品房价款的计价方式、总价款、付款方式及期限的具体约定，本项目内相关设施设备的具体约定，装饰装修及相关设备标准的约定，保修范围、保修期限和保修责任的约定，质量担保的证明，前期物业管理的约定，出卖人关于遮挡或妨碍房屋正常使用情况的说明和补充协议等。

《商品房买卖合同（现售）示范文本》包括8章26条内容，并设12个合同附件。《商品房买卖合同（现售）示范文本》具体内容主要有：合同当事人、商品房基本状况、商品房价款、商品房交付条件与交付手续、商品房质量及保修责任、房屋登记、物业管理和其他事项。合同附件内容包括：房屋平面图，该商品房共用部位的具体说明，抵押权人同意该商品房转让的证明及抵押相关约定，出卖人提供的承租人放弃优先购买权的声明，该商品房价款的计价方式、总价款、付款方式及期限的具体约定，本项目内相关设施设备的具体约定，装饰装修及相关设备标准的约定，保修范围、保修期限和保修责任的约定，质量担保的证明，物业管理的约定，出卖人关于遮挡或妨碍房屋正常使用情况的说明和补充协议等。

商品房预售与现售的交易过程和合同约定内容大体一致，不同之处主要体现在：①现售合同针对商品房可能已经出租的情形，就承租人是否放弃优先购买权进行约定；②现售合同不包含面积确认及面积差异处理，规划、设计变更，预售合同登记备案等内容。

3. 商品房买卖合同修订强调的内容

（1）强化了交付的具体条件，并增加查验房屋环节，既有针对法定要件的格式条款，也鼓励双方当事人针对功能性事项进行细致约定。

（2）对商品房质量问题进行了归纳分类，并将“表面瑕疵类质量问题是否修复完好”作为商品房交付的一项要件。

（3）引入质量担保条款，通过第三方兜底，保证买受人对于商品房保修权利的享有。

（4）增加抵押条款，以实现转让抵押财产后各相关方合法权益的有效保护。

（5）规范了销售、使用行为。特别增加一条提示性约定，即出卖人无权处分“依法或者依规划属于买受人共有的共用部位和设施”。

（6）统一和明确了合同解除情况下的违约金计算方式。

（7）为提示买受人关注预售资金监管相关信息，增加了预售资金监管机构、账户名称及账号等提示性约定。

（8）合同中明确有关信息保护条款，增加了出卖人及其代理人对买受人及其代理人负有信息安全的义务。

（二）计价方式

商品房销售价格由当事人协商议定。商品房销售可以按套（单元）计价，也可以按套内建筑面积计价或按建筑面积计价三种方式进行。但是，产权登记按建筑面积登记，按套、套内建筑面积计价并不影响用建筑面积进行产权登记。

商品房建筑面积由套内建筑面积和分摊的共有建筑面积组成，套内建筑面积部分为独立产权，分摊的共有建筑面积部分为共有产权，买受人按照法律、法规的规定对其享有权利，承担责任。按套（单元）计价或者按套内建筑面积计价的，商品房买卖合同中应当注明建筑面积和分摊的共有建筑面积。

按套（单元）计价的现售房屋，当事人对现售房屋实地勘察后可以在合同中直接约定总价款。按套（单元）计价的预售房屋，房地产开发企业应当在合同中附所售房屋的平面图。平面图应当标明详细尺寸，并约定误差范围。房屋交付时，套型与设计图纸一致，相关尺寸也在约定的误差范围内，维持总价款不变；套型与设计图纸不一致或者相关尺寸超出约定的误差范围，合同中未约定处理方式的，买受人可以退房或者与房地产开发企业重新约定总价款。买受人退房的，由房地产开发企业承担违约责任。

【例题 4-3】根据《商品房销售管理办法》，按套计价的房屋，应在合同中附所售房屋的房地产图是(　　)。

A. 示意图　　　　B. 平面图

C. 施工图　　　　D. 效果图

参考答案：B

（三）面积误差的处理方式

按套内建筑面积或者建筑面积计价的，当事人应当在合同中载明合同约定面积与产权登记面积发生误差的处理方式。合同未作约定的，根据《商品房销售管理办法》按以下原则处理：

（1）面积误差比绝对值在3%以内（含3%）的，据实结算房价款。

（2）面积误差比绝对值超出3%时，买受人有权退房。买受人退房的，房地产开发企业应当在买受人提出退房之日起30日内将买受人已付房价款退还给买受人，同时支付已付房价款利息。买受人不退房的，产权登记面积大于合同约定面积时，面积误差比在3%以内（含3%）部分的房价款由买受人补足；超出3%部分的房价款由房地产开发企业承担，产权归买受人。产权登记面积小于合同约定面积时，面积误差比绝对值在3%以内（含3%）部分的房价款由房地产开发企业返还买受人；绝对值超出3%部分的房价款由房地产开发企业双倍返还买受人。

$$面积误差比 = \frac{产权登记面积 - 合同约定面积}{合同约定面积} \times 100\%$$

举例：王某向甲房地产开发企业预购了1套建筑面积为$90m^2$的商品住房，单价为6 000元/m^2，预售合同中未对房屋面积误差作出约定，商品住房实测建筑面积为$93m^2$。合同约定面积为$90m^2$，3%的面积误差为$2.70m^2$，王某所购房屋的面积误差比为3.33%，王某有权退房。如果王某选择不退房，则王某实际支付房款55.62万元。计其算公式为：

$$6\ 000 元/m^2 \times 90m^2 \times (1 + 3\%) = 556\ 200(元)$$

（四）中途变更规划、设计

房地产开发企业应当按照批准的规划、设计建设商品房。商品房销售后，房地产开发企业不得擅自变更规划、设计。经规划部门批准的规划变更、设计单位同意的设计变更导致商品房的结构形式、户型、空间尺寸、朝向变化，以及出现合同当事人约定的其他影响商品房质量或者使用功能情形的，房地产开发企业应当在变更确立之日起10日内，书面通知买受人。买受人有权在通知到达之日起15日内作出是否退房的书面答复。买受人在通知到达之日起15日内未作出书面答复的，视同接受规划、设计变更以及由此引起的房价款的变更。房地产开发企业未在规定时限内通知买受人的，买受人有权退房；买受人退房的，由房地产开发企业承担违约责任。

举例：甲房地产开发企业（以下简称甲企业）以出让方式取得某住宅项目用地，唐某预购了该项目一套住宅。在预售过程中，甲企业报请城市规划管理部门批准更改了原规划。甲企业应当自变更确立之日起10日内，书面通知唐某，否则唐某有权选择退房，且应由甲企业承担违约责任。规划、设计变更导致商品房状况变化，唐某必须在变更通知到达之日起15日内作出是否退房的书面答复，否则视同接受。

（五）保修责任

房地产开发企业应当对所售商品房承担质量保修责任。

当事人应当在合同中就保修范围、保修期限、保修责任等内容作出约定。保修期从交付之日起计算。

二、商品房买卖合同纠纷案件审理的司法解释

《最高人民法院关于审理商品房买卖合同纠纷案件适用法律若干问题的解释》对商品房买卖合同纠纷案件审理作了以下规定。

（1）该解释所称的商品房买卖合同，是指房地产开发企业（以下统称为出卖人）将尚未建成或者已竣工的房屋向社会销售并转移房屋所有权于买受人，买受人支付价款的合同。

（2）出卖人未取得商品房预售许可证明，与买受人订立的商品房预售合同，应当认定无效，但是在起诉前取得商品房预售许可证明的，可以认定有效。

（3）商品房的销售广告和宣传资料为要约邀请，但是出卖人就商品房开发规划范围内的房屋及相关设施所作的说明和允诺具体确定，并对商品房买卖合同的订立以及房屋价格的确定有重大影响的，构成要约。该说明和允诺即使未载入商品房买卖合同，亦应当视为合同内容，当事人违反的，应当承担违约责任。

（4）出卖人通过认购、订购、预订等方式向买受人收受定金作为订立商品房

买卖合同担保的，如果因当事人一方原因未能订立商品房买卖合同，应当按照法律关于定金的规定处理；因不可归责于当事人双方的事由，导致商品房买卖合同未能订立的，出卖人应当将定金返还买受人。

（5）商品房的认购、订购、预订等协议具备《商品房销售管理办法》第十六条规定的商品房买卖合同的主要内容，并且出卖人已经按照约定收受购房款的，该协议应当认定为商品房买卖合同。

（6）当事人以商品房预售合同未按照法律、行政法规规定办理登记备案手续为由，请求确认合同无效的，不予支持。

当事人约定以办理登记备案手续为商品房预售合同生效条件的，从其约定，但当事人一方已经履行主要义务，对方接受的除外。

（7）买受人以出卖人与第三人恶意串通，另行订立商品房买卖合同并将房屋交付使用，导致其无法取得房屋为由，请求确认出卖人与第三人订立的商品房买卖合同无效的，应予支持。

（8）对房屋的转移占有，视为房屋的交付使用，但当事人另有约定的除外。

房屋毁损、灭失的风险，在交付使用前由出卖人承担，交付使用后由买受人承担；买受人接到出卖人的书面交房通知，无正当理由拒绝接收的，房屋毁损、灭失的风险自书面交房通知确定的交付使用之日起由买受人承担，但法律另有规定或者当事人另有约定的除外。

（9）因房屋主体结构质量不合格不能交付使用，或者房屋交付使用后，房屋主体结构质量经核验确属不合格，买受人请求解除合同和赔偿损失的，应予支持。

（10）因房屋质量问题严重影响正常居住使用，买受人请求解除合同和赔偿损失的，应予支持。

交付使用的房屋存在质量问题，在保修期内，出卖人应当承担修复责任；出卖人拒绝修复或者在合理期限内拖延修复的，买受人可以自行或者委托他人修复。修复费用及修复期间造成的其他损失由出卖人承担。

（11）根据《民法典》第五百六十三条的规定，出卖人迟延交付房屋或者买受人迟延支付购房款，经催告后在3个月的合理期限内仍未履行，解除权人请求解除合同的，应予支持，但当事人另有约定的除外。

法律没有规定或者当事人没有约定，经对方当事人催告后，解除权行使的合理期限为3个月。对方当事人没有催告的，解除权人自知道或者应当知道解除事由之日起1年内行使。逾期不行使的，解除权消灭。

（12）当事人以约定的违约金过高为由请求减少的，应当以违约金超过造成的损失30%为标准适当减少；当事人以约定的违约金低于造成的损失为由请求增加的，应当以违约造成的损失确定违约金数额。

(13) 商品房买卖合同没有约定违约金数额或者损失赔偿额计算方法，违约金数额或者损失赔偿额可以参照以下标准确定：

逾期付款的，按照未付购房款总额，参照中国人民银行规定的金融机构计收逾期贷款利息的标准计算；

逾期交付使用房屋的，按照逾期交付使用房屋期间有关主管部门公布或者有资格的房地产估价机构评定的同地段同类房屋租金标准确定。

(14) 由于出卖人的原因，买受人在下列期限届满未能取得不动产权属证书的，除当事人有特殊约定外，出卖人应当承担违约责任：

① 商品房买卖合同约定的办理不动产登记的期限；

② 商品房买卖合同的标的物为尚未建成房屋的，自房屋交付使用之日起90日；

③ 商品房买卖合同的标的物为已竣工房屋的，自合同订立之日起90日。

合同没有约定违约金或者损失数额难以确定的，可以按照已付购房款总额，参照中国人民银行规定的金融机构计收逾期贷款利息的标准计算。

(15) 商品房买卖合同约定或者《城市房地产开发经营管理条例》规定的办理不动产登记的期限届满后超过1年，由于出卖人的原因，导致买受人无法办理不动产登记，买受人请求解除合同和赔偿损失的，应予支持。

(16) 出卖人与包销人订立商品房包销合同，约定出卖人将其开发建设的房屋交由包销人以出卖人的名义销售的，包销期满未销售的房屋，由包销人按照合同约定的包销价格购买，但当事人另有约定的除外。

(17) 出卖人自行销售已经约定由包销人包销的房屋，包销人请求出卖人赔偿损失的，应予支持，但当事人另有约定的除外。

(18) 对于买受人因商品房买卖合同与出卖人发生的纠纷，人民法院应当通知包销人参加诉讼；出卖人、包销人和买受人对各自的权利义务有明确约定的，按照约定的内容确定各方的诉讼地位。

(19) 商品房买卖合同约定，买受人以担保贷款方式付款、因当事人一方原因未能订立商品房担保贷款合同并导致商品房买卖合同不能继续履行的，对方当事人可以请求解除合同和赔偿损失。因不可归责于当事人双方的事由未能订立商品房担保贷款合同并导致商品房买卖合同不能继续履行的，当事人可以请求解除合同，出卖人应当将收受的购房款本金及其利息或者定金返还买受人。

（20）因商品房买卖合同被确认无效或者被撤销、解除，致使商品房担保贷款合同的目的无法实现，当事人请求解除商品房担保贷款合同的，应予支持。

（21）以担保贷款为付款方式的商品房买卖合同的当事人一方请求确认商品房买卖合同无效或者撤销、解除合同的，如果担保权人作为有独立请求权第三人提出诉讼请求，应当与商品房担保贷款合同纠纷合并审理；未提出诉讼请求的，仅处理商品房买卖合同纠纷。担保权人就商品房担保贷款合同纠纷另行起诉的，可以与商品房买卖合同纠纷合并审理。

商品房买卖合同被确认无效或者被撤销、解除后，商品房担保贷款合同也被解除的，出卖人应当将收受的购房贷款和购房款的本金及利息分别返还担保权人和买受人。

（22）买受人未按照商品房担保贷款合同的约定偿还贷款，亦未与担保权人办理不动产抵押登记手续，担保权人起诉买受人，请求处分商品房买卖合同项下买受人合同权利的，应当通知出卖人参加诉讼；担保权人同时起诉出卖人时，如果出卖人为商品房担保贷款合同提供保证的，应当列为共同被告。

（23）买受人未按照商品房担保贷款合同的约定偿还贷款，但是已经取得不动产权属证书并与担保权人办理了不动产抵押登记手续，抵押权人请求买受人偿还贷款或者就抵押的房屋优先受偿的，不应当追加出卖人为当事人，但出卖人提供保证的除外。

（24）《城市房地产管理法》施行后订立的商品房买卖合同发生的纠纷案件，该解释公布施行后尚在一审、二审阶段的，适用该解释。

《城市房地产管理法》施行后订立的商品房买卖合同发生的纠纷案件，在该解释公布施行前已经终审，当事人申请再审或者按照审判监督程序决定再审的，不适用该解释。

《城市房地产管理法》施行前发生的商品房买卖行为，适用当时的法律、法规和《最高人民法院〈关于审理房地产管理法施行前房地产开发经营案件若干问题的解答〉》。

【例题 4-4】经买受人催告，房地产开发企业仍无法交付房屋的，在双方无特有约定的情况下，买受人行使合同解除权的合理期限是（　　）。

A. 1 个月　　B. 3 个月

C. 6 个月　　D. 1 年

参考答案：B

第四节　新建商品房售后质量管理

一、房地产开发项目的质量责任制度

（一）房地产开发企业对其开发项目的质量责任要求

《城市房地产开发经营管理条例》规定，房地产开发企业开发建设的房地产项目，应当符合有关法律、法规的规定和建筑工程质量、安全标准，建筑工程勘察、设计、施工的技术规范以及合同的约定。房地产开发企业应当对其开发建设的房地产开发项目的质量承担责任。勘察、设计、施工、监理等单位应当依照有关法律、法规的规定或者合同的约定，承担相应的责任。

房地产开发企业作为房地产项目建设和营销的主体，是整个活动的组织者。尽管在建设环节许多工作都由勘察设计、施工等单位承担，出现质量责任可能是由于勘察设计、施工或者材料供应商的行为，但房地产开发企业是组织者，其他所有参与单位都是房地产开发企业选择的，都和房地产开发企业发生合同关系，出现问题也应当由房地产开发企业与责任单位协调。

房地产开发企业开发建设的房地产项目，必须要经过工程建设环节，必须符合《建筑法》及建筑方面的相关法律规定，符合工程勘察、设计、施工等方面的技术规范，符合工程质量、工程安全方面的相关规定和技术标准，这是对房地产开发项目在建设过程中的基本要求，同时还要严格遵守合同的约定。

（二）对质量不合格的房地产开发项目的处理方式

房屋主体结构质量涉及房地产开发企业，工程勘察、设计单位，施工单位，监理单位，材料供应部门等，房屋主体结构质量的优劣直接影响房屋的合理使用和购房者的生命财产安全。房屋竣工后，必须经验收合格后方可交付使用。商品房交付使用后，购买人认为主体结构质量不合格的，可以向工程质量监督单位申请重新核验。经核验，确属主体结构质量不合格的，购买人有权退房，给购买人造成损失的，房地产开发企业应当依法承担赔偿责任。这样规定主要是为了保护购买商品房的消费者合法权益。

房地产开发项目质量不合格处理中应当注意以下几个问题：一是购房人在商品房交付使用之后发现质量问题，这里的交付使用之后，是指办理了交付使用手续之后，可以是房屋所有权证办理之前，也可以是房屋所有权证办理完备之后。主体结构质量问题与使用时间关系不大，主要是设计和施工原因造成的，因而，只要在合理的使用年限内，属于主体结构的问题，都可以申请工程质量监督部门认定，房屋主体结构不合格的，均可申请退房。二是确属主体结构质量不合格的，而不是一般性的质量问题。房屋质量问题有很多种，一般性的质量问题主要通过质量保修解决，而不是退房。三是必须向工程质量监督部门申请重新核验，以工程质量监督部门核验的结论为依据。这里的质量监督部门是指专门进行质量验收的质量监督站，其他单位的核验结果不能作为退房的依据。四是对给购房人造成的损失应当有合理的界定，只应包含直接损失，不应含精神损失等间接性损失。

对于经工程质量监督部门核验，确属房屋主体结构质量不合格的，消费者有权要求退房，终止房屋买卖关系。也有权采取其他办法，如双方协商换房等，选择退房还是换房，权利在消费者。这样规定也是为了保护购买商品房的消费者合法权益。

二、工程竣工验收的程序

（1）工程完工后，施工单位向建设单位提交工程竣工报告，申请工程竣工验收。实行监理的工程，工程竣工报告须经总监理工程师签署意见。

（2）建设单位收到工程竣工报告后，对符合竣工验收要求的工程，组织勘察、设计、施工、监理等单位组成验收组，制定验收方案。对于重大工程和技术复杂工程，根据需要可邀请有关专家参加验收组。

（3）建设单位应当在工程竣工验收7个工作日前将验收的时间、地点及验收组名单书面通知负责监督该工程的工程质量监督机构。

（4）建设单位组织工程竣工验收

① 建设、勘察、设计、施工、监理单位分别汇报工程合同履约情况和在工程建设各个环节执行法律、法规和工程建设强制性标准的情况；

② 审阅建设、勘察、设计、施工、监理单位的工程档案资料；

③ 实地查验工程质量；

④ 对工程勘察、设计、施工、设备安装质量和各管理环节等方面作出全面评价，形成由验收组人员签署的工程竣工验收意见。

参与工程竣工验收的建设、勘察、设计、施工、监理等各方不能形成一致意见时，应当协商提出解决的方法，待意见一致后，重新组织工程竣工验收。

工程竣工验收合格后，建设单位应当及时提出工程竣工验收报告。工程竣工验收报告主要包括工程概况，建设单位执行基本建设程序情况，对工程勘察、设计、施工、监理等方面的评价，工程竣工验收时间、程序、内容和组织形式，工程竣工验收意见等内容。

负责监督该工程的工程质量监督机构应当对工程竣工验收的组织形式、验收程序、执行验收标准等情况进行现场监督，发现有违反建设工程质量管理规定行为的，责令改正，并将对工程竣工验收的监督情况作为工程质量监督报告的重要内容。

三、商品房交付使用管理

(1) 房地产开发企业按期交付符合交付使用条件的商品房。

房地产开发企业应当按照合同约定，将符合交付使用条件的商品房按期交付给买受人。未能按期交付的，房地产开发企业应当承担违约责任。超过合同约定的期限，开发商仍不能交付商品房的，买受人有权解除合同。因不可抗力或者当事人在合同中约定的其他原因，需延期交付的，房地产开发企业应当及时告知买受人。

房地产开发企业销售商品房时设置样板房的，应当说明实际交付的商品房质量、设备及装修与样板房是否一致，未作说明的，实际交付的商品房应当与样板房一致。

(2) 房地产开发企业向买受人提供《住宅质量保证书》和《住宅使用说明书》。

商品房交付使用时，房地产开发企业应当根据规定，向买受人提供《住宅质量保证书》和《住宅使用说明书》，并在合同中就保修范围、保修期限、保修责任等内容作出约定。保修期从交付之日起计算。

(3) 房地产开发企业应当在商品房交付使用前将项目委托具有房产测绘资格的单位实施测绘，测绘成果报房地产行政主管部门审核后用于不动产权属登记。

对于预售房屋来说，《商品房买卖合同》约定的商品房面积是根据设计图纸测出的，商品房建成后的测绘结果与合同中约定的面积数据如果有差异，商品房交付时，房地产开发企业与买受人应对面积差异根据合同载明的方式处理。合同未作约定的，按照《商品房销售管理办法》第二十条规定处理。

(4) 房地产开发企业协助买受人办理土地使用权变更和房屋所有权登记手续。

房地产开发企业应当在商品房交付使用之日起60日内，将需要由其提供的办理不动产权属登记的资料报送房屋所在地房地产行政主管部门。同时房地产开发企业还应当协助商品房买受人办理土地使用权变更和房屋所有权登记手续，并提供必要的证明文件。

四、住宅质量保证和住宅使用说明制度

房地产开发企业应当在商品住房交付使用时，向买受人提供《住宅质量保证

书》和《住宅使用说明书》。

（一）住宅质量保证书

1. 住宅质量保证书的内容

《住宅质量保证书》应当列明工程质量监督部门核验的质量等级、保修范围、保修期和保修单位等内容。房地产开发企业应当按照《住宅质量保证书》的约定，承担商品房保修责任。

保修期内，因房地产开发企业对商品房进行维修，致使房屋原使用功能受到影响，给买受人造成损失的，房地产开发企业应当依法承担赔偿责任。

2. 保修项目和保修期

商品住宅的保修期限不得低于建设工程承包单位向建设单位出具的质量保修书约定保修期的存续期；当存续期短于施工单位对房地产开发企业的最低保修期限时，房地产开发企业对买受人的保修期不得低于下列最低保修期限：

（1）地基基础和主体结构在合理使用寿命年限内承担保修；

（2）屋面防水3年（竣工多年后房屋售出的，房屋建筑工程的最低保修期限已不足3年的，适用此款）；

（3）墙面、厨房和卫生间地面、地下室、管道渗漏1年；

（4）墙面、顶棚抹灰层脱落1年；

（5）地面空鼓开裂、大面积起砂1年；

（6）门窗翘裂、五金件损坏1年；

（7）管道堵塞2个月；

（8）供热、供冷系统和设备1个供暖期或供冷期；

（9）卫生洁具1年；

（10）灯具、电器开关6个月；

（11）其他部位、部件的保修期限，由房地产开发企业与用户自行约定。

非住宅商品房的保修期限不得低于建设工程承包单位向建设单位出具的质量保修书约定保修期的存续期。

在保修期限内发生的属于保修范围的质量问题，房地产开发企业应当履行保修义务，并对造成的损失承担赔偿责任。因不可抗力或者使用不当造成的损失，房地产开发企业不承担责任。保修期自商品住宅交付之日起计算。

（二）住宅使用说明书

《住宅使用说明书》应当对住宅的结构、性能和各部位（部件）的类型、性能、标准等作出说明，并提出使用注意事项，一般应当包含以下内容：

（1）开发单位、设计单位、施工单位，委托监理的应注明监理单位；

（2）结构类型；

（3）装修装饰注意事项；

（4）上水、下水、电、燃气、热力、通信、消防等设施配置的说明；

（5）有关设备、设施安装预留位置的说明和安装注意事项；

（6）门、窗类型，使用注意事项；

（7）配电负荷；

（8）承重墙、保温墙、防水层、阳台等部位注意事项的说明；

（9）其他需说明的问题。

住宅中配置的设备、设施，生产厂家另有使用说明书的，应附于《住宅使用说明书》中。

五、新建商品房质量保修管理

为保护建设单位、施工单位、房屋建筑所有人和使用人的合法权益，维护公共安全和公众利益，根据《建筑法》和《建设工程质量管理条例》，建设部于2000年6月发布了《房屋建筑工程质量保修办法》，适用于在中华人民共和国境内新建、扩建、改建各类房屋建筑工程（包括装修工程）的质量保修。

房屋建筑工程质量保修，是指对房屋建筑工程竣工验收后在保修期限内出现的质量缺陷，予以修复。质量缺陷，是指房屋建筑工程的质量不符合工程建设强制性标准及合同的约定。房屋建筑工程在保修范围和保修期限内出现质量缺陷，施工单位应当履行保修义务。

（一）房屋建筑工程质量保修期限

建设单位和施工单位应当在工程质量保修书中约定保修范围、保修期限和保修责任等，双方约定的保修范围、保修期限必须符合国家有关规定。

《房屋建筑工程质量保修办法》规定，在正常使用条件下，房屋建筑工程的最低保修期限（即施工单位对建设单位的最低保修期限）为：

（1）地基基础工程和主体结构工程，为设计文件规定的该工程的合理使用年限；

（2）屋面防水工程、有防水要求的卫生间、房间和外墙面的防渗漏，为5年；

（3）供热与供冷系统，为2个供暖期、供冷期；

（4）电气系统、给水排水管道、设备安装为2年；

（5）装修工程为2年。

其他项目的保修期限由建设单位和施工单位约定。

房屋建筑工程保修期从工程竣工验收合格之日起计算。

【例题 4-5】 根据《房屋建筑工程质量保修办法》，有防水要求的卫生间和外墙面防水工程的最低保修期限为(　　)年。

A. 3　　　　B. 4

C. 5　　　　D. 6

参考答案：C

（二）房屋建筑工程质量保修责任

（1）房屋建筑工程在保修期限内出现质量缺陷，建设单位或者房屋建筑所有人应当向施工单位发出保修通知。施工单位接到保修通知后，应当到现场核查情况，在保修书约定的时间内予以保修。发生涉及结构安全或者严重影响使用功能的紧急抢修事故，施工单位接到保修通知后，应当立即到达现场抢修。

（2）发生涉及结构安全的质量缺陷，建设单位或者房屋建筑所有人应当立即向当地建设行政主管部门报告，采取安全防范措施；由原设计单位或者具有相应资质等级的设计单位提出保修方案，施工单位实施保修，原工程质量监督机构负责监督。

（3）保修完成后，由建设单位或者房屋建筑所有人组织验收。涉及结构安全的，应当报当地建设行政主管部门备案。

（4）施工单位不按工程质量保修书约定保修的，建设单位可以另行委托其他单位保修，由原施工单位承担相应责任。

（5）保修费用由质量缺陷的责任方承担。

（6）在保修期内，因房屋建筑工程质量缺陷造成房屋所有人、使用人或者第三方人身、财产损害的，房屋所有人、使用人或者第三方可以向建设单位提出赔偿要求。建设单位在赔偿后可以向造成房屋建筑工程质量缺陷的责任方追偿。因保修不及时造成新的人身、财产损害，由造成拖延的责任方承担赔偿责任。

房地产开发企业售出的商品房保修，还应当执行《城市房地产开发经营管理条例》和其他有关规定。

第五节 物 业 管 理

一、物业管理概述

（一）物业的含义

物业是指各类房屋及配套的设施设备和相关场地。各类房屋可以是建筑群，如住宅居住区、建筑综合体、单位整体建筑物、工业区等，也可以是单体建筑，如一幢多层或高层住宅楼、写字楼、商业大厦、星级饭店、停车场等；同时，物业也是单元房地产的称谓，如一个住宅单元。同一宗物业，可以属于一个产权所有者，也可以分属多个产权所有者。配套的设施设备和相关场地，是指为实现建筑物使用功能、与建筑物相配套或为使用者服务的室内外各类设施、设备和与之相邻的场地、道路、庭院等。

（二）物业管理的含义

《物业管理条例》第二条指出："本条例所称物业管理，是指业主通过选聘物业服务企业，由业主和物业服务企业按照物业服务合同约定，对房屋及配套的设施设备和相关场地进行维修、养护、管理，维护物业管理区域内的环境卫生和相关秩序的活动。"物业管理的内涵包括如下几点：①物业管理的管理对象是物业；②物业管理的服务对象是人，即物业所有人（业主）和物业使用人；③物业管理的属性是经营。物业管理通常被视为一种特殊的商品，物业管理所提供的是有偿的无形商品——劳务与服务。

业主，不仅是指房屋所有权人，也是该房屋所处的建筑区划内的建筑物区分所有权人。在物业管理活动中，业主有时是指所有权人个体，有时是指一个集合的概念。物业服务企业，是指依法设立、具有独立法人资格、从事物业管理服务活动的企业。

（三）物业管理的基本内容

按照服务的性质和提供的方式，物业管理的基本内容可分为以下三类。

1. 常规性的公共服务

包括：①房屋建筑主体的管理及房屋装修的日常监督；②房屋设备、设施的管理；③环境卫生的管理；④绿化管理；⑤配合公安和消防部门做好居住区内公共秩序维护和安全防范工作；⑥车辆道路管理；⑦公众代办性质的服务。

2. 针对性的专项服务

包括：①日常生活类；②商业服务类；③文化、教育、卫生、体育类；④金融服务类；⑤经纪代理中介服务；⑥社会服务类。

3. 委托性的特约服务

委托性特约服务是指物业管理企业为了满足业主、物业使用人的个别需求受其委托而提供的服务。通常是指在物业服务合同中未约定、专项服务中未设立，而业主、物业使用人又有该方面需求的服务。常见的特约服务项目包括：①代订代送牛奶、书报；②送病人就医、医疗看护；③代请钟点工、保姆、代做家政服务；④代接代送儿童入托、入园及学生上下学；⑤代购、代送车、船、机票与物品等。

物业服务企业在实施物业管理的上述三类工作中，第一大类是最基本的工作，是必须做好的。同时，应根据自身能力和业主要求，确定第二、第三大类中的具体服务项目与内容，采取灵活多样的经营机制和服务方式，做好物业管理的各项管理与服务工作。

（四）物业管理的目的

物业管理的目的是保障和发挥物业的使用功能，维护业主合法权益，为物业所有人和使用人创造和保持整洁、文明、安全、舒适的生活、工作环境和秩序，最终实现社会、经济、环境三个效益的统一和同步增长，提高城市的现代文明程度，创建和谐社会。

（五）《物业管理条例》确立的基本法律关系

《物业管理条例》的立法指导思想，主要表现在以下三个方面：一是强调保护业主的财产权益，协调单个业主与全体业主的共同利益关系；二是强调业主与物业服务企业是平等的民事主体，是服务和被服务的关系；三是强调业主与物业服务企业通过公平、公开和协商方式处理物业管理事项。

《物业管理条例》确立的基本法律关系，包括以下五种。

1. 业主相互之间的关系

业主是物业管理区域内物业管理的重要责任主体。业主对自己的房屋套内部分独立享有所有权，但离不开楼梯、电梯、供水、供电、供气、中央空调等设施设备这些共用部分，也离不开对建筑物所占土地的共同使用。正由于业主之间这种不可分割的物的关联关系，多个业主之间形成了共同利益，拥有了共同事务。业主通过成立业主大会管理共同事务，维护共同利益。业主大会是物业管理区域内代表和维护全体业主在物业管理活动中的合法权益的组织。业主委员会是业主大会的执行机构。业主大会作出的有效决定，对全体业主具有约束力。

2. 业主与物业服务人之间的关系

业主和物业服务人通过签订物业服务合同，形成了物业服务人提供服务、业主支付相应报酬的等价交换关系。双方的这种民事法律关系建立在主体的平等性和行为的自愿性基础上，不是主与仆、管理与被管理的关系。物业服务合同的订立、变更、终止以及物业服务的内容、质量、费用标准、期限、交接等，也都是在双方自愿的基础上协商一致而达成的。

物业服务合同中的业主，是物业管理区域内的全体业主，是物业服务人的服务对象，是物业服务合同的主体。物业服务人包括物业服务企业和其他管理人，物业服务合同中的物业服务人一般是专门从事物业服务经营活动的物业服务企业。根据《民法典》第九百三十九条和第九百四十条的规定，物业服务合同类型有两种，一种是前期由建设单位依法与物业服务人订立的前期物业服务合同，一种是后期业主委员会与业主大会依法选聘的物业服务人订立的物业服务合同。狭义的物业服务合同仅指后者，也称普通物业服务合同。前期物业服务合同约定的服务期限届满前，后期物业服务合同生效的，前期物业服务合同终止。

3. 房地产开发企业与业主、物业服务人之间的关系

商品房销售是一个逐渐的过程，不可能等到房地产开发企业销售完所有房屋，买受人全部入住，成立业主大会以后，才会选聘物业服务企业实施物业管理服务。因此，房地产开发企业在销售房屋前就要事先选聘物业服务人，业主大会成立后，可以决定续聘或者解聘、重新选聘物业服务企业。房地产开发企业在物业服务活动中的义务是：制定临时管理规约并向买受人明示、住宅物业必须通过招标投标的方式选聘物业服务人、提供必要的物业管理用房、不得擅自处分物业共用部位和共用设施设备、在保修期限和保养范围内承担物业的保修责任等。

4. 供水、供电等单位与业主、物业服务人之间的关系

供水、供电、供气、通信、有线电视等单位应当向最终用户收取有关费用，依法承担物业管理区域内相关管线和设施设备的维修、养护责任。物业服务人接受委托代收上述费用的，不得向业主收取手续费等额外费用。

5. 居民委员会与业主大会、业主委员会的关系

业主大会、业主委员会作出决定应当告知居民委员会，并听取居民委员会的建议。业主大会、业主委员会应当与居民委员会相互协作，共同做好维护物业管理区域内的社会治安等相关工作。业主大会、业主委员会应当积极配合相关居民委员会依法履行自治管理职责。地方人民政府有关部门、居民委员会应当对设立业主大会和选举业主委员会给予指导和协助。

《民法典》第二百八十六条、第二百八十七条规定："业主或者其他行为人拒不履行相关义务的，有关当事人可以向有关行政主管部门报告或者投诉，有关行政主管部门应当依法处理。""业主对建设单位、物业服务企业或者其他管理人以及其他业主侵害自己合法权益的行为，有权请求其承担民事责任。"

二、物业管理的相关制度

与房地产经纪行业相关的物业管理制度有业主大会制度、管理规约制度、物业承接查验制度、住宅专项维修资金制度等。

（一）业主大会制度

1. 业主

房屋的所有权人为业主。在物业管理活动中，业主作为不动产所有权人，不

受国籍限制，也不受其自然人、法人或其他组织的属性限制。

在物业管理活动中，业主基于对房屋的所有权享有对物业和相关共同事务进行管理的权利。这些权利有些由单个业主享有和行使，有些只能通过业主大会来实现。

《物业管理条例》规定业主在物业管理活动中享有的权利包括：

（1）按照物业服务合同的约定，接受物业服务企业提供的服务；

（2）提议召开业主大会会议，并就物业管理的有关事项提出建议；

（3）提出制定和修改管理规约、业主大会议事规则的建议；

（4）参加业主大会会议，行使投票权；

（5）选举业主委员会成员，并享有被选举权；

（6）监督业主委员会的工作；

（7）监督物业服务企业履行物业服务合同；

（8）对物业共用部位、共用设施设备和相关场地使用情况享有知情权和监督权；

（9）监督物业共用部位、共用设施设备专项维修资金（以下简称专项维修资金）的管理和使用；

（10）法律、法规规定的其他权利。

权利和义务是相对应的，业主在物业管理活动中享有一定权利的同时还应当履行一定的义务。

《物业管理条例》规定业主在物业管理活动中应当履行的义务主要有：

（1）遵守管理规约、业主大会议事规则；

（2）遵守物业管理区域内物业共用部位和共用设施设备的使用、公共秩序和环境卫生的维护等方面的规章制度；

（3）执行业主大会的决定和业主大会授权业主委员会作出的决定；

（4）按照国家有关规定交纳专项维修资金；

（5）按时交纳物业服务费用；

（6）法律、法规规定的其他义务。

2. 业主大会

业主大会由物业管理区域内全体业主组成。只有一个业主，或者业主人数较少且经全体业主同意，决定不成立业主大会的，由业主共同履行业主大会、业主委员会职责。业主大会自首次业主大会会议召开之日起成立。

业主大会是物业管理区域内物业管理的最高权力机构，是物业管理的决策机构，代表和维护物业管理区域内全体业主在物业管理活动中的合法权益。《民法典》第二百七十八条规定，下列事项由业主共同决定：

（1）制定和修改业主大会议事规则；

（2）制定和修改管理规约；

（3）选举业主委员会或者更换业主委员会成员；

（4）选聘和解聘物业服务企业或者其他管理人；

（5）使用建筑物及其附属设施的维修资金；

（6）筹集建筑物及其附属设施的维修资金；

（7）改建、重建建筑物及其附属设施；

（8）改变共有部分的用途或者利用共有部分从事经营活动；

（9）有关共有和共同管理权利的其他重大事项。

业主共同决定事项，应当由专有部分面积占比 2/3 以上的业主且人数占比 2/3 以上的业主参与表决。决定上述第（6）项至第（8）项规定的事项，应当经参与表决专有部分面积 3/4 以上的业主且参与表决人数 3/4 以上的业主同意。决定上述其他事项，应当经参与表决专有部分面积过半数的业主且参与表决人数过半数的业主同意。

业主大会会议分为定期会议和临时会议。定期会议应当按照业主大会议事规则的规定召开，一般一年召开一次。经专有部分占建筑物总面积 20%以上且占总人数 20%以上的业主提议的，或发生重大事故或者紧急事件需要及时处理的，或业主大会议事规则或者管理规约规定的其他情况时，业主委员会应当组织召开业主大会临时会议。

3. 业主委员会

业主委员会是业主大会的执行机构，由业主大会选举产生。业主大会和业主委员会并存，业主决策机构和执行机构分离，业主委员会向业主大会负责。

业主大会应当在首次会议召开时选举产生业主委员会。一个物业管理区域应当成立一个业主委员会，人数为 5～11 人的单数。业主委员会成员应当由热心公益事业、责任心强、具有一定组织能力和必要工作时间的业主担任。

业主委员会执行业主大会的决定，履行以下职责：

（1）召集业主大会会议，报告物业管理的实施情况；

（2）代表业主与业主大会选聘的物业服务企业签订物业服务合同；

（3）及时了解业主、物业使用人的意见和建议，监督和协助物业服务企业履行物业服务合同；

（4）监督管理规约的实施；

（5）业主大会赋予的其他职责。

（二）管理规约制度

1. 管理规约

管理规约是由全体业主共同制定的，规定业主在物业管理区域内有关物业使用、维护、管理等涉及业主共同利益事项的，对全体业主具有普遍约束力的自律性规范，一般以书面形式订立。

共同财产和共同利益是业主之间建立联系的基础，业主共同财产的管理和共同利益的平衡，需要通过民主协商的机制来实现，管理规约集中体现了经民主协商所确立的全体业主均需遵守的规则。因此，管理规约就是物业管理区域内全体业主建立的共同契约，按照少数服从多数的原则解决存在的分歧。

管理规约的内容主要包括五个方面。

（1）有关物业的使用、维护、管理。如业主使用其自有物业和物业管理区域内共用部分、共用设备设施以及相关场地的约定；业主对物业管理区域内公共建筑和共用设施使用的有关规程；业主对自有物业进行装饰装修时应当遵守的规则等。

（2）业主不得违反法律、法规以及管理规约，将住宅改变为经营性用房。业主将住宅改变为经营性用房的，除遵守法律、法规以及管理规约外，应当经有利害关系的业主一致同意。

（3）业主的共同利益。如对物业共用部位、共用设施设备的使用和保护，利用物业共用部位获得收益的分配；对公共秩序、环境卫生的维护等。

（4）业主应当履行的义务。如遵守物业管理区域内物业共用部位和共用设施设备的使用、公共秩序和环境卫生的维护等方面的规章制度；按照国家有关规定交纳专项维修资金；按时交纳物业服务费用；不得擅自改变建筑物及其设施设备的结构、外貌、设计用途，不得违反规定存放易燃、易爆、剧毒、放射性等物品；不得违反规定饲养家禽、宠物；不得随意停放车辆和鸣放喇叭等。

（5）违反规约应当承担的责任。业主不履行管理规约义务要承担民事责任，以支付违约金和赔偿损失为主要的承担责任方式。在违约责任中还要明确解决争议的办法，如通过业主委员会或者物业服务企业调解和处理等，业主不服调解和处理的，可通过诉讼渠道解决。

管理规约对物业管理区域内的全体业主具有约束力。应当注意的是，管理规约对物业使用人也发生法律效力；对物业的继受人（即新业主）自动产生效力。

2. 临时管理规约

《物业管理条例》要求，建设单位在销售物业之前，应当制定临时管理规约，对有关物业的使用、维护、管理，业主的共同利益，业主应当履行的义务，以及违反临时规约应当承担的责任等事项依法作出约定。

通常情况下，订立管理规约是业主之间的共同行为，由业主大会筹备组草拟，经首次业主大会会议审议通过。然而，业主的入住是一个逐渐的过程，物业建成后业主大会并不能立即成立。但这一阶段，物业的使用、维护、管理也需要有一个业主共同遵守的准则。因此，管理规约在物业买受人购买物业时就须存在，这种在业主大会制定管理规约之前存在的管理规约，称为临时管理规约。

临时管理规约一般由建设单位在出售物业之前预先制定。实践中，建设单位一般将临时管理规约作为物业买卖合同的附件，或者在物业买卖合同中有明确要求物业买受人遵守临时管理规约的条款，通过这种方式让物业买受人作出遵守临时管理规约的承诺。

（三）物业承接验收制度

1. 物业承接验收的含义

《物业管理条例》第二十八条规定："物业服务企业承接物业时，应当对物业共同部位、共用设施设备进行查验。"物业的承接验收，是指物业服务企业承接房地产开发企业、公有房屋出售单位、业主委员会委托管理的新建房屋或者原有房屋时，以物业主体结构安全和满足使用功能为主要内容的再检验。

物业服务企业承接物业时，应当与业主委员会办理物业验收手续，在完成承接验收后，物业就移交物业服务企业管理。

2. 物业承接验收的原则

物业承接验收应当遵循诚实信用、客观公正、权责分明以及保护业主共有财产的原则。

3. 物业承接验收应移交的材料

在办理物业承接验收手续时，建设单位应当向物业服务企业移交下列资料：

（1）竣工总平面图，单体建筑、结构、设备竣工图，配套设施、地下管网工程竣工图等竣工验收资料；

（2）设施设备的安装、使用和维护保养等技术资料；

（3）物业质量保修文件和物业使用说明文件；

（4）物业管理所必需的其他资料。

物业服务企业应当在前期物业服务合同终止时将上述资料移交给业主委员会。

4. 物业承接验收的一般程序

（1）确定物业承接查验方案；

（2）移交有关图纸资料；

(3) 查验共用部位、共用设施设备;

(4) 解决验收发生的问题;

(5) 确认现场验收结果;

(6) 签订物业承接验收协议;

(7) 办理物业交接手续。

(四) 住宅专项维修资金制度

《物业管理条例》第五十三条规定:“住宅物业、住宅小区内的非住宅物业或者与单幢住宅楼结构相连的非住宅物业的业主,应当按照国家有关规定交纳专项维修资金。”《民法典》第二百八十一条规定:“建筑物及其附属设施的维修资金,属于业主共有。经业主共同决定,可以用于电梯、屋顶、外墙、无障碍设施等共有部分的维修、更新和改造。建筑物及其附属设施的维修资金的筹集、使用情况应当定期公布。紧急情况下需要维修建筑物及其附属设施的,业主大会或者业主委员会可以依法申请使用建筑物及其附属设施的维修资金。”专项维修资金收取、使用、管理的办法由国务院建设行政主管部门会同国务院财政部门制定。根据相关法律、行政法规,2007 年 12 月 4 日,建设部、财政部联合签署《住宅专项维修资金管理办法》,自 2008 年 2 月 1 日起施行。

1. 住宅专项维修资金概念、性质和用途

住宅专项维修资金,是指专项用于住宅共用部位、共用设施设备保修期满后的维修和更新、改造的资金。住宅共用部位,是指根据法律、法规和房屋买卖合同,由单幢住宅内业主或者单幢住宅内业主及与之结构相连的非住宅业主共有的部位,一般包括:住宅的基础、承重墙体、柱、梁、楼板、屋顶以及户外的墙面、门厅、楼梯间、走廊通道等。共用设施设备,是指根据法律、法规和房屋买卖合同,由住宅业主或者住宅业主及有关非住宅业主共有的附属设施设备,一般包括电梯、天线、照明、消防设施、绿地、道路、路灯、沟渠、池、井、非经营性车场车库、公益性文体设施和共用设施设备使用的房屋等。

业主交存的住宅专项维修资金属于业主所有。从公有住房售房款中提取的住宅专项维修资金属于公有住房售房单位所有。

2. 住宅专项维修资金的交存

(1) 交存范围。根据《住宅专项维修资金管理办法》规定,交存住宅专项维修资金的范围包括:住宅,但一个业主所有且与其他物业不具有共用部位、共用设施设备的除外;住宅小区内的非住宅或者住宅小区外与单幢住宅结构相连的非住宅。属上述范围的,出售的公有住房,售房单位也应当交存住宅专项维修资金。

（2）交存标准。商品住宅的业主、非住宅的业主按照所拥有物业的建筑面积交存住宅专项维修资金，每平方米建筑面积交存首期住宅专项维修资金的数额为当地住宅建筑安装工程每平方米造价的5%～8%。直辖市、市、县人民政府房地产管理部门应当根据本地区情况，合理确定、公布每平方米建筑面积交存首期住宅专项维修资金的数额，并适时调整。

出售的公有住房交存住宅专项维修资金的标准为：业主按照所拥有物业的建筑面积交存住宅专项维修资金，每平方米建筑面积交存首期住宅专项维修资金的数额为当地房改成本价的2%；售房单位按照多层住宅不低于售房款的20%、高层住宅不低于售房款的30%，从售房款中一次性提取住宅专项维修资金。

住宅专项维修资金的存储利息，利用住宅专项维修资金购买国债的增值收益，住宅共用设施设备报废后回收的残值，利用住宅共用部位、共用设施设备进行经营的业主所得收益除业主大会另有决定外，都应当转入住宅专项维修资金滚存使用。

【例题4-6】根据《住宅专项维修资金管理办法》规定，交存住宅专项维修资金的范围包括（　　）。

A. 住宅

B. 住宅小区内非住宅

C. 出售的公有住房

D. 一个业主所有且其他物业不具有的部位

E. 一个业主所有且其他物业不具有的共用设施设备

参考答案：ABC

3. 住宅专项维修资金的管理

业主大会成立前，商品住宅业主、非住宅业主交存的住宅专项维修资金，由物业所在地直辖市、市、县人民政府住房和城乡建设管理部门代管。

业主大会成立后，业主委员会应当通知所在地直辖市、市、县人民政府住房和城乡建设管理部门。涉及已售公有住房的，应当通知负责管理公有住房住宅专项维修资金的部门。直辖市、市、县人民政府住房和城乡建设管理部门或者负责管理公有住房住宅专项维修资金的部门，应当在收到通知之日起30日内，通知住宅专项维修资金专户管理银行将该物业管理区域内业主交存的住宅专项维修资金账面余额划转至业主大会开立的住宅专项维修资金账户，并将有关账目等移交业主委员会。业主大会应当委托所在地一家商业银行作为本物业管理区域内住宅专项维修资金的专户管理银行，并在专户管理银行开立住宅专项维修资金专户。开立住宅专项维修资金专户，应当以物业管理区域为单位设账，按房屋户门号设分户账。业主大会开立的住宅专项维修资金账户，应当接受所在地直辖市、市、县人民政府住房和城乡建设管理部门的监督。

住宅专项维修资金划转后的账目管理单位，由业主大会决定。业主大会应当建立住宅专项维修资金管理制度。业主分户账面住宅专项维修资金余额不足首期交存额30%的，应当及时续交。成立业主大会的，续交方案由业主大会决定。未成立业主大会的，续交的具体管理办法由直辖市、市、县人民政府住房和城乡建设管理部门会同同级财政部门制定。

4. 住宅专项维修资金使用的一般要求

住宅专项维修资金应当专项用于住宅共用部位、共用设施设备保修期满后的维修和更新、改造，不得挪作他用。住宅共用部位、共用设施设备的维修和更新、改造费用，按照下列规定分摊：商品住宅之间或者商品住宅与非住宅之间共用部位、共用设施设备的维修和更新、改造费用，由相关业主按照各自拥有物业建筑面积的比例分摊；售后公有住房之间共用部位、共用设施设备的维修和更新、改造费用，由相关业主和公有住房售房单位按照所交存住宅专项维修资金的比例分摊，其中，应由业主承担的，再由相关业主按照各自拥有物业建筑面积的比例分摊；售后公有住房与商品住宅或者非住宅之间共用部位、共用设施设备的维修和更新、改造费用，先按照建筑面积比例分摊到各相关物业。其中，售后公有住房应分摊的费用，再由相关业主和公有住房售房单位按照所交存住宅专项维修资金的比例分摊。住宅共用部位、共用设施设备维修和更新、改造，涉及尚未售出的商品住宅、非住宅或者公有住房的，开发建设单位或者公有住房单位应当按照尚未售出商品住宅或者公有住房的建筑面积，分摊维修和更新、改造费用。

下列费用不得从住宅专项维修资金中列支：

（1）依法应当由建设单位或者施工单位承担的住宅共用部位、共用设施设备维修、更新和改造费用；

（2）依法应当由相关单位承担的供水、供电、供气、供热、通信、有线电视等管线和设施设备的维修、养护费用；

（3）应当由当事人承担的因人为损坏住宅共用部位、共用设施设备所需的修复费用；

（4）根据物业服务合同约定，应当由物业服务企业承担的住宅共用部位、共用设施设备的维修和养护费用。

5. 住宅专项维修资金在老旧居住区和电梯更新改造中的要求

为充分发挥维修资金的作用，住房和城乡建设部办公厅、财政部办公厅联合发布了《关于进一步发挥住宅专项维修资金在老旧居住区和电梯更新改造中支持作用的通知》。该通知明确要求要切实用好维修资金，支持老旧小区改造和电梯更新改造。

在老旧小区改造中，维修资金主要用于房屋失修失养、配套设施不全、保温节能缺失、环境脏乱差的居住区。改造重点包括以下内容：

（1）房屋本体。屋面及外墙防水、外墙及楼道粉饰、结构抗震加固、门禁系统增设、门窗更换、排水管线更新、建筑节能及保温设施改造等。

（2）配套设施。道路设施修复、路面硬化、照明设施更新、排水设施改造、安全防范设施补建、垃圾收储设施更新、绿化功能提升、助老设施增设等。

在电梯更新中，维修资金主要用于运行时间超过15年的老旧电梯的维修和更换。未配备电梯的老旧住宅，符合国家和地方现行有关规定的，经专有部分占建筑物总面积2/3以上的业主且占总人数2/3以上业主同意，可以使用维修资金加装电梯。

各地可以根据实际情况确定本地区老旧小区及电梯更新改造的标准和内容。

6. 住宅专项维修资金的过户和返还

（1）房屋所有权转让时，业主应向受让人说明住宅专项维修资金交存和结余情况，并出具有效证明。该房屋分户账户中结余的住宅专项维修资金随房屋所有权同时过户。受让人应当持住宅专项维修资金过户的协议、房屋权属证书、身份证等到专户管理银行办理分户账更名手续。

（2）房屋灭失的，房屋分户账中结余的住宅专项维修资金返还业主；售房单位交存的住宅专项维修资金账面余额返还售房单位；售房单位不存在的，按照售房单位财务隶属关系，收缴同级国库。

【例题4-7】住宅专项维修资金过户时受让人应提供的证明材料有（　　）。

A. 房屋权属证书　　B. 身份证

C. 住宅使用说明书　　D. 住宅专项维修资金过户协议

E. 建筑物及附属设施管理规约

参考答案：ABD

复习思考题

1. 商品房预售应符合的条件是什么？
2. 商品房预售应提交的证件和材料有哪些？
3. 商品房预售监管的主要内容是什么？
4. 对违反商品房预售许可的行为应如何进行处罚？

5. 商品房现售应符合的条件是什么？

6. 商品房销售代理委托合同应载明的主要内容有哪些？

7. 商品房销售中的禁止行为有哪些？

8.《商品房买卖合同（预售）示范文本》的主要内容有哪些？

9.《商品房买卖合同（现售）示范文本》的主要内容有哪些？

10. 商品房买卖合同纠纷案件审理的司法解释主要内容有哪些？

11. 商品房交付使用后，购买人认为主体结构质量不合格且经核验确属不合格的，正确的处理方式是什么？

12.《住宅质量保证书》规定的保修项目有哪些内容？关于最低保修期限有哪些规定？

13.《住宅使用说明书》应包括哪些内容？

14. 房屋建筑工程的最低保修期限包括哪些规定？

15. 物业管理的基本内容有哪些？

16. 业主在物业管理活动中享有哪些权利？

17. 物业承接验收的一般程序包括哪些内容？

18. 住宅专项维修资金的交存要求是什么？

19. 住宅专项维修资金的管理主要有哪些要求？

20. 不得在住宅专项维修资金中列支的费用有哪些？

21. 在老旧居住区中，住宅专项维修资金可用于房屋本体改造的重点内容有哪些？

22. 住宅专项维修资金的过户和返还有哪些要求？

第五章　房屋租赁相关制度政策

随着房屋租赁市场的不断发展，房屋租赁服务将成为房地产经纪工作中越来越重要的内容。做好房屋租赁服务，需要掌握依法出租和违法不得出租的情形，熟知租赁合同基本内容、租赁当事人权益、房屋租赁等内容。本章介绍了房屋租赁概念及分类、房屋租赁合同、商品房屋租赁、其他房屋租赁以及房屋租赁管理等。

第一节　房屋租赁概述

一、房屋租赁的概念及分类

（一）房屋租赁概念

房屋租赁是房地产市场中一种重要的交易形式。《城市房地产管理法》第五十三条规定："房屋租赁，是指房屋所有权人作为出租人将其房屋出租给承租人使用，由承租人向出租人支付租金的行为。"

与房屋租赁相似，居住权也是为满足生活居住的需要，而对他人的住宅享有占用、使用的权利。但二者又有明显区别，如居住权为无偿取得，房屋租赁一般为有偿；居住权应向不动产登记机构申请登记，房屋租赁则不用办理不动产登记；居住权人死亡的，居住权即消灭，而房屋租赁中，承租人死亡的，与承租人生前共同居住的人或者共同经营人可以按照原租赁合同继续租赁房屋。

（二）房屋租赁分类

根据房屋用途不同，房屋租赁可分为住宅用房租赁与商业、办公、生产等非住宅用房租赁。在房屋租赁管理上，《城市房地产管理法》第五十五条规定："住宅用房的租赁，应当执行国家和房屋所在城市人民政府规定的租赁政策。租用房屋从事生产、经营活动的，由租赁双方协商议定租金和其他租赁条款。"

根据房屋产权性质不同，房屋租赁可分为市场化的商品房屋租赁和政策支持的房屋租赁，后者租赁的房屋包括保障性租赁住房和公共租赁住房；按土地性质不同，可分为国有土地上房屋租赁和集体土地上房屋租赁；按照房屋租赁提供者的不同，可分为个人出租的房屋租赁和机构出租的房屋租赁两类。个人房屋租赁包括自己出租、委托房地产经纪机构出租等情形；机构房屋租赁包括房地产开发企业新建自持房屋租赁，租赁企业包租、托管、代管等经营形式的房屋租赁。

另外，根据租赁时间长短，可分为长期租赁和短期租赁；根据租赁成交方式，可分为经纪成交租赁和自行成交租赁，经纪成交俗称中介成交，自行成交俗称手拉手成交。

二、房屋租赁市场发展历程

房屋租赁市场的发展变化与我国经济发展和住房制度改革密切相关。整体来看，我国房屋租赁市场大致经历了福利租房阶段、市场化租房兴起阶段、公共租赁住房等发展阶段、专业化住房租赁市场发展阶段。

（一）住房制度改革以前：福利租房阶段

住房制度改革以前，我国公有住房在住宅供给中占据主导地位，对其实行“统一管理，统一分配，以租养房”的管理方针。按照这一方针，公有住房的所有权归国家或代表国家、集体的企事业单位所有，使用权、占有权由房屋使用者享有，房屋使用者一般按月交纳房租（房租较低）；公有住房以实物形式按行政级别或职称进行分配，对应不同的行政级别或职称可享受某一待遇的公有住房。

（二）20世纪90年代：市场化租房兴起阶段

公有住房对保证人民生活起到了一定的作用。但是，随着城市化进程的加快以及人民生活水平的不断提高，原来的住房分配方式已经不能满足人们的需要。因此，随着计划经济开始向市场经济转轨，我国城镇住房体制也开始探索改革，住房逐渐进入商品化、市场化、法制化阶段。1991年11月，国务院住房制度改革领导小组发布《关于全国推进城镇住房制度改革意见的通知》，确定房改的总目标是：缓解居民住房困难，不断改善住房条件，正确引导消费，逐步实现住房商品化，发展房地产业，按照社会主义有计划商品经济的要求，从改革公房低租金制度着手，将现行公房的实物福利分配制度逐步转变为货币工资分配制度，由住户通过商品交换（买房或租房），取得住房的所有权或使用权，使住房这种特殊商品进入消费品市场，实现住房资金投入产出的良性循环。随着住房制度改革的不断深化，市场化房屋租赁逐渐活跃起来。

（三）21世纪初期：公共租赁住房等发展阶段

为保障城镇低收入家庭的基本住房需要，国家积极推动廉租住房、公共租赁住房的建设。1998年，国务院在《关于进一步深化城镇住房制度改革加快住房建设的通知》中提出廉租住房概念。1999年，建设部正式出台了《城镇廉租住房管理办法》。2007年，建设部等部门根据市场情况，联合出台了《廉租住房保障办法》。当年中央财政安排51亿元，各地也相应加大了投入，支持各地建立健全城市廉租住房制度。2009年，国务院政府工作报告提出“积极发展公共租赁住房”，2009年～2011年，全国开工建设廉租住房和公共租赁住房756万套。2012年5月28日，为加强对公共租赁住房的管理，解决城镇中等偏下收入住房困难家庭、新就业无房职工和在城镇稳定就业的外来务工人员等人群居住问题，住房和城乡建设部发布了《公共租赁住房管理办法》。2014年，住房和城乡建设部、财政部、国家发展改革委联合印发《关于公共租赁住房和廉租住房并轨运行的通知》，廉租住房并入公共租赁住房。

（四）2015年以来：专业化住房租赁市场发展阶段

2015年以来，为积极培育住房租赁市场，促进专业化住房租赁市场发展，国家先后颁发了多个文件，在土地、财税、金融等方面予以大力支持。党的十九大报告提出“坚持房子是用来住的、不是用来炒的定位，加快建立多主体供给、多渠道保障、租购并举的住房制度，让全体人民住有所居”。党的二十大报告再次强调了“租购并举”的住房制度。2020年以来，国家多个重要文件提及“完善长租房政策”“规范发展长租房”，长租房的主要市场主体为专业化的住房租赁企业。2021年6月，国务院印发《关于加快发展保障性租赁住房的意见》，同年筹集保障性租赁住房94.2万套，专业化的住房租赁企业在其中发挥了重要作用。在政策大力支持和市场有效需求双重作用下，我国专业化、机构化的住房租赁市场快速发展，一批有实力、有品牌、有规模的住房租赁企业，成为住房租赁市场重要供应主体，我国租赁住房形成市场化租赁住房、保障性租赁住房、公共租住赁房相互补充、多层次的供应体系。

第二节　房屋租赁合同

一、房屋租赁合同的概念及法律特征

（一）房屋租赁合同概念

房屋租赁合同是出租人将租赁房屋交付承租人使用、收益，承租人支付租金的合同。在房屋租赁关系中，出租人与承租人之间所发生的民事法律关系主要通过房屋租赁合同确定。因此，出租人与承租人应当对双方的权利与义务作出明确约定，并且以文字形式形成书面记录，成为出租人与承租人关于租赁问题双方共同遵守的规则。

（二）房屋租赁合同特征

1. 转移的是房屋使用权而非所有权

房屋租赁合同与房屋买卖合同在权属发生转移方面有着根本区别。后者以转移房屋所有权为目的，而房屋租赁合同仅转移房屋的使用权，所有权并不发生变动，承租人仅能依合同约定对租赁房屋行使占有、使用、收益的权益，而不得处分。

2. 是诺成、双务、有偿、要式合同

房屋租赁合同自双方当事人达成协议时成立，并不以房屋的交付为合同的成立要件，故为诺成合同而非实践合同。出租人通过移交房屋使用权而获取租金，承租人则通过支付租金获取房屋使用权，双方当事人互相承担义务和享受权利，为双务有偿合同。房屋租赁合同为书面合同，因此是要式合同。

3. 须进行网上签约备案

与其他租赁相比，房屋租赁合同的当事人除签订书面合同外，还应当通过城市房屋网签备案系统进行房屋租赁合同的网上签约备案（以下简称网签备案），由住房和城乡建设主管部门办理登记备案手续。

二、房屋租赁合同的主要内容

《民法典》第七百零四条规定："租赁合同的内容一般包括租赁物的名称、数量、用途、租赁期限、租金及其支付期限和方式、租赁物维修等条款。"《城市房地产管理法》第五十四条规定："房屋租赁，出租人和承租人应当签订书面租赁合同，约定租赁期限、租赁用途、租赁价格、修缮责任等条款，以及双方的其他权利和义务，并向房产管理部门登记备案。"房屋租赁关系的订立、变更、转让均应通过书面的房屋租赁合同加以明确约定。《商品房屋租赁管理办法》第七条对房屋租赁合同的内容作了进一步明确。房屋租赁合同一般包括如下内容：

（1）当事人的姓名或者名称及住所。

（2）房屋的坐落、面积、结构、附属设施、家具和家电等室内设施状况。

（3）租金和押金数额及支付方式、支付期限。房屋租金，是承租人为取得一定期限内房屋的使用权而付给房屋所有权人的经济补偿。租金标准和支付约定不明确是引起租赁纠纷的主要原因。因此，应当明确约定租金标准及支付内容。对租金支付的方式，《民法典》第七百二十一条规定："承租人应当按照约定的期限支付租金。对支付租金的期限没有约定或者约定不明确，依据本法第五百一十条的规定仍不能确定，租赁期限不满一年的，应当在租赁期限届满时支付；租赁期限一年以上的，应当在每届满一年时支付，剩余期限不满一年的，应当在租赁期限届满时支付。"

（4）租赁用途和房屋使用要求。租赁用途是指房屋租赁合同中约定的出租房屋的使用性质。承租人应当按照租赁合同约定的租赁用途和使用要求合理使用房屋，确需变动的，应当符合规定并征得出租人的同意。

（5）房屋和室内设施的安全性能。

（6）租赁期限。《民法典》第七百零五条规定："租赁期限不得超过二十年。超过二十年的，超过部分无效。租赁期限届满，当事人可以续订租赁合同；但是，约定的租赁期限自续订之日起不得超过二十年。"以下几种情形视为不定期租赁：①当事人之间未签订书面租赁合同，无法确定租赁期限的；②当事人未对租赁期限进行约定或者约定不明确，依照法律规定仍不能确定的；③房屋租赁期间届满，承租人继续使用租赁房屋，出租人没有提出异议的。

（7）房屋维修责任。

（8）物业服务、水、电、燃气等相关费用的缴纳。

（9）争议解决办法和违约责任。

（10）其他约定。如有其他事项需作出约定的，也可在房屋租赁合同中写明，如房屋租赁当事人可以在房屋租赁合同中约定房屋被征收或者拆迁时的处理办法、承租人对租赁房屋的装饰装修等。

按照《商品房屋租赁管理办法》要求，住房和城乡建设管理部门可以会同市场监督管理部门制定房屋租赁合同示范文本，供当事人选用。北京、上海、重庆、河北、浙江、山西、武汉、南昌等省市均发布了租赁合同示范文本。

三、房屋租赁合同当事人的权利义务

（一）出租人的权利义务

1. 出租人的权利

（1）享有租金收益权是出租人最基本的权利，承租人逾期不支付房租则出租人有权单方解除合同。

（2）租赁期限届满或租赁合同解除，出租人有收回房屋的权利。

（3）承租人未经出租人同意转租房屋的，出租人可以解除合同收回房屋。

（4）承租人未经出租人同意，对租赁房屋进行改造或者增设他物的，出租人可以请求承租人恢复原状或者赔偿损失。

（5）承租人未按照约定的方法或者未根据租赁房屋的性质使用租赁房屋致使房屋受到损失的，出租人可以解除合同并请求赔偿损失。

2. 出租人的义务

除当事人另有约定外，出租人主要承担以下义务：

（1）提供符合要求的房屋及其附属设施

出租人应当按照约定将租赁房屋交付承租人，并在租赁期限内保持租赁房屋符合约定的用途。租赁房屋及其附属设施除符合约定的特殊要求外，至少应当不存在危及承租人、居住人或其他第三人人身、财产安全的隐患。

（2）对房屋进行维修

除租赁当事人另有约定外，出租人应当按照合同约定履行房屋的维修义务并确保房屋和室内设施安全。当出租房屋和室内设施出现损坏情形时，承租人应及时通知出租人在合理期限内维修。出租人未及时修复损坏的房屋和室内设施，影响承租人正常使用的，应当相应减少租金或者延长租期。出租人未履行维修义务的，承租人可以自行维修，维修费用由出租人负担。但合同明确房屋维修责任由承租人承担的，维修及产生的费用则由承租人承担或者因承租人的过错致使租赁房屋需要维修的，出租人不承担维修义务。

（二）承租人的权利义务

1. 承租人的权利

对出租房屋享有居住、使用权，是承租人最基本的权利。同时，在租赁期限内因占有、使用租赁房屋获得的收益，归承租人所有，但当事人另有约定的除外。为稳定租赁关系保护承租人合法权益不受侵害，我国法律还赋予承租人一系列特殊权利，如优先购买权、买卖不破租赁，具体内容见本章第三节。另外，租赁房屋危及承租人的安全或者健康的，即使承租人订立合同时明知该租赁房屋质量不合格，承租人仍然可以随时解除合同。

2. 承租人的义务

（1）支付租金

承租人应当按照合同约定的期限支付房屋租金。对支付期限没有约定或者约定不明确的，双方可以协议补充。承租人无正当理由未支付或者迟延支付租金的，出租人可以请求承租人在合理期限内支付。承租人逾期不支付的，出租人可以解除合同。

（2）合理使用、善意保管房屋

承租人在租赁期间，应按照约定的用途使用房屋，并对房屋尽妥善保管义务，因保管不善造成租赁房屋毁损、灭失的，应当承担赔偿责任。承租人按照约定的方法或者根据租赁房屋的性质使用致使租赁房屋受到损耗的，不承担赔偿责任。经出租人同意，承租人也可以对房屋进行扩建，如果双方对扩建费用的处理没有约定的，根据《最高人民法院关于审理城镇房屋租赁合同纠纷案件具体应用法律若干问题的解释》第十二条的规定，办理合法建设手续的，扩建造价费用由出租人承担；未办理合法建设手续的，扩建造价费用由双方按照过错分担。

(3) 租赁关系终止时返还房屋

租赁期限届满或一方违约而导致房屋租赁合同解除时，承租人负有返还房屋的义务，承租人返还房屋应符合租赁合同约定，维护好租赁房屋使用后的状态，否则承租人应承担违约责任或损害赔偿责任。

四、房屋租赁合同的解除

合同解除是指在合同有效成立后，在没有履行或没有履行完毕之前，合同当事人提前终止合同关系。根据行使解除权的主体为双方还是一方，可分为双方解除及单方解除。双方解除，又称协议解除、合意解除，是指合同的双方当事人依双方的合意，使原合同的效力溯及消灭。单方解除是根据当事人一方的意思表示而解除合同。根据解除条件，单方解除又可分为出租人单方解除与承租人单方解除。商品房屋租赁出租人及承租人单方解除的情形如下。

（一）出租人单方解除

出租人单方解除的情形主要有：

(1) 承租人未经出租人同意将承租的房屋擅自转租的；

(2) 承租人擅自变动房屋建筑主体和承重结构或扩建的；

(3) 承租人未按照约定的方法或者未根据房屋性质使用房屋，致使房屋受到损失的；

(4) 承租人无正当理由未支付或者迟延支付租金的，出租人请求承租人在合理期限内支付，承租人逾期不支付的；

(5) 不定期租赁（即未在租赁合同中明确约定租赁期限），出租人在合理期限之前通知承租人的；

(6) 法律、法规规定的其他情形。

（二）承租人单方解除

承租人单方解除的情形主要有：

(1) 租赁房屋被司法机关或者行政机关依法查封、扣押的；

(2) 租赁房屋权属有争议的；

(3) 租赁房屋具有违反法律、行政法规关于使用条件的强制性规定情形的；

(4) 因房屋部分或者全部毁损、灭失，致使不能实现合同目的的；

(5) 不定期租赁，承租人在合理期限之前通知出租人的；

(6) 租赁房屋危及承租人的安全或者健康的；

(7) 法律、法规规定的其他情形。

【例题 5-1】房屋租赁期限内，出租人可以单方解除合同的情形有(　　)。

A. 承租人擅自改变承重结构的　　B. 承租人擅自转租的

C. 出租人转让出租房屋的　　D. 租赁房屋被查封的

E. 出租人抵押出租房屋的

参考答案：AB

【例题 5-2】房屋租赁期限内，承租人可单方解除合同的情形有(　　)。

A. 承租人移居国外　　B. 租赁住房的权属有争议

C. 承租人找到更舒适的住房　　D. 承租人找到了租金更低的住房

E. 租赁住房被司法机关依法查封

参考答案：BE

第三节　商品房屋租赁

一、商品房屋租赁基本要求

（一）房屋依法可以出租

公民、法人或其他组织对享有所有权的房屋和国家授权管理、经营的房屋可以依法出租。属于违法建筑的房屋，不符合安全、防灾等工程建设强制性标准的房屋，违反规定改变使用性质的房屋，以及法律法规禁止出租的其他房屋，都不得出租。

另外，租赁当事人还应当具备完全民事行为能力，承租房屋的用途还须合法，不得利用租赁房屋进行违法违规活动。

（二）租住面积符合规定

为保证基本居住条件，《商品房屋租赁管理办法》第八条规定，出租住房的，应当以原设计的房间为最小出租单位，人均租住建筑面积不得低于当地人民政府规定的最低标准。

（三）签订书面租赁合同

《民法典》第七百零七条规定："租赁期限六个月以上的，应当采用书面形式。"房屋租赁出租人和承租人应签订书面租赁合同，如果租赁未采用书面形式，无法确定租赁期限的，则视为不定期租赁，不定期租赁可随时解除。随着信息化技术的发展，电子合同的应用日益普遍。根据《民法典》第四百六十九条第二款、第三款规定："书面形式是合同书、信件、电报、电信、传真等可以有形地表现出所载内容的形式。以电子数据交换、电子邮件等方式能够有形地表现所载内容，并可以随时调取查用的数据、电文，视为书面形式。”《电子签名法》第四条规定：“能够有形地表现所载内容，并可以随时调取查用的数据电文，视为符合法律、法规要求的书面形式。”即电子合同视为书面合同的一种。另外，承租人如需继续承租原租赁的房屋，应当在租赁期满前征得出租人的同意，并重新签订租赁合同。

（四）合理确定各方权利义务

出租人应当按照合同约定履行义务，保证房屋和室内设施符合要求。房屋租赁合同期限内，出租人无正当理由不得解除合同，不得单方面提高租金，不得随意克扣押金、租金；承租人应当按照合同约定使用房屋和室内设施，并按时交纳租金。

二、商品房屋转租基本要求

房屋转租，是指房屋承租人将承租的房屋再出租的行为。

（一）转租要求

1. 须经出租人书面同意

承租人转租房屋的，应当经出租人书面同意。书面同意包括在租赁合同中出租方已明确同意承租人转租的，和租赁合同中未明确或不允许转租，事后出租人另行书面同意的。承租人未经出租人书面同意转租的，出租人可以解除房屋租赁合同。出租人知道或者应当知道承租人转租，但在6个月内未提出异议的，视为出租人同意转租。

2. 转租期限不得超过原合同约定的期限

承租人经出租人同意将租赁房屋转租给第三人时，转租期限超过承租人剩余租赁期限的，超过部分的约定对出租人不具有法律约束力，但出租人与承租人另有约定的除外。

除上述规定外，房屋转租也须签订转租协议，并办理登记备案手续。

（二）转租效力

承租人转租的，承租人与出租人之间的房屋租赁合同继续有效，第三人对租赁房屋造成损失的，承租人应当赔偿出租人的损失。

【例题 5-3】关于住房转租的说法，正确的有（　　）。

A. 承租人转租住房，应当经出租人书面同意

B. 承租人与第三人应当签订书面房屋转租合同

C. 承租人擅自转租的，出租人可以解除房屋租赁合同

D. 转租合同最长期限可以超过原住房租赁合同约定的租赁期限

E. 房屋转租应办理登记备案手续

参考答案：ABCE

三、商品房屋租赁中的禁止情形

（一）禁止将不符合条件的房屋出租

1. 属于违法建筑的房屋

违法建筑是指未经规划土地主管部门批准，未领取建设工程规划许可证或临时建设工程规划许可证，擅自建造的建筑物和构筑物，如未取得建设工程规划许可证的建筑物、构筑物和设施；占用已规划为公共场所、公共设施用地或公共绿化用地的建筑；不按批准的设计图纸施工的建筑；擅自改建、加建的建筑等。

2. 不符合安全、防灾等工程建设强制性标准的房屋

出租的房屋，建筑、消防设备、出入口和通道等，必须符合消防安全等强制性标准的规定，否则不应出租。

3. 违反规定改变使用性质的房屋

房屋应当按照规划用途使用，如不能将用途为办公的房屋用于居住，或将居住用房用于开展商业活动等。近年来，为加快培育和发展住房租赁市场，积极盘活存量房屋用于租赁，国家发文允许闲置和低效利用的国有厂房、商业办公用房等按规定改建为租赁住房，但应具备消防安全条件。从实践操作来看，非居住用房改建为租赁住房，需向有关部门履行报批手续。

4. 法律、法规规定禁止出租的其他房屋

如《经济适用住房管理办法》第三十三条规定，个人购买的经济适用住房在取得完全产权以前不得用于出租经营。《公共租赁住房管理办法》第二十七条规定，承租人转借、转租或者擅自调换所承租公共租赁住房的，应当退回公共租赁住房；第三十二条进一步明确，房地产经纪机构及其经纪人员不得提供公共租赁住房出租、转租、出售等经纪业务。

【例题 5-4】下列房屋中不得出租的有(　　)。

A. 私自搭建的储物间　　B. 不符合消防安全的房屋

C. 已被鉴定为危房的房屋　　D. 已购公有住房

E. 承租的公共租赁住房

参考答案：ABCE

（二）禁止提供“群租房”

群租房是指不符合有关人均租住建筑面积、租住人数或原设计房间最小出租单位的规定的租赁房屋。常见的群租房情形有：将厨房、卫生间、阳台出租给他

人居住；在房屋内打隔断，将原本只适合最多几个人居住的空间出租给几十人居住；将地下储藏室按床位对外出租等。现实中群租房通常是隔断房。

群租房易引发公共安全事件和各类纠纷，国家和地方多次对群租房进行整治。《商品房屋租赁管理办法》第八条规定："厨房、卫生间、阳台和地下储藏室不得出租供人员居住。"北京、上海进一步明确了群租房认定标准。北京市规定，出租房屋人均居住面积不得低于5平方米，单个房间不得超2人，以原规划设计为居住空间的房间为最小出租单元，不得分割出租，不得按床位出租，厨房、卫生间、阳台和地下储藏室不能出租。上海市规定，任一出租房间居住人数超过2人将被认定为群租。对于群租的出租人和转租人，由行政管理机关进行处罚。

（三）不得随意提高租金

当前，我国人口净流入城市的租赁市场仍为卖方市场，房东随意涨租的行为时有发生，严重侵犯了承租人权益。对此，《商品房屋租赁管理办法》规定，房屋租赁合同期内，出租人不得单方面随意提高租金水平。即使房屋租赁市场火热，租金价格大涨，租赁合同期内，出租人仍需恪守契约精神，遵守租金约定。如有特殊情况，因房东不了解租赁市场状况，租赁合同中约定的租金远远低于市场租金的，可与承租人进行协商，经承租人同意后适当提高租金。

（四）禁止违法违规改建房屋

《商品房屋租赁管理办法》第十条规定，承租人应当按照合同约定的租赁用途和使用要求合理使用房屋，不得擅自改动房屋承重结构和拆改室内设施，不得损害其他业主和使用人的合法权益。

四、稳定商品房屋租赁关系的特殊规定

（一）买卖不破租赁

为了保护承租人及其相关人员的合法权益，稳定租赁关系，我国有关法律法规明确"买卖不破租赁"原则，如《民法典》第七百二十五条规定："租赁物在承租人按照租赁合同占有期限内发生所有权变动的，不影响租赁合同的效力。"房屋所有权变动包括赠与、析产、继承或者买卖转让租赁房屋等。

（二）优先购买权

出租人出卖租赁房屋的，应当在出卖之前的合理期限内通知承租人，承租人享有以同等条件优先购买的权利。除了出卖租赁房屋，出租人在与抵押权人协议折价、变卖租赁房屋偿还债务及委托拍卖人拍卖租赁房屋时，也应在合理期限内通知承租人，承租人享有以同等条件优先购买的权利。租赁期限届满，房屋承租人享有以同等条件优先购买的权利。值得注意的是，承租人主张优先购买并不是

任何条件下都可实现，而必须是同等条件下提出的主张。承租人不享有优先购买权的情形包括：

（1）房屋按份共有人行使优先购买权的；

（2）出租人将房屋出卖给近亲属，包括配偶、父母、子女、兄弟姐妹、祖父母、外祖父母、孙子女、外孙子女的；

（3）出租人履行出卖房屋通知义务后，承租人在15日内未明确表示购买的，视为承租人放弃优先购买权；

（4）出租人委托拍卖租赁房屋的，应当在拍卖5日前通知承租人，承租人未参加拍卖的，视为放弃优先购买权。

（三）优先承租权

根据《民法典》第七百三十四条规定，租赁期限届满，承租人继续使用房屋的，出租人没有提出异议，原租赁合同继续有效，但是租赁期限为不定期。同时，该条第二款明确规定租赁期限届满，房屋承租人享有以同等条件优先承租的权利。这对于稳定租赁关系，保护承租人的权益，推动我国住房租赁市场的发展具有很大的积极意义。优先承租权的行使应当包括以下几个要件：

（1）存在合法有效的租赁关系。租赁关系是优先承租权产生的前提，没有租赁关系或租赁合同并没有实际履行，则不存在优先承租权。对于转租而言，基于合同的相对性，次承租人仅与承租人存在租赁关系，因此只能向承租人而非出租人主张优先承租权；

（2）出租人继续出租房屋。若出租人主观或客观上不继续出租房屋，如出租人收回房屋自用等，优先承租权则无从谈起；

（3）满足同等条件；

（4）在合理期限内主张。

（四）其他稳定租赁关系的规定

（1）承租人在房屋租赁期限内死亡的，与其生前共同居住的人或者共同经营人可以按照原租赁合同租赁该房屋；

（2）租赁房屋期间，房屋被抵押或查封的，原租赁合同继续有效。但房屋在出租前已设立抵押权，因抵押权人实现抵押权发生所有权变动的及房屋在出租前已被人民法院依法查封的，承租人不得要求房屋受让人继续履行原租赁合同。

【例题5-5】承租人在租赁期间内死亡，有权要求维持原租赁关系的承租人是（　）。

A. 已离异的前妻　　　　B. 在异国定居的女儿

C. 居住在邻近城市的养子　　　　D. 现共同居住的儿子

参考答案：D

【例题 5-6】 2018 年 8 月，冯某通过甲房地产经纪机构（以下简称甲机构）的居间服务购买了一套 80m²的二手房住宅，2018 年 9 月委托甲机构办理了二手房抵押贷款，2018 年 10 月又委托甲机构代理对外租赁。甲机构的房地产经纪人陈某找到承租人褚某并按照市场价格签订了房屋租赁合同，租赁期为 3 年。2021 年 3 月，冯某委托甲机构代理出售该住房，同年 4 月该套住宅按照市场价转售给卫某，并办理了房屋登记手续。卫某因结婚急等装修房屋，要求褚某提前搬走，褚某不同意。

关于出租房屋转让限制的说法，正确的有(　　)。

A. 抵押权人行使抵押权的，可以适用“买卖不破租赁”原则

B. 租赁期限未到期，褚某有权要求原租赁合同继续履行

C. 卫某急等房屋装修结婚系正当理由，陈某与褚某签订的原租赁合同自动终止

D. 冯某转让该房屋时，应提前通知褚某，褚某在同等条件下有优先购买权

E. 褚某虽无意购买该房屋，但 2021 年 11 月若主张优先租赁权，卫某不得拒绝

参考答案：BD

第四节　其他房屋租赁

一、保障性住房租赁

保障性租赁住房是指政府予以政策支持，主要解决符合条件的新市民、青年人等群体的住房困难问题的租赁住房。根据《国务院办公厅关于加快发展保障性租赁住房的意见》（国办发〔2021〕22 号），保障性租赁住房，以建筑面积不超过 70 平方米的小户型为主，租金低于同地段同品质市场租赁住房租金，准入和退出的具体条件、小户型的具体面积由城市人民政府按照保基本的原则合理确定。

为规范做好保障性租赁住房租赁管理工作，上海、成都、贵阳相继发布了相应的保障性租赁住房管理办法，如上海市住房和城乡建设管理委员会、上海市房屋管理局在 2022 年印发了《上海市保障性租赁住房租赁管理办法（试行）》，对保障性租赁住房准入管理、租金、租期和使用管理等内容作了明确规定。但从实际情况来看，各地保障性租赁住房管理上会有些差别，如关于每次租赁合同期

限，上海原则上不超过3年，成都则规定不超过5年。以下以上海为例，介绍保障性租赁住房供应对象、租金等内容。

（一）准入条件

上海市保障性租赁住房需由承租人申请并经资格审核，供应对象为在上海合法就业且住房困难的在职人员及其配偶、子女。住房困难面积标准原则上按照家庭在上海一定区域范围内人均住房建筑面积低于15平方米确定。家庭人均住房建筑面积根据本人和配偶、子女拥有产权住房和承租公有住房情况核定。

（二）配租规则

保障性租赁住房既可以直接面向符合准入条件的对象配租，也可以面向用人单位整体配租，由用人单位安排符合准入条件的对象入住。

（三）租赁价格

1. 实行备案制度

保障性租赁住房租赁价格（一房一价）由出租单位制定，初次定价和调价应报项目所在地的区房屋管理部门备案，并向社会公布；实际执行的租赁价格不得高于备案价格。初次定价前，出租单位应委托专业房地产估价机构对项目同地段同品质市场租赁住房租金进行评估。

2. 年涨幅不高于5%

出租单位对保障性租赁住房租赁价格可以按年度调整；价格调增的，调增幅度应不高于市房屋管理部门监测的同地段市场租赁住房租金同期增幅，且年增幅应不高于5%。

（四）租赁合同及租期

租赁合同应使用保障性租赁住房租赁合同示范文本，并办理网签备案手续。租赁合同期限原则上不短于1年（承租人有特殊要求的除外），最长不超过3年。

二、已购公房出租

已购公房是指城镇职工根据国家和县级以上地方人民政府有关城镇住房制度改革政策规定，按照成本价（或者标准价）购买的公有住房。对于已购公房出租管理，各地政策不一，但一般要求取得房产证后才能上市交易，如《北京市已购公有住房上市出租管理暂行规定》规定“本市行政区域内已取得房屋所有权证的已购公有住房允许上市出租”，《广州市已购公有住房上市规定》规定，“已购公有住房已按标准价或成本价付清房款，取得房地产权证的，可以抵押、出租。已购公有住房上市的，按出售、交换、赠与、抵押、出租的有关法律、法规，办理交易过户、产权登记、抵押登记、租赁登记手续；已购公有住房上市后，原产权人及其配偶不得再享受按福利优惠政策分配、租住、购买公有住房。”《北京市已购公有住房上市出租管理暂行规定》同时明确，有下列情形之一的已购公有住房不得上市出租：“（一）以低于城镇住房制度改革政策规定的价格购买并且没有按照规定补足房屋价款的；（二）已经被列入拆迁范围并已冻结户口的；（三）擅自改变房屋使用性质的；（四）法律、法规以及建设部、市人民政府规定的其他不得出租的情形。”

三、公共租赁住房

公共租赁住房是指限定建设标准和租金水平，面向城镇特定家庭和群体出租的保障性住房。公共租赁住房通过新建、改建、收购、长期租赁等多种方式筹集，可以由政府投资，也可以由政府提供政策支持、社会力量投资。公共租赁住房可以是成套住房，也可以是宿舍型住房。为加强公共租赁住房的管理，住房和城乡建设部发布的《公共租赁住房管理办法》。

作了明确规定，《关于公共租赁住房和廉租住房并轨运行的通知》，对公共租赁住房租金也作了进一步的补充。

（一）公共租赁住房供应对象

公共租赁住房供应对象为城镇中等偏下收入住房困难家庭、新就业无房职工和在城镇稳定就业的外来务工人员。申请公共租赁住房，应当符合以下条件：

（1）在本地无住房或者住房面积低于规定标准；

（2）收入、财产低于规定标准；

（3）申请人为外来务工人员的，在本地稳定就业达到规定年限。

具体条件由直辖市和市、县级人民政府住房保障主管部门根据本地区实际情况确定，报本级人民政府批准后实施并向社会公布。

（二）公共租赁住房租金水平

市、县级人民政府住房保障主管部门应当会同有关部门，按照略低于同地段住房市场租金水平的原则，确定本地区的公共租赁住房租金标准，报本级人民政府批准后实施。公共租赁住房租金标准应当向社会公布，并定期调整。政府投资建设并运营管理的公共租赁住房，各地可根据保障对象的支付能力实行差别化租金，对符合条件的保障对象采取租金减免。社会投资建设并运营管理的公共租赁住房，各地可按规定对符合条件的低收入住房保障对象予以适当补贴。各地可根据保障对象支付能力的变化，动态调整租金减免或补贴额度，直至按照市场价格收取租金。

【例题 5-7】公共租赁住房租金确定的原则是(　　)。

A. 市场价格

B. 政府指导价

C. 按成本定价

D. 适当低于当地同地段住房租金水平

参考答案：D

（三）公共租赁住房租赁合同

配租对象选择公共租赁住房后，公共租赁住房所有权人或者其委托的运营单位与配租对象应当签订书面租赁合同。公共租赁住房租赁合同期限一般不超过5年。租赁合同签订前，所有权人或者其委托的运营单位应当将租赁合同中涉及承租人责任的条款内容和应当退回公共租赁住房的情形向承租人明确说明。公共租赁住房租赁合同一般应当包括以下内容：

（1）合同当事人的名称或姓名；

（2）房屋的位置、用途、面积、结构、室内设施和设备，以及使用要求；

（3）租赁期限、租金数额和支付方式；

（4）房屋维修责任；

（5）物业服务、水、电、燃气、供热等相关费用的缴纳责任；

（6）退回公共租赁住房的情形；

（7）违约责任及争议解决办法；

（8）其他应当约定的事项。

省、自治区、直辖市人民政府住房和城乡建设（住房保障）主管部门应当制定公共租赁住房租赁合同示范文本。

合同签订后，公共租赁住房所有权人或者其委托的运营单位应当在30日内将合同报市、县级人民政府住房保障主管部门备案。

（四）公共租赁住房合同终止

1. 违法使用公共租赁住房

《公共租赁住房管理办法》规定，有下列行为之一的，应当退回公共租赁住房：

（1）转借、转租或者擅自调换所承租公共租赁住房的；

（2）改变所承租公共租赁住房用途的；

（3）破坏或者擅自装修所承租公共租赁住房，拒不恢复原状的；

（4）在公共租赁住房内从事违法活动的；

（5）无正当理由连续6个月以上闲置公共租赁住房的。

承租人拒不退回公共租赁住房的，市、县级人民政府住房保障主管部门应当责令其限期退回；逾期不退回的，市、县级人民政府住房保障主管部门可以依法申请人民法院强制执行。

2. 拖欠租金

承租人累计6个月以上拖欠租金的，应当腾退所承租的公共租赁住房。拒不腾退的，公共租赁住房的所有权人或者其委托的运营单位可以向人民法院提起诉讼，要求承租人腾退公共租赁住房。

3. 期满未申请续期

租赁期届满需要续租的，承租人应当在租赁期满3个月前向市、县级人民政府住房保障主管部门提出申请。未按规定提出续租申请的承租人，租赁期满应当腾退公共租赁住房。

4. 其他情形

承租人有下列情形之一的，应当腾退公共租赁住房：

（1）提出续租申请但经审核不符合续租条件的；

（2）租赁期内，通过购买、受赠、继承等方式获得其他住房并不再符合公共租赁住房配租条件的；

（3）租赁期内，承租或者承购其他保障性住房的。

承租人有上述规定情形之一的，公共租赁住房的所有权人或者其委托的运营单位应当为其安排合理的搬迁期，搬迁期内租金按照合同约定的租金数额缴纳。搬迁期满不腾退公共租赁住房，承租人确无其他住房的，应当按照市场价格缴纳租金；承租人有其他住房的，公共租赁住房的所有权人或者其委托的运营单位可以向人民法院提起诉讼，要求承租人腾退公共租赁住房。

第五节　房屋租赁管理

《城市房地产管理法》《商品房屋租赁管理办法》以及国家发布的系列文件，对房屋租赁管理制度进行了规定，其中包括从业主体登记及推送开业信息、租赁合同网签备案登记、资金监管等。

一、从业主体办理登记

根据《住房和城乡建设部等部门关于加强轻资产住房租赁企业监管的意见》（建房规〔2021〕2号），从事住房租赁经营的企业，以及转租住房10套（间）以上的自然人，应当依法办理市场主体登记，取得营业执照，其名称和经营范围均应当包含“住房租赁”相关字样。住房租赁企业应当具有专门经营场所，开展经营前，通过住房租赁管理服务平台向所在城市住房和城乡建设主管部门推送开业信息，由所在城市住房和城乡建设主管部门通过住房租赁管理服务平台向社会公示。

二、房屋租赁合同网签备案登记

为规范房屋租赁行为，加强房屋租赁管理，《城市房地产管理法》作出了明确规定。《商品房屋租赁管理办法》对房屋租赁登记备案进行了进一步规定。随着互联网、大数据等新技术的普及应用，房屋租赁合同登记备案方式逐渐变化为线上的网签备案。2018年，经国务院同意，住房和城乡建设部印发了《关于进一步规范和加强房屋网签备案工作的指导意见》，2019年又印发了《房屋交易合同网签备案业务规范（试行）》，要求在城市规划区国有土地范围内开展房屋租赁合同网签备案。地方对保障性租赁住房也要求进行合同网签备案。以下以商品房屋租赁登记备案为例，介绍房屋租赁登记备案要求。

（一）商品房屋租赁登记备案材料

商品房屋租赁合同订立后三十日内，房屋租赁当事人应当到租赁房屋所在地直辖市、市、县人民政府建设（房地产）主管部门办理房屋租赁登记备案。商品房屋租赁当事人办理房屋租赁登记备案，应当提交下列材料：

（1）房屋租赁合同；

（2）房屋租赁当事人身份证明；

（3）房屋所有权证书或者其他合法权属证明；

（4）直辖市、市、县人民政府住房和城乡建设管理部门规定的其他材料。

商品房屋租赁当事人提交的材料应当真实、合法、有效，不得隐瞒真实情况或者提供虚假材料。房屋租赁当事人可以书面委托房地产经纪机构、住房租赁企业等办理房屋租赁登记备案。

（二）商品房屋租赁登记备案证明

对商品房屋租赁当事人提交的材料齐全并且符合法定形式、出租人与房屋所有权证书或者其他合法权属证明记载的主体一致、不属于《商品房屋租赁管理办法》规定不得出租的房屋的，直辖市、市、县人民政府住房和城乡建设管理部门应当在3个工作日内办理房屋租赁登记备案，向租赁当事人开具房屋租赁登记备案证明。申请人提交的申请材料不齐全或者不符合法定形式的，直辖市、市、县人民政府住房和城乡建设管理部门应当告知房屋租赁当事人需要补正的内容。

商品房屋租赁登记备案证明载明的内容包括：出租人姓名（名称），承租人姓名（名称）、有效身份证件种类和号码，出租房屋的坐落、租赁用途、租金数额、租赁期限等。房屋租赁登记备案证明遗失的，应当向原登记备案的部门补领。

商品房屋租赁登记备案内容发生变化、续租或者租赁终止的，当事人应当在30日内，到原租赁登记备案的部门办理房屋租赁登记备案的变更、延续或者注销手续。

（三）商品房屋租赁登记备案信息系统

按照《商品房屋租赁管理办法》要求，直辖市、市、县住房和城乡建设管理部门应当建立房屋租赁登记备案信息系统，逐步实行房屋租赁合同网上登记备案，并纳入房地产市场信息系统。房屋租赁登记备案记载的信息内容应当包括：

（1）出租人的姓名（名称）、住所；

（2）承租人的姓名（名称）、身份证件种类和号码；

（3）出租房屋的坐落、租赁用途、租金数额、租赁期限；

（4）其他需要记载的内容。

（四）商品房屋租赁登记备案效力

《民法典》第七百零六条规定："当事人未依照法律、行政法规规定办理租赁合同登记备案手续的，不影响合同的效力。"尽管房屋租赁合同不以登记备案为生效条件，但登记备案的房屋租赁合同具有对抗第三人的效力。即当出租人就同一房屋订立数份租赁合同，在合同均有效的情况下，承租人均主张履行合同的，已经办理登记备案手续的优先于非登记备案的，除非非登记备案的承租人已经合法占有租赁房屋。另外，很多城市规定，只有办理了租赁合同网签备案的承租人，才能享受子女入学，积分落户、提取公积金、办理居住证等权利。

三、租赁资金监管

近年来，专业化住房租赁企业逐渐成为住房租赁重要供应主体，代持了大量的业主租金或持有大量的承租人租金，为保证资金安全，《住房和城乡建设部等部门关于加强轻资产住房租赁企业监管的意见》要求住房租赁企业在商业银行设立1个住房租赁资金监管账户，单次收取租金超过3个月的，或单次收取押金超过1个月的，应当将收取的租金、押金纳入监管账户，并通过监管账户向房屋权利人支付租金、向承租人退还押金。

四、租金合理调控

《住房和城乡建设部等部门关于加强轻资产住房租赁企业监管的意见》规定，住房租赁市场需求旺盛的大城市住房和城乡建设部门应当建立住房租金监测制度，定期公布不同区域、不同类型租赁住房的市场租金水平信息。积极引导住房租赁双方合理确定租金，稳定市场预期。加强住房租赁市场租金监测，密切关注区域租金异常上涨情况，对于租金上涨过快的，可以采取必要措施稳定租金水平。对于保障性租赁住房，地方一般规定，租金价格调整以一个周期年为单位，且年租金涨幅不得超过5％。

五、加强行业自律管理

除上述行政管理制度外，房屋租赁管理也十分重视发挥行业自律管理作用。为了加强房屋租赁行业自律管理，2020年12月根据业务主管部门住房和城乡建设部的要求，经修改章程中的业务范围并报登记管理机关的民政部核准，中国房地产估价师与房地产经纪人学会（以下简称中房学）换届时，正式承担了包括住房租赁在内的房地产租赁行业自律管理职能。中房学自成立以来，在联系政府部门与企业座谈交流、组织开展课题研究、参与行业相关法规政策制定、举办各项交流研讨活动方面积极发挥作用，并不断加强住房租赁团体标准体系建设，探索开展住房租赁企业资信评价和从业人员教育培训。北京、河南、太原、南京、杭州、福州、济南、武汉、合肥、长沙、深圳、西安等省市也成立了房屋租赁行业组织。

复习思考题

1. 什么是房屋租赁？
2. 房屋租赁有哪些种类？
3. 房屋租赁合同的特征如何？
4. 房屋租赁合同的内容有哪些？
5. 房屋租赁合同当事人有哪些权利与义务？
6. 多份租赁合同法律效力如何认定？
7. 房屋租赁合同单方解除的情形有哪些？
8. 房屋租赁的基本要求有哪些？
9. 房屋转租的要求与效力如何？
10. 房屋租赁中的禁止行为有哪些？
11. 什么是保障性租赁住房？
12. 已购公有住房可上市的一般条件？
13. 公共租赁住房可通过哪些形式筹集？

14. 公共租赁住房的供应对象有哪些?
15. 公共租赁住房租金确定的原则是什么?
16. 公共租赁住房合同终止的情形有哪些?
17. 房屋租赁管理有哪些方式?
18. 商品房屋合同网签备案的基本要求有哪些?
19. 房屋租赁登记备案的效力是什么?

第六章　个人住房贷款相关制度政策

个人住房贷款是居民购房的重要资金渠道，房地产经纪人应服务于借贷双方并提供个人住房贷款代办服务。个人住房贷款一般要求以所购房屋及其土地使用权设定抵押作为债务履行担保，常被称为住房抵押贷款。住房公积金制度是我国住房制度的重要组成部分，也是城镇职工满足自住需求的重要金融支持工具，住房公积金个人住房贷款与商业性个人住房贷款共同构建了我国个人住房信贷体系。为及时让买受人取得所需购房贷款，并保证交易资金安全，房地产经纪人应熟悉、掌握个人住房贷款政策、房地产抵押制度和住房公积金制度。本章介绍了个人住房贷款政策、房地产抵押制度和住房公积金制度等。

第一节　个人住房贷款政策

一、个人住房贷款政策概述

个人住房贷款是指银行或其他金融机构向个人借款人发放的用于购买住房的贷款。我国个人住房贷款包括商业性个人住房贷款和住房公积金个人住房贷款两个类别，其中后者也是通过商业银行发放，又称之为委托贷款。国内个人住房贷款业务起步于20世纪80年代，但发展缓慢，直到1998年住房制度改革全面铺开后，才得以快速发展。为支持城镇居民购买自用普通住房，规范个人住房贷款管理，中国人民银行和中国银行业监督管理委员会出台了一系列配套政策，先后印发了《关于加大住房信贷投入，支持住房建设与消费的通知》《关于规范住房金融业务的通知》《个人贷款管理暂行办法》《商业银行房地产贷款风险管理指引》等文件。住房公积金方面，1999年我国制定了《住房公积金管理条例》，对包括住房公积金贷款业务在内的相关问题进行了明确规定，2002年和2019年国务院修订了《住房公积金管理条例》，进一步规范了住房公积金管理。2018年5月实施的《住房公积金个人住房贷款业务规范》GB/T 51267—2017和2019年10月实施的《住房公积金资金管理业务标准》JGJ/T 474—2019更进一步加强了住房公积金个人住房贷款业务的规范管理。

二、近年来个人住房贷款政策的调整

近年来，根据国务院房地产市场调控的一系列决策部署，差别化住房信贷政策逐步完善和强化，对降低信贷风险、打击房地产投机、保障自住性需求、平抑房价过快上涨发挥了积极作用。

《中国人民银行住房城乡建设部中国银行业监督管理委员会关于个人住房贷款政策有关问题的通知》（银发〔2015〕98号）规定，对拥有1套住房且相应购房贷款未结清的居民家庭，为改善居住条件再次申请商业性个人住房贷款购买普通自住房，最低首付款比例调整为不低于40%，具体首付款比例和利率水平由银行业金融机构根据借款人的信用状况和还款能力等合理确定。缴存职工家庭使用住房公积金委托贷款购买首套普通自住房，最低首付款比例为20%；对拥有1套住房并已结清相应购房贷款的缴存职工家庭，为改善居住条件再次申请住房公积金委托贷款购买普通自住房，最低首付款比例为30%。

《住房城乡建设部财政部中国人民银行关于调整住房公积金个人住房贷款购房最低首付款比例的通知》（建金〔2015〕128号）规定，为进一步完善住房公积金住房贷款政策，支持缴存职工合理住房需求，对拥有1套住房并已结清相应购房贷款的居民家庭，为改善居住条件再次申请住房公积金委托贷款购买住房的，最低首付款比例由30%降低至20%。北京、上海、广州、深圳可在国家统一政策基础上，结合本地实际，自主决定申请住房公积金委托贷款购买第二套住房的最低首付款比例。

《中国人民银行中国银行业监督管理委员会关于进一步完善差别化住房信贷政策有关问题的通知》（银发〔2015〕305号）规定，在不实施“限购”措施的城市，对居民家庭首次购买普通住房的商业性个人住房贷款，最低首付款比例调整为不低于25%。中国人民银行、中国银行业监督管理委员会各派出机构应按照“分类指导，因地施策”的原则，加强与地方政府的沟通，根据辖内不同城市情况，在国家统一信贷政策的基础上，指导各省级市场利率定价自律机制结合当地实际情况自主确定辖内商业性个人住房贷款的最低首付款比例。

《中国人民银行中国银行业监督管理委员会关于调整个人住房贷款政策有关问题的通知》（银发〔2016〕26号）规定，在不实施“限购”措施的城市，居民家庭首次购买普通住房的商业性个人住房贷款，原则上最低首付款比例为25%，各地可向下浮动5个百分点；对拥有1套住房且相应购房贷款未结清的居民家庭，为改善居住条件再次申请商业性个人住房贷款购买普通住房，最低首付款比例调整为不低于30%。

为贯彻落实“房子是用来住的，不是用来炒的”定位和房地产市场长效管理机制，中国人民银行发布《关于新发放商业性个人住房贷款利率调整的公告》，明确自2019年10月8日起新发放的商业性个人住房贷款利率，以最近一个月相应期限贷款市场报价利率（LPR）为定价基准加点形成。定价基准转换后，全国范围内新发放首套商业性个人住房贷款利率不得低于相应期限贷款市场报价利率，二套商业性个人住房贷款利率不得低于相应期限贷款市场报价利率加60个基点。同时，该通知要求人民银行省级分支机构负责指导各省级市场利率定价自律机制，及时确定当地首套和二套商业性个人住房贷款利率加点下限。加点数值应符合全国和当地住房信贷政策要求，体现贷款风险状况，合同期限内固定不变。

贷款市场报价利率（LPR）其性质为贷款基础利率，是由商业银行对其最优质客户执行的贷款利率，其他贷款利率可在此基础上加减点生成。在此之前我国实行的是存贷款基准利率，即中国人民银行发布给商业银行的贷款指导性利率。贷款基础利率通过集中报价和发布机制形成，是中国人民银行用于调节社会经济和金融体系运转的货币政策手段之一。贷款市场报价利率（LPR）是在报价行自主报出本行贷款基础利率的基础上，经指定发布人对报价进行加权平均计算，形成报价行的贷款基础利率报价平均利率并对外予以公布。例如：2019年10月8日发布公告：1年期LPR为4.2%，5年期以上LPR为4.85%。2023年4月20日发布公告：1年期LPR为3.65%，5年期以上LPR为4.3%。2023年7月20日发布公告：1年期LPR为3.55%，5年期以上LPR为4.2%。

中国人民银行规定，对存量的商业性个人住房贷款，自2020年3月1日起，金融机构应与存量浮动利率贷款客户就定价基准转换条款进行协商，将原合同约定的利率定价方式转换为以贷款市场报价利率（LPR）为定价基准加点形成，也可转换为固定利率；不选择转化的，仍维持之前的贷款利率定价规则。

三、个人住房贷款的相关规定

（一）个人住房贷款条件与申请资料

城镇居民购买住房申请个人贷款，根据银行相关规定应具备相应条件并提供必要的资料。

1. 个人贷款申请应具备的条件

（1）借款人为具有完全民事行为能力的中华人民共和国公民或符合国家有关规定的境外自然人；

（2）贷款用途明确合法；

（3）贷款申请数额、期限和币种合理；

（4）借款人具备还款意愿和还款能力；

（5）借款人信用状况良好，无重大不良信用记录；

（6）贷款人要求的其他条件。

2. 个人住房贷款申请需提供的资料

借款人应以书面形式提出个人申请，并应提供能够证明其符合贷款条件的相关资料。

（1）借款人基本情况。如申请人姓名与性别、出生日期、婚姻状况、证件种类与相关信息、户籍所在地、现居住所在地、工作单位名称与性质、职业职务与职称、是否使用过其他贷款等。

（2）借款人收支情况。如主要经济来源、其他经济来源、供养人数、申请人月收入、家庭月收入、家庭支出等。

（3）借款人资产表。如个人资产的房产、汽车、债券资产的金额与所欠贷款、股票金额与其他负债、银行存款等。

（4）借款人现住房情况。如现住房或租房情况，租房包括租住时间、地址及月租金等。

（5）借款人购房贷款资料。如售房者名称、房屋详址、销售面积与单价及总价、首付款金额、首付款比例、首付款来源、还款方式、物业费、购房目的、房屋形式、房屋类别、商品房合同编号、销售许可证号等。

（6）担保方式。如担保人名称、抵押物所有人名称、抵押物价值、质押物名称、质押所有人姓名、质押物价值等。

（7）借款人声明。

（8）以上申请资料的相关证件、证明、批准文件、协议、合同等。

（二）个人住房贷款风险防范

为防范金融风险，中国银行业监督管理委员会规定，个人住房贷款不得违反贷款年限与房产价值比率和抵押物价值确定等方面的规定。

（1）各地应根据市场情况的不同制定合理的贷款成数上限，住房贷款的贷款成数不超过80%。

（2）应将借款人住房贷款的月房产支出与收入比控制在50%以下（含50%），月所有债务支出与收入比控制在55%以下（含55%）。

房产支出与收入比的计算公式为：

（本次贷款的月还款额＋月物业管理费）/月均收入

所有债务与收入比的计算公式为：

（本次贷款的月还款额＋月物业管理费＋其他债务月均偿付额）/月均收入

计算公式中的收入，是指贷款申请人自身的可支配收入。其中，单一申请贷款的为申请人本人可支配收入，共同申请贷款的为主申请人和贷款共同申请人的可支配收入。但对于单一申请的贷款，如贷款人考虑将申请人配偶的收入计算在内，则应当先予以调查核实，同时对于已将配偶收入计算在内的贷款也应相应地把配偶的债务一并计入。

（3）贷款人对于非国内长期居住借款人，应调查其在国外的工作和收入背景，了解其在华购房的目的，并在对各项信息调查核实的基础上评估借款人的偿还能力和偿还意愿。

（4）应区别判断抵押物状况。抵押物价值的确定以该房产在该次买卖交易中的成交价或评估价的较低者为准。

（5）贷款人在发放个人住房贷款前应对新建房屋进行整体性评估，可根据各行实际情况选择内部评估，但要由具有房地产估价师执业资格的专业人士出具意见书，或委托独立的具有房地产价格评估资质的评估机构进行评估；对于精装修楼盘以及售价明显高出周边地区售价的楼盘评估要重点关注。

（6）在申请个人贷款过程中，借款人应积极配合贷款人对个人贷款内容和相关情况的调查，并遵守贷款人建立的面谈制度。

（7）贷款人在对贷款申请作出最终审批前，贷款经办人员须至少直接与借款人面谈一次，从而基本了解借款人的基本情况及其贷款用途。对于借款人递交的贷款申请表和贷款合同需有贷款经办人员的见证签署。

（8）贷款人应向不动产登记机构查询拟抵押房屋的权属状况，决定发放抵押贷款的，应在贷款合同签署后及时到房地产部门办理房地产抵押登记。

【例题 6-1】 申请个人住房贷款时申请人应提供的收入情况证明资料有（　　）。

A. 主要经济来源　　B. 申请人月收入

C. 其他经济来源　　D. 个人资产的房产、债券资产的金额

E. 家庭月收入

参考答案：ABCE

第二节　房地产抵押制度

一、房地产抵押的概念及特征

（一）房地产抵押的概念

《城市房地产抵押管理办法》规定，房地产抵押是指抵押人以其合法的房地

产以不转移占有的方式向抵押权人提供债务履行担保的行为。房地产抵押人是指将依法取得的房地产提供给抵押权人，作为本人或者第三人履行债务担保的公民、法人或者其他组织；房地产抵押权人是指接受房地产抵押作为债务人履行债务担保的公民、法人或者其他组织。《民法典》第三百九十四条规定："为担保债务的履行，债务人或者第三人不转移财产的占有，将该财产抵押给债权人的，债务人不履行到期债务或者发生当事人约定的实现抵押权的情形，债权人有权就该财产优先受偿。前款规定的债务人或者第三人为抵押人，债权人为抵押权人，提供担保的财产为抵押财产。"

（二）房地产抵押的特征

房地产抵押的特征是不转移占有，这与质押有显著的区别。房地产抵押关系成立后，债务人到期不能清偿债务时，债权人依法有权以抵押的房地产折价或拍卖所得价款优先受偿。

与房地产经纪人相关的个人住房贷款业务，是抵押市场和住房市场的结合，是指贷款购房并以所购房屋及其占用的土地使用权设定抵押担保的行为。

二、房地产抵押的主要类型

（一）一般房地产抵押

一般房地产抵押是指为担保债务的履行，债务人或者第三人不转移房地产的占有，将该房地产抵押给债权人的行为。债务人不履行到期债务或者发生当事人约定的实现抵押权的情形时，债权人有权就该房地产优先受偿。

（二）在建工程抵押

在建工程抵押是指抵押人为取得在建工程继续建造资金的贷款，以其合法方式取得的土地使用权连同在建工程的投入资产，以不转移占有的方式抵押给贷款银行作为偿还贷款履行担保的行为。

（三）预购商品房贷款抵押

预购商品房贷款抵押是指购房人在支付首期规定的房价款后，由贷款银行代其支付其余的购房款，将所购商品房抵押给贷款银行作为偿还贷款履行担保的行为。

（四）最高额抵押

最高额抵押是指为担保债务的履行，债务人或者第三人对一定期间内将要连续发生的债权用房地产提供担保的行为。最高额抵押担保的是在未来一段时间内可能连续发生的债权，债权的数量是不确定的，可能是一个债权，也可能是多个债权；每次担保的金额也是不确定的，只要在最高债权额限度内即可。《民法典》

规定，债务人不履行到期债务或者发生当事人约定的实现抵押权的情形，抵押权人有权在最高债权额限度内就该担保房地产优先受偿。最高额抵押权设立前已经存在的债权，经当事人同意，可以转入最高额抵押担保的债权范围。

《民法典》规定，最高额抵押担保的债权确定前，部分债权转让的，最高额抵押权不得转让，但是当事人另有约定的除外；最高额抵押担保的债权确定前，抵押权人与抵押人可以通过协议变更债权确定的期间、债权范围以及最高债权额，但是，变更的内容不得对其他抵押权人产生不利影响。

最高额担保中的最高债权额，是指包括主债权及其利息、违约金、损害赔偿金、保管担保财产的费用、实现债权或者实现担保物权的费用等在内的全部债权，但是当事人另有约定的除外。登记的最高债权额与当事人约定的最高债权额不一致的，人民法院应当依据登记的最高债权额确定债权人优先受偿的范围。

抵押权人债权确定的情形：①约定的债权确定期间届满；②没有约定债权确定期间或者约定不明确，抵押权人或者抵押人自最高额抵押权设立之日起满 2 年后请求确定债权；③新的债权不可能发生；④抵押权人知道或者应当知道抵押财产被查封、扣押；⑤债务人、抵押人被宣告破产或者解散；⑥法律规定债权确定的其他情形。

【例题 6-2】 房地产抵押的主要类型有(　　)。

A. 一般房地产抵押　　B. 抵押合同签订后土地上新增房屋抵押

C. 在建工程抵押　　D. 房地产中划拨土地使用权抵押

E. 预购商品房贷款抵押

参考答案：ACE

三、房地产抵押设定

（一）可以抵押的房地产

依据《民法典》规定，债务人或者第三人有权处分的下列房地产可以抵押：

（1）建筑物和其他土地附着物；

（2）建设用地使用权；

（3）正在建造的建筑物；

（4）法律、行政法规未禁止抵押的其他财产。

抵押人可以将上述所列财产一并抵押。

（二）不得抵押的房地产

依据《民法典》和《城市房地产抵押管理办法》规定，下列房地产不得抵押：

（1）土地所有权；

（2）宅基地、自留地、自留山等集体所有土地的使用权，但是法律规定可以抵押的除外；

（3）学校、幼儿园、医疗机构等为公益目的成立的非营利法人的教育设施、医疗卫生设施和其他公益设施；

（4）所有权、使用权不明或者有争议的房地产；

（5）列入文物保护的建筑物和有重要纪念意义的其他建筑物；

（6）已依法公告列入拆迁范围的房地产；

（7）依法被查封、扣押、监管以及其他形式限制的房地产；

（8）法律、行政法规规定不得抵押的其他房地产。

（三）房地产抵押的其他规定

（1）以建筑物抵押的，该建筑物占用范围内的建设用地使用权一并抵押。以建设用地使用权抵押的，该土地上的建筑物一并抵押。抵押人未依据上述规定一并抵押的，未抵押的财产视为一并抵押。

（2）乡镇、村企业的建设用地使用权不得单独抵押。以乡镇、村企业的厂房等建筑物抵押的，其占用范围内的建设用地使用权一并抵押。

（3）以具有土地使用年限的房地产设定抵押的，所担保债务的履行期限不得超过土地使用权出让合同规定的使用年限减去已经使用年限后的剩余年限。

（4）建设用地使用权抵押后，该土地上新增的建筑物不属于抵押财产。该建设用地使用权实现抵押权时，应当将土地上新增的建筑物与建设用地使用权一并处分。但是，新增建筑物所得的价款，抵押权人无权优先受偿。

（5）以共有的房地产设定抵押的，抵押人应当事先征得其他共有人的书面同意。

（6）预购商品房贷款抵押的，商品房开发项目必须符合房地产转让条件并取得商品房预售许可证。

（7）抵押权设立前，抵押房地产出租并转移占有的，原租赁关系不受该抵押权的影响。抵押权设立后抵押房屋出租的，该租赁关系不得对抗已登记的抵押权。以已出租的房地产抵押的，抵押人应当将租赁情况告知抵押权人，并将抵押情况告知承租人。原租赁合同继续有效。

（8）以享受国家优惠政策购买的房地产设定抵押的，其抵押额以房地产权利人可以处分和收益的份额比例为限。

（9）抵押人死亡、依法被宣告死亡或者被宣告失踪时，其房地产合法继承人或者代管人应当继续履行原抵押合同。

（10）抵押权人在债务履行期限届满前，与抵押人约定债务人不履行到期债务时抵押财产归债权人所有的，只能依法就抵押财产优先受偿。

（11）抵押当事人约定对抵押房地产保险的，由抵押人为抵押的房地产投保，保险费由抵押人负担。抵押房地产投保的，抵押人应当将保险单移送抵押权人保管。在抵押期间，抵押权人为保险赔偿的第一受益人。

（12）抵押期间，抵押人可以转让抵押财产。当事人另有约定的，按照其约定。抵押财产转让的，抵押权不受影响。抵押人转让抵押财产的，应当及时通知抵押权人。抵押权人能够证明抵押财产转让可能损害抵押权的，可以请求抵押人将转让所得的价款向抵押人提前清偿债务或者提存。转让的价款超过债权数额的部分归抵押人所有，不足部分由债务人清偿。

（13）抵押权不得与债权分离而单独转让或者作为其他债权的担保。债权转让的，担保该债权的抵押权一并转让，但法律另有规定或者当事人另有约定的除外。

（14）抵押人的行为足以使抵押财产价值减少的，抵押权人有权要求抵押人停止其行为。

（15）抵押权人可以放弃抵押权或者抵押权的顺位。顺位是指按先后顺序排定的位次。抵押权的顺位又称抵押权顺序、次序或者位序，具体是指当同一个抵押物上设定数个抵押权时，各个抵押权人优先受偿的先后顺序，即同一个抵押物上数个抵押权之间的相互关系，同时也是抵押权在实现上的排他效力的重要表现。抵押权人与抵押人可以协议变更抵押权顺位以及被担保的该债权数额等内容，但抵押权的变更未经其他抵押权人书面同意的，不得对其他抵押权人产生不利影响。债务人以自己的财产设定抵押，抵押权人放弃该抵押权、抵押权顺位或者变更抵押权的，其他担保人在抵押权人丧失优先受偿权益的范围内免除担保责任，但是其他担保人承诺仍然提供担保的除外。

（16）债务人不履行到期债务或者发生当事人约定的实现抵押权的情形，抵押权人可以与抵押人协议以抵押财产折价或者以拍卖、变卖该抵押财产所得的价款优先受偿。协议损害其他债权人利益的，其他债权人可以请求人民法院撤销该协议。

抵押权人与抵押人未就抵押权实现方式达成协议的，抵押权人可以请求人民法院拍卖、变卖抵押财产。抵押财产折价或者变卖的，应当参照市场价格。

（17）依据《城市房地产管理法》规定，房地产抵押应签订书面抵押合同并办理抵押登记。《民法典》规定，以正在建造的建筑物抵押的，应办理抵押登记。抵押权自登记时设立。房地产抵押未登记的，抵押权不生效，抵押权人不享有优先受偿权。另据住房和城乡建设部规定，在城市规划区国有土地范围内开展房屋抵押等活动，应实行房屋抵押合同网签备案。

（18）同一财产向两个以上债权人抵押的，拍卖、变卖抵押财产所得的价款，按照下列规定清偿：抵押权已经登记的，按照登记的时间先后确定清偿顺序；抵押权已经登记的先于未登记的受偿；抵押权未登记的，按照债权比例清偿。

【例题 6-3】下列房地产中不得设定抵押权的有（　　）。

A. 以公益为目的的学校教学楼　　B. 以公益为目的的医院门诊楼

C. 封闭居住区的高档住宅　　D. 属于文物保护的纪念馆

E. 未征得其他共有权人书面同意的写字楼

参考答案：ABDE

四、房地产抵押合同

（一）房地产抵押合同的性质和效力

《民法典》规定，设立担保物权，应当依照该法和其他法律的规定订立担保合同。担保合同是主债权债务合同的从合同。主债权债务合同无效，担保合同无效，但法律另有规定的除外。担保合同被确认无效后，债务人、担保人、债权人有过错的，应当根据其过错各自承担相应的民事责任。房地产抵押是担保债权债务履行的手段。房地产抵押合同是抵押人为了保证债权债务的履行，明确双方权利与义务的协议。

房地产抵押人与抵押权人必须共同签订书面抵押合同。

（二）房地产抵押合同应载明的内容

1. 房地产抵押合同一般应载明的内容

（1）抵押人、抵押权人的名称或者个人姓名、住所；

（2）被担保债权的种类、数额；

（3）抵押房地产的处所、名称、状况、建筑面积、用地面积以及四至等；

（4）抵押房地产的价值；

（5）抵押房地产的占用管理人、占用管理方式、占用管理责任以及意外损毁、灭失的责任；

（6）债务人履行债务的期限；

（7）抵押权灭失的条件；

（8）违约责任；

（9）争议解决的方式；

（10）抵押合同订立的时间与地点；

（11）双方约定的其他事项。

以预购商品房贷款抵押的，需提交生效的商品房预购合同。

抵押权人要求在房地产抵押后限制抵押人出租、转让抵押房地产或者改变抵押房地产用途的，抵押当事人应当在抵押合同中载明。

2. 在建工程抵押合同应载明的内容

（1）国有土地使用权证、建设用地规划许可证和建设工程规划许可证编号；

（2）已交纳的土地使用权出让金或需交纳的相当于土地使用权出让金的款额；

（3）已投入在建工程的工程款；

（4）施工进度及工程竣工日期；

（5）已完成的工作量和工程量。

五、房地产抵押估价

房地产抵押应确定其抵押价值。为了加强房地产抵押估价管理，防范房地产信贷风险，维护房地产抵押当事人的合法权益，住房和城乡建设部、中国人民银行和中国银行业监督管理委员会共同印发的《关于规范与银行信贷业务相关的房地产抵押估价管理有关问题的通知》、住房和城乡建设部发布的《房地产估价规范》，对房地产管理部门、金融机构和房地产估价机构在银行信贷业务中房地产抵押估价，分别作出了详细规定。

（一）对房地产管理部门的要求

房地产管理部门要建立和完善房地产估价机构和注册房地产估价师信用档案，完善商品房预售合同登记备案、房屋权属登记等信息系统，为公众提供便捷的查询服务；不得要求抵押当事人委托评估房地产抵押价值，不得指定房地产估价机构评估房地产抵押价值；定期对房地产估价报告进行抽检，对有高估或低估等禁止行为的房地产估价机构和注册房地产估价师，要依法严肃查处，并记入其信用档案，向社会公示。

（二）对商业银行的规定

商业银行在发放房地产抵押贷款前，应当确定房地产抵押价值。房地产抵押价值可以由抵押当事人协商议定，也可以由房地产估价机构进行评估。房地产抵押估价原则上由商业银行委托，但商业银行与借款人另有约定的，从其约定，估价费用由委托人承担。房地产估价机构的选用，由商业银行内信贷决策以外的部门，按照公正、公开、透明的原则，择优决定。商业银行内部对房地产抵押价值进行审核的人员，应当具备房地产估价专业知识和技能，且不得参与信贷决策。

商业银行及其工作人员不得以任何形式向房地产估价机构收取中间业务费、业务协作费、回扣以及具有类似性质的不合理或非法费用。任何单位和个人不得非法干预房地产抵押估价活动和估价结果。房地产抵押价值为抵押房地产在估价时点的市场价值，等于假定未设立法定优先受偿权利下的市场价值减去房地产估价师知悉的法定优先受偿款。扣除的法定优先受偿款一般是指在抵押的房地产上债权人依法拥有的优先受偿款，即假定在估价时点实现抵押权时，法律规定优先于本次抵押贷款受偿的款额，包括发包人拖欠承包人的建筑工程价款、已抵押担保的债权数额以及其他法定优先受偿款。商业银行应当加强对已抵押房地产市场价格变化的监测，及时掌握抵押价值变化情况。可以委托房地产估价机构定期或者在市场价格变化较快时，评估房地产抵押价值。处置抵押房地产前，应当委托房地产估价机构进行评估，了解房地产的市场价值。

（三）对房地产估价机构的规定

房地产估价机构应当坚持独立、客观、公正的原则，严格执行房地产估价规范和标准，不得承接超出本估价机构业务范围的估价业务。应勤勉尽责，正直诚实，不得作任何虚假的估价，估价中不得出现重大遗漏；不得采取迎合估价委托人或估价利害关系人的不当要求，高估或者低估、支付回扣、恶性压价等不正当方式承揽房地产抵押估价业务；不得索贿、受贿或利用开展估价业务之便谋取不正当利益。房地产估价机构出具的房地产抵押估价报告应用有效期，从估价报告出具之日起计，不得超过1年。房地产估价师预计估价对象的市场价格将有较大变化的，应当缩短估价报告应用有效期。

六、“带押过户”及其模式

为进一步提高便利化服务水平，降低制度性交易成本，助力经济社会发展，2023年3月3日，自然资源部、中国银行保险监督管理委员会共同发布《关于协同做好不动产“带押过户”便民利企服务的通知》，规定在申请办理已抵押不动产转移登记时，无需提前归还旧贷款、注销抵押登记，即可完成过户、再次抵押和发放新贷款等手续，实现不动产登记和抵押贷款的有效衔接。“带押过户”主要适用于在银行业金融机构存在未结清的按揭贷款，且按揭贷款当前无逾期的情形。《自然资源部关于做好不动产抵押权登记工作的通知》（自然资发〔2021〕54号）规定，不动产登记簿已记载禁止或限制转让抵押不动产的约定，或者《民法典》实施前已经办理抵押登记的，应当由当事人协商一致再行办理。各地要在已有工作的基础上，根据当地“带押过户”推行情况、模式及配套措施情况，深入探索，以点带面，积极做好“带押过户”。要推动省会城市、计划单列市率先实现，并逐步向其他市县拓展；要推动同一银行业金融机构率先实现，并逐步向跨银行业金融机构拓展；要推动住宅类不动产率先实现，并逐步向工业、商业等类型不动产拓展。实现地域范围、金融机构和不动产类型全覆盖，常态化开展“带押过户”服务。

各地在实践探索中，主要形成了三种“带押过户”模式。

模式一：新旧抵押权组合模式，通过借新贷、还旧贷无缝衔接，实现“带押过户“。买卖双方及涉及的贷款方达成一致，约定发放新贷款、偿还旧贷款的时点和方式等内容，不动产登记机构合并办理转移登记、新抵押权首次登记与旧抵押权注销登记。

模式二：新旧抵押权分段模式。通过借新贷、过户后还旧贷，实现“带押过户”。买卖双方及涉及的贷款方达成一致，约定发放新贷款、偿还旧贷款的时点和方式等内容，不动产登记机构合并办理转移登记、新抵押权首次登记等，卖方贷款结清后及时办理旧抵押权注销登记。

模式三：抵押权变更模式。通过抵押权变更实现“带押过户”。买卖双方及涉及的贷款方达成一致，约定抵押权变更等内容，不动产登记机构合并办理转移登记、抵押权转移登记以及变更登记。

第三节 住房公积金制度

一、住房公积金制度概述

住房公积金制度始于20世纪90年代初，1999年颁布、2002年和2019年修订的《住房公积金管理条例》规定，住房公积金是指国家机关、国有企业、城镇集体企业、外商投资企业、城镇私营企业及其他城镇企业、事业单位、民办非企业单位、社会团体（以下统称单位）及其在职职工缴存的长期住房储金。

住房公积金制度从房改初期主要用于建房，扩大住房供应，帮助职工住房解决困难和购买公房，发展至今，主要用于公积金账户积累和低息住房公积金贷款，支持职工进入住房市场消费，在帮助职工家庭通过市场解决住房问题中发挥了重要作用。

（一）住房公积金的性质

住房公积金的本质属性是工资性，是住房分配货币化的重要形式。单位按职工工资的一定比例为职工缴存住房公积金，实质是以住房公积金的形式给职工增加了一部分住房工资，从而达到促进住房分配机制转换的目的。《住房公积金管理条例》规定，职工个人缴存的住房公积金和职工所在单位为职工缴存的住房公积金，属于职工个人所有。

（二）住房公积金的特点

（1）义务性。亦称强制性，是指凡在职职工及其所在单位都应按规定的缴存基数、缴存比例建立并按月缴存住房公积金。

（2）互助性。是指住房公积金具有储备和融通的特性，可集中全社会职工的力量，把个人较少的钱集中起来，形成规模效应。缴存住房公积金的人都具有使用住房公积金的权利，有房的人帮助无房的人，暂时不买房的人支持即期买房的人，通过所有职工互帮互助，达到提高或改善居住条件的目的。

（3）保障性。是指住房公积金定向用于职工住房，并可通过安全运作实现合理增值。公积金的增值收益除了提取贷款风险准备金和住房公积金管理中心的管理费用以外，还可用于建设城市公共租赁住房（廉租房）的补充资金等。

（三）住房公积金制度的作用

住房公积金把住房改革和住房发展紧密地结合起来，缓解了长期困扰我国的住房机制转换问题和政策性住房融资问题。其作用主要有以下几个方面：

（1）住房公积金制度作为法定的住房货币分配方式是改革住房分配制度、把住房实物分配转变为货币分配的重要手段之一，其增加了职工工资中的住房消费含量，实现了分配体制的转换。

（2）建立了职工个人住房资金积累机制，增强了职工解决住房问题的能力，调整了职工消费结构，确保了职工住房消费支出，有利于扩大住房消费，增加住房有效需求。

（3）住房公积金制度为缴存职工提供比商业贷款利率低的住房公积金贷款，促进了政策性住房信贷体系的建立。

（四）住房公积金管理的基本原则

住房公积金管理的基本原则是“住房公积金管理委员会决策、住房公积金管理中心运作、银行专户存储、财政监督”，其目的是保障住房公积金规范管理和安全运作，维护住房公积金所有人的合法权益。

住房公积金管理委员会决策是指由直辖市和省、自治区人民政府所在地的市以及其他设区的市、地、州、盟（以下简称设区城市）人民政府负责人，有关部门负责人，有关专家以及工会、职工、单位代表组成的住房公积金管理委员会，作为住房公积金管理的决策机构，通过严格、规范的议事制度，实行民主决策。住房公积金管理委员会的成员中，人民政府负责人和建设、财政、人民银行等有关部门负责人及有关专家占1/3，工会代表和职工代表占1/3，单位代表占1/3。

住房公积金管理中心运作是指每个设区城市依法成立一个住房公积金管理中心，它直属于城市人民政府，是不以营利为目的的独立事业单位，负责住房公积金的管理运作。

银行专户存储是指住房公积金管理中心按照中国人民银行规定，在指定的商业银行设立住房公积金专用账户，专项存储住房公积金，并委托受托银行办理住房公积金贷款、结算等金融业务和住房公积金账户的设立、缴存、归还等手续。财政监督是指住房公积金的运营和管理，必须建立、健全监督机构。国务院建设行政主管部门会同国务院财政部门、中国人民银行拟定住房公积金政策，并监督执行。省、自治区人民政府建设行政主管部门会同同级财政部门以及中国人民银行分支机构，负责本行政区域内住房公积金管理法规、政策执行情况的监督。

二、住房公积金缴存、提取和使用

（一）住房公积金缴存

住房公积金缴存是指住房公积金管理中心作为住房公积金管理的法定机构，依据《住房公积金管理条例》和政府授予的职权，将职工个人按照比例缴存的及其所在单位按照规定比例为职工缴存的住房公积金，全部归集于管理中心在受委托银行开立的住房公积金专户内，存入职工个人账户，并集中管理运作的行为。

1. 住房公积金缴存

（1）缴存住房公积金的对象。国家机关、国有企业、城镇集体企业、外商投资企业、城镇私营企业及其他城镇企业、事业单位、民办非企业单位和社会团体及其在职职工，都应按月缴存住房公积金。根据住房和城乡建设部、财政部、中国人民银行发布的《关于住房公积金管理若干具体问题的指导意见》，有条件的地方，城镇单位聘用进城务工人员，单位和职工可缴存住房公积金；城镇个体工商户、自由职业人员可申请缴存住房公积金。2017 年 11 月住房和城乡建设部等部门发文明确指出，在内地（大陆）就业的港澳台同胞，均可按照《住房公积金管理条例》和相关政策规定缴存住房公积金。

（2）缴存比例。缴存比例是指职工个人按月缴存（或职工单位按月为职工缴存）住房公积金的数额占职工上一年度月平均工资的比例，职工和单位住房公积金的缴存比例均不得低于 5%，有条件的城市可以适当提高缴存比例。具体缴存比例由住房公积金管理委员会拟订，经本级人民政府审核后，报省、自治区、直辖市人民政府批准后执行。

（3）住房公积金月缴存额，为职工本人上一年度月平均工资分别乘以职工和单位住房公积金缴存比例后的和，即：

住房公积金月缴存额＝（职工本人上一年度月平均工资×职工住房公积金缴存比例）＋（职工本人上一年度月平均工资×单位住房公积金缴存比例）

新参加工作的职工从参加工作的第二个月开始缴存住房公积金，月缴存额为职工本人当月工资乘以职工住房公积金缴存比例。单位新调入职工从调入单位发放工资之日起缴存住房公积金，月缴存额为职工本人当月工资乘以职工住房公积金缴存比例。

2. 职工住房公积金的查询和对账

住房公积金管理中心要为每一位缴存住房公积金的职工发放缴存住房公积金的有效凭证。职工个人可以直接到住房公积金管理中心或受委托银行查询个人住房公积金缴存情况，也可以通过住房公积金磁卡、电话、网络系统查询。每年6月30日结息后，住房公积金管理中心要向职工发送住房公积金对账单，与单位和职工对账。职工对缴存情况有异议的，可以申请受托银行复核。对复核结果有异议的，可以申请住房公积金管理中心重新复核。受委托银行、住房公积金管理中心应当自收到申请之日起5日内给予书面答复。

（二）住房公积金的提取和使用

1. 住房公积金提取

职工个人住房公积金的提取，是指缴存职工因特定住房消费或丧失缴存条件时，按照规定把个人账户内的住房公积金存储余额取出的行为。

职工提取住房公积金的情形有：

（1）购买、建造、翻建、大修自住住房的；

（2）离休、退休的；

（3）完全丧失劳动能力并与单位终止劳动关系的；

（4）出境定居的；

（5）偿还购房贷款本息的；

（6）房租超出家庭工资收入规定比例的。

对于在缴存城市无自有住房且租赁住房的，2015年1月，住房和城乡建设部、财政部、中国人民银行印发《关于放宽提取住房公积金支付房租条件的通知》，明确租房提取条件。职工连续足额缴存住房公积金满3个月，本人及配偶在缴存城市无自有住房且租赁住房的，可提取夫妻双方住房公积金以支付房租。

职工死亡或者被宣告死亡的，职工的继承人、受遗赠人可以提取职工住房公积金账户内的存储余额；无继承人也无受遗赠人的，职工住房公积金账户内的存储余额纳入住房公积金的增值收益。

2. 职工住房公积金的使用

职工个人住房公积金的使用是指职工个人在其住房公积金缴存期间，依法使用住房公积金的行为。

职工对住房公积金的使用具体表现为申请个人住房贷款。缴存住房公积金的职工在购买、建造、翻建、大修自住住房时，可以向住房公积金管理中心申请住房公积金贷款。个人住房贷款是住房公积金使用的主要形式。

三、住房公积金个人住房贷款

（一）住房公积金个人住房贷款特征

住房公积金是用于解决职工自住住房的一种工资形式，住房公积金的义务性、保障性和互助性，主要通过住房公积金的信贷政策来体现。

住房公积金个人住房贷款与商业性个人住房贷款除贷款资金来源不同外，在业务运作上也存在较明显差异，主要表现在以下方面。

（1）贷款对象不同。住房公积金个人贷款对象必须是住房公积金缴存人，缴存期限为6个月以上，且处于正常缴存状态。没有还清贷款前，不得再次申请住房公积金贷款。

（2）贷款流程不同。商业性个人住房贷款申请受理、审批、发放流程都在商业银行内部，住房公积金个人贷款受理、发放委托商业银行进行（部分城市住房公积金个人贷款受理由住房公积金管理中心自主完成），贷款审批则根据《住房公积金管理条例》规定由当地住房公积金管理中心负责。《住房公积金管理条例》规定住房公积金管理中心应当自受理申请之日起15日内作出准予贷款或者不准贷款的决定，并通知申请人；准予贷款的，由受委托银行办理贷款手续。

（3）贷款额度、利率不同。住房公积金个人贷款在确定贷款额度时，除与商业性住房贷款相同要求考核贷款成数、借款人还款能力外，还规定不得超过当地规定的单笔最高贷款额度，住房公积金的单笔最高贷款额度由当地住房公积金管理委员会确定。另外，部分城市还将住房公积金可贷款额度与借款人住房公积金缴存余额相挂钩。我国住房公积金制度实行低利率政策，住房公积金个人贷款利率低于商业性住房贷款利率。

【例题6-4】住房公积金个人住房贷款审批主体是（　　）。

A. 受托办理贷款银行　　B. 当地住房公积金管理委员会

C. 当地住房公积金管理中心　　D. 当地住房交易管理部门

参考答案：C

（二）近年来有关住房公积金个人住房贷款政策

为提高住房公积金个人住房贷款发放率，支持缴存职工购买首套和改善型自住住房，住房和城乡建设部、财政部、中国人民银行印发《关于发展住房公积金个人住房贷款业务的通知》强调，要推进异地贷款业务。各省、自治区、直辖市要实现住房公积金缴存异地互认和转移接续。职工在就业地缴存住房公积金，在户籍所在地购买自住住房的，可持就业地住房公积金管理中心出具的缴存证明，向户籍所在地住房公积金管理中心申请住房公积金个人住房贷款。要降低贷款中间费用。住房公积金个人住房贷款担保以所购住房抵押为主。取消住房公积金个人住房贷款保险、公证、新房评估和强制性机构担保等收费项目，减轻贷款职工负担。要优化贷款办理流程。各地住房公积金管理中心与房屋产权登记机构应尽快联网，实现信息共享，简化贷款办理程序，缩短贷款办理周期。房屋产权登记机构应在受理抵押登记申请之日起 10 个工作日内完成抵押权登记手续；住房公积金管理中心应在抵押登记后 5 个工作日内完成贷款发放。房地产开发企业不得拒绝缴存职工使用住房公积金贷款购房。要提高贷款服务效率。各地住房公积金管理中心要健全贷款服务制度，完善服务手段，积极开展网上贷款业务咨询、贷款初审等业务，要全面开通 12329 服务热线和短信平台，向缴存职工提供数据查询、业务咨询、还款提示、投诉举报等服务。积极探索建立全省统一的 12329 服务热线和短信平台。

为维护住房公积金缴存职工合法权益，有效发挥住房公积金制度作用，住房和城乡建设部、财政部、中国人民银行、国土资源部印发《关于维护住房公积金缴存职工购房贷款权益的通知》强调，房地产开发企业不得拒绝缴存职工使用住房公积金贷款购房，有关规定如下。

（1）压缩贷款审批时限。住房公积金管理中心和受托银行要规范贷款业务流程，减少审批环节，压缩审批时限。自受理贷款申请之日起 10 个工作日内完成审批工作。准予贷款的，通知受托银行办理贷款手续；不准予贷款的，应当说明理由。

（2）严格委贷业务考核。住房公积金管理中心和受托银行应在委托贷款协议中明确约定职责分工和办理时限。受托银行要按照协议约定，及时受理职工住房公积金贷款申请和办理相关委托贷款手续。住房公积金管理中心要加强对受托银行的考核，对不履行委贷协议约定事项的，应扣减贷款手续费；情节严重的，可暂停或取消住房公积金业务办理资格。

（3）加强销售行为管理。住房和城乡建设主管部门要加强市场监管，要求房地产开发企业在销售商品房时，提供不拒绝购房人使用住房公积金贷款的书面承诺，并在楼盘销售现场予以公示。房地产开发企业要认真履行承诺，不得以提高住房销售价格、减少价格折扣等方式限制、阻挠、拒绝购房人使用住房公积金贷款，不得要求或变相要求购房人签署自愿放弃住房公积金贷款权利的书面文件。

（4）提高抵押登记效率。不动产登记机构应当严格按照有关规定，及时受理住房公积金贷款抵押登记申请，在10个工作日内完成抵押登记手续，要应用信息化等技术手段进一步提升住房公积金贷款抵押登记效率。

（5）公开业务办理流程。各地要通过电视、报刊、广播、网络等新闻媒体，公开住房公积金贷款业务流程、审批要件、办理地点、办理部门和办结时限，并在业务办理网点显著位置设立宣传牌、公告栏予以明示。

（6）促进部门信息共享。各地住房和城乡建设、不动产登记、人民银行等部门要切实落实国务院“互联网＋政务服务”要求，建立住房公积金贷款业务办理信息共享机制，让数据多跑路、职工不跑路或少跑路。

（7）加大联合惩戒力度。各地住房和城乡建设部门和住房公积金管理中心要及时查处损害职工住房公积金贷款权益的问题。对限制、阻挠、拒绝职工使用住房公积金贷款购房的房地产开发企业和销售中介机构，要责令整改。对违规情节严重、拒不整改的，要公开曝光，同时纳入企业征信系统，依法严肃处理。

（三）住房公积金个人住房贷款的相关规定

根据《住房公积金个人住房贷款业务规范》GB/T 51267—2017规定，住房公积金个人住房借款的申请人（含共同申请人）申请住房公积金个人住房贷款时，需填写、提交住房公积金个人住房贷款申请表，并应提交借款申请资料；同时，该规范对住房公积金个人住房贷款申请所需提交的材料、贷款期限与额度等作出了具体规定。

1. 申请住房公积金个人住房贷款需提交的材料

（1）身份证明：包括居民身份证、户口簿等有效身份证件；

（2）婚姻状况证明：包括结婚证、离婚证等；

（3）首付款证明：购买新建自住住房的，提供售房单位出具的发票或收据；购买再交易自住住房的，提供售房人或符合规定的第三方出具的收据或已支付凭证；建造、翻建、大修自住住房的，提供施工单位出具的收款凭证；

（4）贷款用途证明：贷款用于购买自住住房的，提供经房地产行政主管部门备案的购房合同（协议）或其他证明文件；贷款用于建造、翻建自住住房的，提供工程概预算以及规划、建设等有关部门的批准文件；贷款用于大修自住住房的，提供房屋权属证明、房屋安全鉴定证明、工程概预算等；

（5）贷款担保资料：贷款采取抵押或质押担保方式的，提供抵押或质押权利清单、权属证明文件，及有处分权人出具的同意抵押或质押的证明；贷款采取保证担保的，由保证人提供相关担保资料；

(6) 住房公积金个人住房贷款收款人银行开户情况证明等贷款收款账户资料；

(7) 贷款还款账户资料；

(8) 异地贷款的，提供异地贷款职工住房公积金缴存使用证明；

(9) 其他需要的资料。

2. 住房公积金个人住房贷款期限与额度

(1) 申请的住房公积金个人住房贷款的期限不得超过30年，且贷款到期日不超过借款申请人（含共同申请人）法定退休时间后5年。

(2) 申请的住房公积金个人住房贷款金额、期限及适用利率，应按等额本息还款法计算的月均还款额，不应超过借款申请人（含共同申请人）月收入的规定比例。所申请贷款额度不应高于借款申请人（含共同申请人）公积金账户缴存余额的一定倍数。

复习思考题

1. 近年来个人住房贷款政策调整内容有哪些？
2. 个人住房贷款申请应具备的条件有哪些？
3. 什么是房地产抵押？其特征是什么？
4. 房地产抵押的主要类型有哪些？
5. 房地产抵押设定的条件有哪些？
6. 房地产抵押合同应载明的内容有哪些？
7. 住房公积金的提取和使用各有哪些要求？
8. 住房公积金个人住房贷款和商业性个人住房贷款的区别是什么？
9. 申请住房公积金个人住房贷款需提交的材料有哪些？

第七章　房地产交易税费相关制度政策

房地产税费涉及房地产开发、交易、持有等多个环节，包括房地产开发用地、新建商品房、二手房和出租房屋等各种不同类型房地产、不同当事人在交易环节应缴纳什么税、税率是多少、有无减税免税规定以及一宗房地产交易应缴纳税费总额是多少等，都是房地产经纪人应当准确掌握并及时为当事人提供专业服务的内容。本章介绍了房地产税收的概念与特征、税制构成，契税、增值税、个人所得税、企业所得税、房产税、土地增值税、印花税、其他税费及相关优惠政策等。

第一节　税费制度概述

一、税收的概念及特征

（一）概念

税收是国家为满足社会公共需要，凭借公共权力，按照法律规定程序和标准，参与社会产品的分配，强制地、无偿地取得财政收入的一种方式。

（二）特征

税收与其他分配方式相比，具有强制性、无偿性和固定性的特征。

（1）强制性：是指根据法律规定，国家以社会管理者的身份，对所有的纳税人强制性征税，纳税人不得以任何理由抗拒国家税收。强制性特征体现在两个方面：一方面税收分配关系的建立具有强制性，即税收征收完全是凭借国家拥有的公共权力；另一方面是税收的征收过程具有强制性，即如果出现了税收违法行为，国家可以依法进行处罚。

（2）无偿性：是指国家取得税收，对具体纳税人既不需要直接偿还，也不支付任何形式的直接报酬。所谓税收，就是向纳税人的无偿征收税款。无偿性是税收的关键特征。

（3）固定性：也称确定性，是指国家征税必须通过法律形式，事先规定纳税人、征税对象、税率、征税额度等。这些标准一经确定，在一定时间内是相对稳定的。这是税收区别于其他财政收入的重要特征。

二、税收制度及构成要素

税收制度简称税制，是国家各项税收法律、法规、规章和税收管理体制等的总称，是国家处理税收分配关系的总规范。税收法律、法规及规章是税收制度的主体。

税收制度由纳税义务人（以下简称纳税人）、征税对象、计税依据、税率或税额标准、加成和减税免税、违章处理等要素构成。

（一）纳税人

纳税人是国家行使征税权所指向的单位和个人，即税法规定的直接负有纳税义务的单位和个人。

（二）征税对象

征税对象又称课税对象、征税客体，是指税法规定对什么征税，是征纳税双方权利义务共同指向的客体或标的物。

征税对象决定税收的征税范围，是区别征税与不征税的主要界限，也是区别不同税种的主要标志。根据征税对象性质的不同，税种可分为五大类：流转税、收益税、财产税、资源税和行为目的税。

（三）计税依据

计税依据也称“课税依据”“课税基数”，是计算应纳税额的依据。计税依据按照计量单位划分，有两种情况：一是从价计征，二是从量计征。市场经济条件下，绝大多数税种都是从价计征。从价计征是指以课税对象的自然数量与单位价格的乘积为计税依据进行征税，从价计征收税按定率征收，即按照确定的计税依据价格，按规定的比例税率征收。从量计征是指以课税对象的实物形式（件数、重量、面积、容积等）作为计税依据进行征税。从量计征收税一般实行定额税率征收。即按照确定的计税依据数量，按规定的定额税率征收。

（四）税率或税额标准

税率是据以计算应纳税额的比率，即对课税对象的征收比例。税率和税额标准体现征税的深度。在征税对象和税目（即具体的征税项目，复杂的税种需设税目）不变的情况下，征税额和税率成正比。税率是税收制度和政策的中心环节，直接关系到国家财政收入和纳税人的负担水平。我国现行的税率形式有比例税率、累进税率、定额税率三种。

（五）附加、加成和减免

纳税人负担的轻重，主要通过税率的高低来调节，但还可以通过附加、加成和减税免税措施来调节。

1. 附加和加成是加重纳税人负担的措施

附加是在正税征收的同时，再对正税额外加征的一部分税款。通常情况下把按国家税法规定的税率征收的税款称为正税，把正税以外征收的附加称为副税。我国现今附加税的征收，通常都有税法指明的特定目的，如城市维护建设税、教育费附加等。

加成是加成征收的简称。对特定的纳税人实行加成征税，加一成等于加正税的10%，加二成等于加正税的20%，以此类推。

加成和附加不同，加成只对特定的纳税人加征，而附加是对正税所有纳税人加征。加成一般在收益课税中采用，以便有效地调节某些纳税人的收入，附加则不一定。

2. 减税、免税以及规定起征点和免征额是减轻纳税人负担的措施

减税就是减征部分税款，免税就是免交全部税款。减税、免税是国家根据一定时期的政治、经济、社会政策的要求，对某些特定的生产经营活动或某些特定的纳税人给予的优惠。或者说减税、免税是对某些纳税人和征税对象给予鼓励和照顾的一种措施。减税、免税的类型有：一次性减税免税、一定期限的减税免税、困难照顾型减税免税和扶持发展型减税免税等。

税收具有严肃性，而税收制度中关于附加、加成和减税免税的有关规定，则是把税收法律制度的严肃性和必要性结合进来，使税收法律制度能够因地制宜，更好地发挥税收调节作用。

（六）违章行为及处理

纳税人的违章行为通常包括偷税、抗税、漏税、欠税等不同情况。偷税是指纳税人有意识地采取非法手段不交税或少交税款的违法行为。抗税是指纳税人以暴力、威胁方法对抗国家税法拒绝纳税的违法行为。漏税是指纳税人无意识地漏缴或者少缴税款的违章行为。欠税即拖欠税款，是指纳税人不按规定期限交纳税款的违章行为。偷税和抗税属于违法犯罪行为。漏税和欠税属于一般违章行为，不构成犯罪。

违章处理是对纳税人违反税法行为的处置。对纳税人的违章行为，根据情节轻重，分别采取批评教育、强行扣款、加收滞纳金、罚款、追究刑事责任等方式进行处理。

三、我国现行房地产税种

目前，在房地产开发、交易、持有等环节涉及的税种有契税、增值税、个人

所得税、企业所得税、房产税、土地增值税、印花税、城镇土地使用税、耕地占用税、城市维护建设税等。其中，契税、房产税、土地增值税、城镇土地使用税、耕地占用税等属于房地产独有的税种。

（一）房地产开发环节的税收

房地产开发环节的税收，有取得建设用地使用权的契税、耕地占用税、城镇土地使用税、印花税，有建筑施工企业的增值税及城市维护建设税、教育费附加。

（二）房地产交易环节的税收

房地产交易环节的税收有以下几种：

（1）新建商品房买卖环节的税收。有卖方的增值税及城市维护建设税、教育费附加、土地增值税、企业所得税、印花税；有买方的契税、印花税。

（2）二手房买卖环节的税收。有卖方的增值税及城市维护建设税、教育费附加、个人所得税或者企业所得税、土地增值税、印花税；有买方的契税、印花税。

（3）房屋出租的税收。有房产税、增值税及城市维护建设税、教育费附加、企业所得税、个人所得税、印花税。为简便征收，北京、上海等城市对个人出租住房实施住房出租综合税率方式。

（三）房地产持有环节的税收

房地产持有环节的税收，有房产税、城镇土地使用税。

四、房地产收费

房地产收费大致可分为行政性收费和经营服务性收费等。行政性收费是指企业和个人在税收以外向政府及其行政事业单位交纳的各种费用。房地产行政性收费主要有行政事业性收费和政府性基金（统称政府规费），依照法律法规或物价部门批准的文件执行，收取的资金进入财政专户，有的用于支持专项事业发展，有的用于为社会提供特定的服务。对于房地产开发企业来说，税外收费可以直接或间接地计入企业的开发成本，再通过商品房销售，转嫁给购房者。经营服务性收费，不属于政府收费，是企业和个人向一些具有专业资质的社会机构支付的费用。

（一）房地产开发环节的收费

1. 行政性收费

房地产行政性收费通常是房地产开发环节的收费，按照开发企业取得土地的不同，可分为土地一级开发收费和土地二级开发收费两类。

土地一级开发政府规费项目，主要有土地补偿费、征收（拆迁）安置补助费、地上附着物和青苗补偿费、耕地开垦费、土地复垦费、新菜地开发建设基金、城市房屋征收管理费、土地上市招标代理服务费、防洪工程维护管理费、新增用地有偿使用费等10余项费用。这些费用在土地实行招拍挂出让后，已体现在土地出让的地价款中，目前基本上不再单独出现。

土地二级开发政府规费属于房地产开发环节企业应向政府缴纳的费用，当前主要有：城市基础设施配套费、新型墙体材料发展基金、工程质量监督费、防空地下室易地建设费、占道费、绿化费等。

2. 经营服务性收费

除政府规费外，房地产开发企业需要支付一些经营服务性收费，或者说是相关企业、机构在房地产项目开发过程中为房地产开发企业提供专业性有偿服务而收取的费用。经营服务性费用种类较多，主要包括环境影响评价费、交通影响评价费、可行性研究费、地震影响评价分析费、招标投标代理费、勘察测绘费、规划设计费、施工图设计费、施工图审查费、文物勘探费、档案服务费、沉降观测费、防雷检测费、墙体保温节能监测费、工程造价咨询费、工程监理费等，据不完全统计，这部分费用有20项左右，在具体实施中各地名称、种类有所差别。

（二）房地产交易环节的收费

房地产交易环节的收费，主要有房地产评估费、房地产经纪服务费、不动产登记费、利用房地产档案费等类别。不动产登记费、利用房地产档案费属于政府规费，房地产评估费、房地产经纪服务费则属于经营服务性收费。目前，有全国性收费标准的房地产交易环节收费主要是不动产登记费。

第二节　契　　税

契税是在土地、房屋权属发生转移时，对产权承受人征收的一种税。征收契税的主要依据是《契税法》。《契税法》自2021年9月1日起施行。2021年5月，财政部、国家税务总局发布了《关于贯彻实施契税法若干事项执行口径的公告》，对契税征收工作中有关问题进行了统一规范。

一、纳税人

《契税法》规定，在中华人民共和国境内转移土地、房屋权属，承受的单位和个人为契税的纳税人。单位是指企业、行政单位、事业单位、军事单位和社会团体及其他单位。个人是指个体工商户及其他个人，包括中国公民和外籍人员。

征收契税的土地、房屋权属，具体为土地使用权、房屋所有权。转移土地、房屋权属是指下列行为：

（1）土地使用权出让；

（2）土地使用权转让，包括出售、赠与和互换；

（3）房屋买卖；

（4）房屋赠与；

（5）房屋互换。

以作价投资（入股）偿还债务、划转、奖励等方式转移土地、房屋权属的，应当按规定征收契税。

上述行为中，土地使用权转让不包括土地承包经营权、土地经营权的转移。

二、征税对象

契税的征税对象是转移土地、房屋权属的行为。

下列情形发生土地、房屋权属转移的，承受方应当依法缴纳契税：

（1）因共有不动产份额变化的；

（2）因共有人增加或减少的；

（3）因人民法院、仲裁委员会的生效法律文书或者监察机关出具的监察文书等因素，发生土地、房屋权属转移的。

三、计税依据

（1）土地使用权出让、出售，房屋买卖，为土地、房屋权属转移合同确定的成交价格，包括应交付的货币以及实物、其他经济利益对应的价款。

（2）土地使用权互换、房屋互换，为所互换的土地使用权、房屋价格的差额。土地使用权互换、房屋互换，互换价格相等的，互换双方计价依据为零；互换价格不相等的，以其差额为计税依据，由支付差额的一方缴纳契税。

（3）土地使用权赠与（含遗赠）、房屋赠与（含遗赠以及其他没有价格的转移土地、房屋权属行为，为税务机关参照土地使用权出售、房屋买卖的市场价格依法核定的价格。

纳税人申报的成交价格、互换价格差额明显偏低且无正当理由的，由税务机关依照《税收征收管理法》的规定核定。

契税若干计税依据的具体情形：

（1）以划拨方式取得的土地使用权，经批准改为出让方式重新取得该土地使用权的，为该土地使用权人应补缴的土地出让价款；

（2）先以划拨方式取得土地使用权，后经批准转让房地产，划拨土地性质改为出让的，为承受方应补缴的土地出让价款和房地产权属转移合同确定的成交价格；

（3）先以划拨方式取得土地使用权，后经批准转让房地产，划拨土地性质未发生改变的，为房地产权属转移合同确定的成交价格；

（4）土地使用权及所附建筑物、构筑物等（包括在建的房屋、其他建筑物、构筑物和其他附着物）转让的，为承受方应交付的总价款；

（5）土地使用权出让的，计税依据包括土地出让金、土地补偿费、安置补助费、地上附着物和青苗补偿费、征收补偿费、城市基础设施配套费、实物配建房屋等应交付的货币以及实物、其他经济利益对应的价款；

（6）房屋附属设施（包括停车位、机动车库、非机动车库、顶层阁楼、储藏室及其他房屋附属设施）与房屋为同一不动产单元的，为承受方应交付的总价款；房屋附属设施与房屋为不同不动产单元的，为转移合同确定的成交价格，并按当地确定的适用税率计税；

（7）承受已装修房屋的，为承受方应交付的包括装修费用在内的总价款；

（8）土地使用权互换、房屋互换，互换价格不相等的，为互换价格的差额；

（9）契税的计税依据不包括增值税。

四、税率

契税采用比例税率，税率为3％～5％。由省、自治区、直辖市人民政府在规定的幅度内提出，报同级人民代表大会常务委员会决定，并报全国人民代表大会常务委员会和国务院备案。

五、纳税环节和纳税期限

契税纳税义务发生时间，为纳税人签订土地、房屋权属转移合同的当日，或者纳税人取得其他具有土地、房屋权属转移合同性质凭证的当日。

纳税环节是在纳税义务发生以后，办理不动产权证之前。按照《契税法》，纳税人应当在依法办理土地、房屋权属登记手续前申报缴纳契税。

六、减税、免税规定

（1）有下列行为之一的，免征契税：

① 国家机关、事业单位、社会团体、军事单位承受土地、房屋用于办公、教学、医疗、科研、军事设施；

② 非营利性的学校、医疗机构、社会福利机构承受土地、房屋权属用于办公、教学、医疗、科研、养老、救助；

③ 承受荒山、荒地、荒滩土地使用权用于农、林、牧、渔业生产；

④ 婚姻关系存续期间夫妻之间变更土地、房屋权属；

⑤ 法定继承人通过继承承受土地、房屋权属；

⑥ 依照法律规定应当予以免税的外国驻华使馆、领事馆和国际组织驻华代表机构承受土地、房屋权属。

（2）根据国民经济和社会发展的需要，国务院对居民住房需求保障、企业改革重组、灾后重建等情形可以规定免征或者减征契税，报全国人民代表大会常务委员会备案。

有下列情形之一的，由省、自治区、直辖市决定是否免征或者减征契税：

① 因土地、房屋被县级以上人民政府征收、征用，重新承受土地、房屋权属；

② 因不可抗力住房灭失，重新承受住房权属。

上述规定的免征或者减征契税的具体办法，由省、自治区、直辖市人民政府提出，报同级人民代表大会常务委员会决定，并报全国人民代表大会常务委员会和国务院备案。

（3）上述条款中免征契税的具体情形如下。

① 享受契税免税优惠的非营利性的学校、医疗机构、社会福利机构，限于上述三类单位中依法登记为事业单位、社会团体、基金会、社会服务机构等的非营利法人和非营利组织。其中：

a. 学校的具体范围为经县级以上人民政府或者其教育行政部门批准成立的大学、中学、小学、幼儿园，实施学历教育的职业教育学校、特殊教育学校、专门学校，以及经省级人民政府或者其人力资源社会保障行政部门批准成立的技工院校；

b. 医疗机构的具体范围为经县级以上人民政府卫生健康行政部门批准或者备案设立的医疗机构；

c. 社会福利机构的具体范围为依法登记的养老服务机构、残疾人服务机构、儿童福利机构、救助管理机构、未成年人救助保护机构；

② 享受契税免税优惠的土地、房屋用途具体如下：

a. 用于办公的，限于办公室（楼）以及其他直接用于办公的土地、房屋；

b. 用于教学的，限于教室（教学楼）以及其他直接用于教学的土地、房屋；

c. 用于医疗的，限于门诊部以及其他直接用于医疗的土地、房屋；

d. 用于科研的，限于科学试验的场所以及其他直接用于科研的土地、房屋；

e. 用于军事设施的，限于直接用于《军事设施保护法》规定的军事设施的土地、房屋；

f. 用于养老的，限于直接用于为老年人提供养护、康复、托管等服务的土地、房屋；

g. 用于救助的，限于直接为残疾人、未成年人、生活无着的流浪乞讨人员提供养护、康复、托管等服务的土地、房屋。

③ 纳税人符合减征或者免征契税规定的，应当按照规定进行申报。

七、其他有关规定

除了上述减免规定外，国家还对部分特殊情形下的契税优惠政策进行了明确，具体内容如下：

（1）夫妻因离婚分割共同财产发生土地、房屋权属变更的，免征契税。

（2）城镇职工按规定第一次购买公有住房的，免征契税。

公有制单位为解决职工住房而采取集资建房方式建成的普通住房或由单位购买的普通商品住房，经县级以上地方人民政府房改部门批准、按照国家房改政策出售给本单位职工的，如属职工首次购买住房，比照公有住房免征契税。

已购公有住房经补缴土地出让价款成为完全产权住房的，免征契税。

（3）外国银行分行按照《中华人民共和国外资银行管理条例》等相关规定改制为外商独资银行（或其分行），改制后的外商独资银行（或其分行）承受原外国银行分行的房屋权属的，免征契税。

（4）对金融租赁公司开展售后回租业务，承受承租人房屋、土地权属的，照章征税。对售后回租合同期满，承租人回购原房屋、土地权属的，免征契税。

（5）企业改制重组过程中，同一投资主体内部所属企业之间土地、房屋权属的划转，包括母公司与其全资子公司之间，同一公司所属全资子公司之间，同一自然人与其设立的个人独资企业、一人有限责任公司之间的土地、房屋权属的划转，免征契税。母公司以土地、房屋权属向其全资子公司增资，视同划转、免征契税。

（6）自 2016 年 2 月 22 日起，对个人购买家庭唯一住房（家庭成员包括购房人、配偶以及未成年子女，下同），面积为 90m^2 及以下的，减按 1%的税率征收契税；面积为 90m^2 以上的，减按 1.5%的税率征收契税。除北京、上海、广州、深圳外，对个人购买家庭第二套改善性住房，面积为 90m^2 及以下的，减按 1%的税率征收契税；面积为 90m^2 以上的，减按 2%的税率征收契税。家庭第二套改善性住房是指已拥有一套住房的家庭，购买的家庭第二套住房。

（7）个体工商户的经营者将其个人名下的房屋、土地权属转移至个体工商户名下，或个体工商户将其名下的房屋、土地权属转回原经营者个人名下，免征契税。合伙企业的合伙人将其名下的房屋、土地权属转移至合伙企业名下，或合伙企业将其名下的房屋、土地权属转回原合伙人名下，免征契税。

（8）自2019年6月1日至2025年12月31日，承受房屋、土地用于提供社区养老、托育、家政服务的，免征契税。

（9）经济适用住房经营管理单位回购经济适用住房继续作为经济适用住房房源的，免征契税；个人购买经济适用住房，在法定税率基础上减半征收契税。

（10）公共租赁住房经营管理单位购买住房作为公租房，免征契税。

（11）契税纳税义务发生时间的具体情形如下：

① 因人民法院、仲裁委员会的生效法律文书或者监察机关出具的监察文书等发生土地、房屋权属转移的，纳税义务发生时间为法律文书等生效当日；

② 因改变土地、房屋用途等情形应当缴纳已经减征、免征契税的，纳税义务发生时间为改变有关土地、房屋用途等情形的当日；

③ 因改变土地性质、容积率等土地使用条件需补缴土地出让价款，应当缴纳契税的，纳税义务发生时间为改变土地使用条件当日。

发生上述情形，按规定不再需要办理土地、房屋权属登记的，纳税人应自纳税义务发生之日起90日内申报缴纳契税。

（12）“契税完税证明上注明的时间”是指契税完税证明上注明的填发时间。纳税人申报时，同时出具房屋产权证和契税完税证明且二者所注明的时间不一致的，按照“孰先”的原则确定购买房屋的时间。即房屋产权证上注明的时间早于契税完税证明上注明的时间的，以房屋产权证上注明的时间为购买房屋的时间；契税完税证明上注明的时间早于房屋产权证上注明的时间的，以契税完税证明上注明的时间为购买房屋的时间。

个人将通过受赠、继承、离婚财产分割等非购买形式取得的住房对外销售的，其购房时间按发生受赠、继承、离婚财产分割行为前的购房时间确定。其购房价格按发生受赠、继承、离婚财产分割行为前的购房原价确定。

根据国家房改政策购买的公有住房，以购房合同的生效时间、房款收据的开具日期或房屋产权注明的时间，按照“孰先”的原则确定购买房屋的时间。

【例题7-1】下列房地产转让情形中，可免征契税的有（　　）。

A. 法定继承人继承房屋权属的

B. 非法定继承人根据遗嘱承受房屋权属的

C. 受赠人接受个人无偿赠与住房的

D. 经济适用住房经营管理单位购买住房作为经济适用住房的

E. 婚姻关系存续期间夫妻之间变更房屋权属的

参考答案：ADE

【例题 7-2】 王某与某企业签订房屋买卖合同，房屋建筑面积为 90m²，总价为 100 万元。该房屋为王某家庭唯一住房，则王某应缴纳的契税为（　　）万元。

A. 1　　B. 1.5　　C. 2　　D. 3

参考答案：A

第三节 增 值 税

增值税是以商品和劳务在流转过程中产生的增值额作为计税依据而征收的一种流转税。有增值才征税，没有增值不征税。

2016 年 3 月，财政部、国家税务总局联合印发《关于全面推开营业税改征增值税试点的通知》。经国务院批准，自 2016 年 5 月 1 日起，在全国范围内全面推开营业税改征增值税（以下简称营改增）试点，建筑业、房地产业、金融业、生活服务业等全部营业税纳税人，纳入试点范围，由缴纳营业税改为缴纳增值税。2017 年 11 月 19 日国务院发布《关于废止〈中华人民共和国营业税暂行条例〉和修改〈中华人民共和国增值税暂行条例〉的决定》，将建筑业、房地产业、金融业、生活服务业等全部纳入增值税征税范围。现行增值税的基本规范是《增值税暂行条例》和《增值税暂行条例实施细则》。

一、纳税人

在中华人民共和国境内销售货物或者加工、修理修配（以下简称劳务），销售服务、无形资产、不动产以及进口货物的单位和个人，为增值税的纳税人。单位，是指企业、行政单位、事业单位、社会团体以及其他单位。个人，是指个体工商户和其他个人。

纳税人分为一般纳税人和小规模纳税人。应税行为的年应征增值税销售额（以下简称应税销售额）超过财政部和国家税务总局规定标准的纳税人为一般纳税人，未超过规定标准的纳税人为小规模纳税人。年应税销售额超过规定标准的其他个人不属于一般纳税人。年应税销售额超过规定标准但不经常发生应税行为的单位和个体工商户可选择按照小规模纳税人纳税。增值税小规模纳税人标准为应税销售额 500 万元及以下，超过该标准的为一般纳税人。

二、征税对象

征税对象包括：

（1）销售服务，是指提供交通运输服务、邮政服务、电信服务、建筑服务、金融服务、现代服务、生活服务；

（2）销售无形资产，是指有偿转让无形资产所有权或使用权的业务活动；

（3）销售不动产，是指有偿转让不动产所有权的业务活动。

三、计税依据

（1）纳税人按照销售额和规定的增值税率计算收取的增值税额，为销项税额。销售额是纳税人销售货物、劳务、服务、无形资产、不动产以及进口货物收取的全部价款和价外费用，但是不包括收取的销项税额。

（2）计征契税的成交价格不含增值税。

（3）房产出租的，计征房地产税的租金收入不含增值税。

（4）土地增值税纳税人转让房地产取得的收入为不含增值税收入。土地增值税扣除项目涉及的增值税进项税额，允许在销项税额中计算抵扣的，不计入扣除项目；不允许在销项税额中计算抵扣的，可以计入扣除项目。

（5）个人转让房屋的个人所得税应税收入不含增值税，其取得房屋时所支付的价款中包含的增值税计入财产原值，计算转让所得时可扣除的税费不包括本次转让缴纳的增值税。

（6）个人出租房屋的个人所得税应税收入不含增值税，计算房屋出租所得可扣除的税费不包括本次出租缴纳的增值税。个人转租房屋的，其向房屋出租方支付的租金及增值税额，在计算转租所得时予以扣除。

（7）免征增值税的，确定计税依据时，成交价格、租金收入、转让房地产取得的收入不扣减增值税额。

四、税率与征收率

（一）税率

增值税采用比例税率，税目、税率的调整，由国务院决定。

根据财政部、税务总局、海关总署《关于深化增值税改革有关政策的公告》规定，自 2019 年 4 月 1 日起，将增值税税率分别调整为 13%、9%、6%和零税率。其中，纳税人销售基础电信、建筑、不动产租赁服务，销售不动产，转让土地使用权等，税率为 9%。

（二）征收率

增值税征收率是指对特定的货物或特定纳税人发生的应税销售行为在某一生产流通环节应纳增值税税额与销售额的比率。增值税征收率适用于两种情况，一是小规模纳税人；二是一般纳税人发生应税销售行为按规定适用或者选择简易计税方法计税的情形。

下列情况适用5%征收率：

（1）一般纳税人选择简易计税方法计税的不动产销售；

（2）小规模纳税人销售自建或者取得的不动产；

（3）房地产开发企业中的小规模纳税人，销售自行开发的房地产项目；

（4）个人销售其取得的不动产；

（5）一般纳税人选择简易计税方法计税的不动产经营租赁；

（6）小规模纳税人出租（经营租赁）其取得的不动产（不含个人出租住房）；

（7）其他个人出租（经营租赁）其取得的不动产（不含住房）；

（8）个人出租住房，应按照5%的征收率减按1.5%计算应纳税额；

（9）一般纳税人和小规模纳税人提供劳务派遣服务选择差额纳税的；

（10）一般纳税人2016年4月30日前签订的不动产融资租赁合同，或以2016年4月30日前取得的不动产提供的融资租赁服务，选择适用简易计税方法的；

（11）纳税人转让2016年4月30日前取得的土地使用权，选择适用简易计税方法的。

除上述适用5%征收率以外的纳税人选择简易计税方法发生的应税销售行为，征收率均为3%。此外，根据规定，自2023年1月1日至2023年12月31日，增值税小规模纳税人适用3%征收率的应税销售收入，减按1%征收率征收增值税；适用3%预征率的预缴增值税项目，减按1%预征率预缴增值税。

五、计税方法

增值税应纳税额的计算方法，包括一般计税方法和简易计税方法。适用一般计税方法计算的应纳税额，是指当期销项税额抵扣当期进项税额后的余额；适用简易计税方法的计算应纳税额，是指按照销售额和增值税征收率计算的增值税额，不得抵扣进项税额。

（一）一般计税方法

一般纳税人发生应税行为适用一般计税方法。

一般计税方法的应纳税额计算公式：

应纳税额＝当期销项税额－当期进项税额

销项税额，是指增值税纳税人发生应税销售行为时，按照销售额和适用税率计算并向购买方收取的增值税额。

销项税额＝销售额×适用税率

其中：销售额＝含税销售额÷（1＋税率）

进项税额，是指纳税人购进货物、劳务、服务、无形资产或者不动产支付或者负担的增值税额。

进项税额＝买价×扣除率

（二）简易计税方法

一般纳税人发生财政部和国家税务总局规定的特定应税行为，可以选择适用简易计税方法，但一经选择，36个月内不得变更。

简易计税方法的应纳税额计算公式：

应纳税额＝销售额×征收率

（三）增值税起征点幅度

增值税起征点的适用范围限于个人。

增值税起征点的幅度如下：

（1）按期纳税的，为月销售额5 000～20 000元（含本数）；

（2）按次纳税的，为每次（日）销售额300～500元（含本数）。

个人发生应税行为的销售额未达到增值税起征点的，免征增值税；达到起征点的，全额计算缴纳增值税。增值税起征点不适用于登记为一般纳税人的个体工商户。财政部、税务总局公告2023年第1号规定，自2023年1月1日至2023年12月31日，对月销售额10万元以下（含本数）的小规模纳税人，免征增值税。

六、纳税环节和纳税期限

纳税义务发生时间为纳税人提供应税劳务、转让无形资产或者销售不动产并收讫营业收入款项或者取得索取营业收入款项凭据的当天。国务院财政、税务主管部门另有规定的，从其规定。增值税扣缴义务发生时间为纳税人增值税纳税义务发生的当天。

（一）增值税纳税义务发生时间

（1）发生应税销售行为，为收讫销售款项或者取得索取销售款项凭据的当天；先开具发票的，为开具发票的当天。

（2）进口货物，为报关进口的当天。增值税扣缴义务发生时间为纳税人增值税纳税义务发生的当天。

（二）增值税纳税地点

增值税纳税地点主要有以下几种情形：

（1）固定业户应当向其机构所在地的主管税务机关申报纳税。总机构和分支机构不在同一县（市）的，应当分别向各自所在地的主管税务机关申报纳税；经国务院财政、税务主管部门或者其授权的财政、税务机关批准，可以由总机构汇总向总机构所在地的主管税务机关申报纳税。

（2）固定业户到外县（市）销售货物或者劳务，应当向其机构所在地的主管税务机关报告外出经营事项，并向其机构所在地的主管税务机关申报纳税；未报告的，应当向销售地或者劳务发生地的主管税务机关申报纳税；未向销售地或者劳务发生地的主管税务机关申报纳税的，由其机构所在地的主管税务机关补征税款。

（3）非固定业户销售货物或者劳务，应当向销售地或者劳务发生地的主管税务机关申报纳税；未向销售地或者劳务发生地的主管税务机关申报纳税的，由其机构所在地或者居住地的主管税务机关补征税款。

（4）进口货物，应当向报关地海关申报纳税。

扣缴义务人应当向其机构所在地或者居住地的主管税务机关申报缴纳其扣缴的税款。

（三）增值税纳税期限

增值税的纳税期限分别为1日、3日、5日、10日、15日、1个月或者1个季度。纳税人的具体纳税期限，由主管税务机关根据纳税人应纳税额的大小分别核定；不能按照固定期限纳税的，可以按次纳税。

纳税人以1个月或者1个季度为1个纳税期的，自期满之日起15日内申报纳税；以1日、3日、5日、10日或者15日为1个纳税期的，自期满之日起5日内预缴税款，于次月1日起15日内申报纳税并结清上月应纳税款。

七、增值税其他相关规定

（一）对不动产经营租赁服务的主要规定

（1）一般纳税人出租其2016年4月30日前取得的不动产，可以选择适用简易计税方法，按照5%的征收率计算应纳税额。纳税人出租其在2016年4月30日前取得的、与机构所在地不在同一县（市）的不动产，应按照上述计税方法在不动产所在地预缴税款后，向机构所在地主管税务机关进行纳税申报。

（2）一般纳税人出租其2016年5月1日后取得的、与机构所在地不在同一县（市）的不动产，应按照3%的预征率向不动产所在地主管税务机关预缴税款后，向机构所在地主管税务机关进行纳税申报。

（3）小规模纳税人出租其取得的不动产（不含个人出租住房），应按照5%的征收率计算应纳税额。纳税人出租其与机构所在地不在同一县（市）的不动产，应按照上述计税方法向不动产所在地主管税务机关预缴税款后，向机构所在地主管税务机关进行纳税申报。

（4）个人出租其取得的不动产（不含住房），应按照5%的征收率计算应纳税额。个人出租住房，应按照5%的征收率减按1.5%计算应纳税额。

（二）转让不动产的增值税规定

（1）个人销售自建自用住房，免征增值税。

（2）一般纳税人销售其2016年4月30日前取得（不含自建）的不动产，可以选择适用简易计税方法，以取得的全部价款和价外费用减去该项不动产购置原价或者取得不动产时的作价后的余额为销售额，按照5%的征收率计算应纳税额。纳税人应按照上述计税方法向不动产所在地主管税务机关预缴税款后，向机构所在地主管税务机关申报纳税。

（3）一般纳税人销售其2016年4月30日前自建的不动产，可以选择适用简易计税方法，以取得的全部价款和价外费用为销售额，按照5%的征收率计算应纳税额。纳税人应按照上述计税方法向不动产所在地主管税务机关预缴税款后，向机构所在地主管税务机关申报纳税。

（4）一般纳税人销售其2016年5月1日后取得（不含自建）的不动产，适用一般计税方法，以取得的全部价款和价外费用为销售额计算应纳税额。纳税人应以取得的全部价款和价外费用扣除不动产购置原价或者取得不动产时的作价后的余额，按照5%的预征率向不动产所在地主管税务机关预缴税款后，向机构所在地主管税务机关进行纳税申报。

（5）一般纳税人销售其2016年5月1日后自建的不动产，适用一般计税方法，以取得的全部价款和价外费用为销售额计算应纳税额。纳税人应以取得的全部价款和价外费用，按照5%的预征率向不动产所在地主管税务机关预缴税款后，向机构所在地主管税务机关申报纳税。

（6）小规模纳税人销售其取得（不含自建）的不动产（不含个体工商户销售购买的住房和其他个人销售不动产），应以取得的全部价款和价外费用扣除该项不动产购置原价或者取得不动产时的作价后的余额为销售额，按照5%的征收率计算应纳税额。纳税人应按照上述计税方法向不动产所在地主管税务机关预缴税款后，向机构所在地主管税务机关进行纳税申报。

（7）小规模纳税人销售其自建的不动产，应以取得的全部价款和价外费用为销售额，按照5%的征收率计算应纳税额。纳税人应按照上述计税方法向不动产所在地主管税务机关预缴税款后，向机构所在地主管税务机关进行纳税申报。

（8）房地产开发企业中的一般纳税人，销售自行开发的房地产老项目，可以选择适用简易计税方法按照5%的征收率计税。

（9）房地产开发企业中的小规模纳税人，销售自行开发的房地产项目，按照5%的征收率计税。

（10）房地产开发企业采取预收款方式销售所开发的房地产项目，在收到预收款时按照3%的预征率预缴增值税。

（11）个体工商户销售购买的住房，应按照《营业税改征增值税试点过渡政策的规定》第五条的规定征免增值税。纳税人应按照上述计税方法向不动产所在地主管税务机关预缴税款后，向机构所在地主管税务机关进行纳税申报。

（12）其他个人销售其取得（不含自建）的不动产（不含其购买的住房），应以取得的全部价款和价外费用减去该项不动产购置原价或者取得不动产时的作价后的余额为销售额，按照5%的征收率计算应纳税额。

（三）转让不动产缴纳增值税差额扣除

（1）纳税人转让不动产，按照有关规定差额缴纳增值税的，如因丢失等原因无法提供取得不动产时的发票，可向税务机关提供其他能证明契税计税金额的完税凭证等资料，进行差额扣除。

（2）纳税人以契税计税金额进行差额扣除的，按照下列公式计算增值税应纳税额：

① 2016年4月30日及以前缴纳契税的

增值税应纳金额＝[全部交易价格(含增值税)－契税计税金额(含营业税)]÷(1＋5%)×5%

② 2016年5月1日及以后缴纳契税的

增值税应纳金额＝[全部交易价格(含增值税)÷(1＋5%)－契税计税金额(不含增值税)]×5%

（3）纳税人同时保留取得不动产时的发票和其他能证明契税计税金额的完税凭证等资料的，应当凭发票进行差额扣除。

八、减税、免税规定

（一）增值税免征项目

下列项目免征增值税：

（1）农业生产者销售的自产农产品；

(2) 避孕药品和用具；

(3) 古旧图书；

(4) 直接用于科学研究、科学试验和教学的进口仪器、设备；

(5) 外国政府、国际组织无偿援助的进口物资和设备；

(6) 由残疾人的组织直接进口供残疾人专用的物品；

(7) 销售的自己使用过的物品。

除前款规定外，增值税的免税、减税项目由国务院规定。任何地区、部门均不得规定免税、减税项目。

(二) 销售及出租不动产时增值税的减税、免税规定

(1) 个人自建自用住房销售时免征增值税；

(2) 企业、行政事业单位按房改成本价、标准价出售住房的收入，暂免征收增值税；

(3) 公共租赁住房经营管理单位经营公共租赁住房所取得的租金收入，免征增值税；

(4) 个人出租住房，减按 1.5%的征收率计算缴纳增值税。其他个人采取一次性收取租金形式出租不动产取得的租金收入，可在对应的租赁期内平均分摊，分摊后的月租金收入未超过 10 万元的，免征增值税；

(5) 北京市、上海市、广州市和深圳市之外的地区自 2016 年 5 月 1 日起，个人将购买不足 2 年的住房对外销售的，按照 5%的征收率全额缴纳增值税；个人将购买 2 年以上（含 2 年）的住房对外销售的，免征增值税。

北京市、上海市、广州市和深圳市自 2016 年 5 月 1 日起，个人将购买不足 2 年的住房对外销售的，按照 5%的征收率全额缴纳增值税；个人将购买 2 年以上（含 2 年）的非普通住房对外销售的，以销售收入减去购买住房价款后的差额按照 5%的征收率缴纳增值税；个人将购买 2 年以上（含 2 年）的普通住房对外销售的，免征增值税。

(三) 增值税减免的其他事项

(1) 涉及家庭财产分割的个人无偿转让不动产、土地使用权的，免征增值税；

(2) 被撤销金融机构以货物、不动产、无形资产、有价证券、票据等财产清偿债务的，免征增值税；

(3) 土地所有者出让土地使用权和土地使用者将土地使用权归还给土地所有者的，免征增值税。

【例题 7-3】个人转让其购买住房按照规定全额缴纳增值税的，其税率

为(　　)。

A. 3%　　B. 5%

C. 7%　　D. 11%

参考答案：B

【例题 7-4】 2016 年 1 月，某县城的刘某以 50 万元的价格购买一套普通商品住房，2018 年 2 月以 60 万元出售。刘某应缴纳增值税额为(　　)元。

A. 0　　B. 11 000

C. 25 000　　D. 30 000

参考答案：A

第四节　个人所得税

个人所得税是中华人民共和国对本国公民、居住在本国境内的个人取得的所得和境外个人来源于本国的所得征收的一种所得税。

一、纳税人

个人所得税的纳税人分为居民个人和非居民个人。《个人所得税法》规定，居民个人是指在中国境内有住所，或者无住所而一个纳税年度内在中国境内居住累计满 183 天的个人。居民个人从中国境内和境外取得的所得，依法缴纳个人所得税。非居民个人是指在中国境内无住所又不居住，或者无住所而一个纳税年度内在中国境内居住累计不满 183 天的个人。非居民个人从中国境内取得的所得，依法缴纳个人所得税。

二、征税对象

个人取得的下列所得，应缴纳个人所得税：

(1) 工资、薪金所得；

(2) 劳务报酬所得；

(3) 稿酬所得；

(4) 特许权使用费所得；

(5) 经营所得；

(6) 利息、股息、红利所得；

(7) 财产租赁所得；

(8) 财产转让所得；

（9）偶然所得。

居民个人取得上述第（1）项至第（4）项所得（以下简称综合所得），按纳税年度合并计算个人所得税；非居民个人取得上述第（1）项至第（4）项所得，按月或者按次分项计算个人所得税。纳税人取得上述第（5）项至第（9）项所得，依照规定分别计算个人所得税。

三、计税依据

个人所得税的计税依据为应纳税所得额。

个人所得税应纳税所得额的计算：

（1）居民个人的综合所得，以每一纳税年度的收入额减除费用 60 000 元以及专项扣除、专项附加扣除和依法确定的其他扣除后的余额，为应纳税所得额；

（2）非居民个人的工资、薪金所得，以每月收入额减除费用 5 000 元后的余额为应纳税所得额；劳务报酬所得、稿酬所得、特许权使用费所得，以每次收入额为应纳税所得额；

（3）经营所得，以每一纳税年度的收入总额减除成本、费用以及损失后的余额，为应纳税所得额；

（4）财产租赁所得，每次收入不超过 4 000 元的，减除费用 800 元；4 000 元以上的，减除 20%的费用，其余额为应纳税所得额；

（5）财产转让所得，以转让财产的收入额减除财产原值和合理费用后的余额，为应纳税所得额；

（6）利息、股息、红利所得和偶然所得，以每次收入额为应纳税所得额。

劳务报酬所得、稿酬所得、特许权使用费所得以收入减除 20%的费用后的余额为收入额。稿酬所得的收入额减按 70%计算。

个人将其所得对教育、扶贫、济困等公益慈善事业进行捐赠，捐赠额未超过纳税人申报的应纳税所得额 30%的部分，可以从其应纳税所得额中扣除；国务院规定对公益慈善事业捐赠实行全额税前扣除的，从其规定。

个人所得税应纳税所得额中的专项扣除内容，包括居民个人按照国家规定的范围和标准缴纳的基本养老保险、基本医疗保险、失业保险等社会保险费和住房公积金等；专项附加扣除内容，包括子女教育、继续教育、大病医疗、住房贷款利息或者住房租金、赡养老人等支出，具体范围、标准和实施步骤由国务院确定，并报全国人民代表大会常务委员会备案。

四、税率

财产租赁所得，财产转让所得，适用比例税率，税率为20%。

五、纳税环节和纳税期限

个人所得税以所得人为纳税人，以支付所得的单位或者个人为扣缴义务人。

(1) 居民个人取得综合所得，按年计算个人所得税；有扣缴义务人的，由扣缴义务人按月或者按次预扣预缴税款；需要办理汇算清缴的，应当在取得所得的次年3月1日至6月30日内办理汇算清缴。居民个人从中国境外取得所得的，应当在取得所得的次年3月1日至6月30日内申报纳税。

非居民个人取得工资、薪金所得，劳务报酬所得，稿酬所得和特许权使用费所得，有扣缴义务人的，由扣缴义务人按月或者按次代扣代缴税款，不办理汇算清缴。非居民个人在中国境内从两处以上取得工资、薪金所得的，应当在取得所得的次月15日内申报纳税。

(2) 纳税人取得经营所得，按年计算个人所得税，由纳税人在月度或者季度终了后15日内向税务机关报送纳税申报表，并预缴税款；在取得所得的次年3月31日前办理汇算清缴。

纳税人取得利息、股息、红利所得，财产租赁所得，财产转让所得和偶然所得，按月或者按次计算个人所得税，有扣缴义务人的，由扣缴义务人按月或者按次代扣代缴税款。

(3) 纳税人取得应税所得，扣缴义务人未扣缴税款的，纳税人应当在取得所得的次年6月30日前，缴纳税款；税务机关通知限期缴纳的，纳税人应当按照期限缴纳税款。纳税人取得应税所得没有扣缴义务人的，应当在取得所得的次月15日内向税务机关报送纳税申报表，并缴纳税款。

纳税人因移居境外注销中国户籍的，应当在注销中国户籍前办理税款清算。

六、个人转让住房征收个人所得税具体规定

《个人所得税法》及其实施条例规定，个人转让住房，以其转让收入额减除财产原值和合理费用后的余额为应纳所得税额，按照“财产转让所得”项目缴纳个人所得税。国家税务总局发布的《关于个人住房转让所得征收个人所得税有关问题的通知》进一步明确了个人住房转让的征收管理工作。具体规定如下。

(1) 对住房转让所得征收个人所得税时，以实际成交价为转让收入，纳税人

申报的住房成交价格明显低于市场价格而无正当理由的，征收机关依法有权根据有关信息核定其转让收入，但必须保证各税种计税价格一致。

（2）对转让住房收入计算个人所得税应纳税所得额时，纳税人可凭原购房合同、发票等有效凭证，经税务机关审核后，允许从其转让收入中减除房屋原值、转让住房过程缴纳的税金和有关合理费用。

① 房屋原值具体为：商品房为购置该房屋时实际支付的房价款及交纳的相关税费。

自建住房为实际发生的建造费及建造和取得产权时交纳的相关税费。

经济适用房（含集资合作建房、安居工程住房）为原购房人实际支付的房价款及相关税费，以及按规定交纳的土地出让金。

已购公有住房为原购公有住房标准面积按当地经济适用房价格计算的房价款，加上原购公有住房超标准面积实际支付的房价款以及按规定向财政部门（或原产权单位）交纳的所得收益及相关税费。已购公有住房是指城镇职工根据国家和县级（含县级）以上人民政府有关城镇住房制度改革政策规定，按照成本价（或标准价）购买的公有住房。

经济适用房价格按县级（含县级）以上地方人民政府规定的标准确定。

根据《国有土地上房屋征收与补偿条例》和《国有土地上房屋征收评估办法》等有关规定，城镇房屋征收安置住房的原值分别为：房屋征收取得货币补偿后购置房屋的，为购置该房屋实际支付的房价款及交纳的相关税费；采取产权调换方式的，所调换房屋原值为《房屋征收补偿安置协议》注明的价款及交纳的相关税费；采取产权调换方式，被征收人除取得所调换房屋，又取得部分货币补偿的，所调换房屋原值为《房屋征收补偿安置协议》注明的价款和交纳的相关税费，减去货币补偿后的余额；采取产权调换方式，被征收人除取得所调换房屋，又支付部分货币补偿的，所调换房屋原值为《房屋征收补偿安置协议》注明的价款，加上所支付的货币及交纳的相关税费。

② 转让住房过程中缴纳的税金是指纳税人在转让住房时缴纳的增值税、城市维护建设税、教育费附加、土地增值税、印花税等税金。个人转让房屋的个人所得税收入不含增值税，其取得房屋时所支付的价款中包含的增值税计入财产原值，计算转让时可扣除的费用不包括本次转让缴纳的增值税。

③ 合理费用是指纳税人按照规定实际支付的住房装修费用、住房贷款利息、手续费、公证费等费用。

支付的住房装修费用。纳税人能够提供实际支付装修费用的税务统一发票，并且发票上所列付款人姓名与转让房屋产权人一致的，经税务机关审核，其转让的住房在转让前实际发生的装修费用，可在以下规定比例内扣除：已购公有住房、经济适用房，最高扣除限额为房屋原值的15%；商品房及其他住房，最高扣除限额为房屋原值的10%。纳税人原购房为装修房，即合同注明房价款中含有装修费（铺装了地板，装配了洁具、厨具等）的，不得重复扣除装修费用。

支付的住房贷款利息。纳税人出售以抵押贷款方式购置的住房的，其向贷款银行实际支付的住房贷款利息，凭贷款银行出具的有效证明据实扣除。

（3）纳税人按照有关规定实际支付的手续费、公证费等，凭有关部门出具的有效证明扣除。

纳税人未提供完整、准确的房屋原值凭证，不能正确计算房屋原值和应纳税额的，税务机关可根据《税收征收管理法》第三十五条的规定，对其实行核定征税，即按纳税人住房转让收入的一定比例核定应纳个人所得税。具体比例由省税务局或省税务局授权的市税务局根据纳税人出售住房的所处区域、地理位置、建造时间、房屋类型、住房平均价格水平等因素，在住房转让收入1%～3%的幅度内确定。

（4）各级税务机关要严格执行《关于进一步加强房地产税收管理的通知》和《关于实施房地产税收一体化管理若干具体问题的通知》的规定。为方便出售住房的个人依法履行纳税义务，加强税收征管，主管税务机关要在房地产交易场所设置税收征收窗口，个人转让住房应缴纳的个人所得税，应与转让环节应缴纳的契税、土地增值税等税收一并办理；税务机关暂没有条件在房地产交易场所设置税收征收窗口的，应委托契税征收部门一并征收个人所得税等税收。

【例题7-5】2018年8月1日，张某从房地产开发企业以抵押贷款方式购买了一套商品住房，购房总价200万元，缴纳了契税，并支付了一年的物业管理费。2019年7月31日，由于急用钱，张某提前偿还了住房贷款本息，并以210万元的价格转让，缴纳了增值税、城市维护建设税、教育费附加等税金。张某进行住房转让个人所得税纳税申报时，可以作为减除项目的有(　　)。

A. 购房时支付的购房款　　B. 购房时支付的契税

C. 已经支付的物业管理费　　D. 已经支付的贷款利息

E. 转让住房时缴纳的增值税、城市维护建设税等

答案：ABDE

七、减税、免税规定

（1）房屋产权所有人将房屋产权无偿赠与配偶、父母、子女、祖父母、外祖父母、孙子女、外孙子女、兄弟姐妹，对受赠人免征个人所得税。

（2）房屋产权所有人将房屋产权无偿赠与对其承担直接抚养或赡养义务的抚养人或赡养人，对受赠人免征个人所得税。

（3）房屋产权所有人死亡，依法取得房屋产权的法定继承人、遗嘱继承人或者受遗赠人，对其免征个人所得税。

（4）除上述（1）～（3）情形以外，房屋产权所有人将房屋产权无偿赠与他人的，受赠人因无偿受赠房屋取得的受赠收入，按照“偶然所得”项目缴纳个人所得税。

对受赠人无偿受赠房屋计征个人所得税时，其应纳税所得额为赠与合同上标明的赠与房屋价值减除赠与过程中受赠人支付的相关税费后的余额。赠与合同标明的房屋价值明显低于市场价格或房地产赠与合同未标明赠与房屋价值的，税务机关可依据受赠房屋的市场评估价格或采取其他合理方式确定受赠人的应纳税所得额。

受赠人转让受让房屋的，以其转让受赠房屋的收入减除原捐赠人取得该房屋的实际购置成本以及赠与和转让过程中受赠人支付的相关税费后的余额，为受赠人的应纳税所得额，依法计征个人所得税。受赠人转让受赠房屋价格明显偏低且无正当理由的，税务机关可以依据该房屋的市场评估价格或者其他合理方式确定的价格核定其转让收入。

（5）通过离婚析产的方式分割房屋产权是夫妻双方对共同共有财产的处置，个人因离婚办理房屋产权过户手续，不征收个人所得税。

个人转让离婚析产房屋所得的收入，允许扣除其相应的财产原值和合理费用后，余额按照规定的税率缴纳个人所得税；其相应的财产原值，为房屋初次购置全部原值和相关税费之和乘以转让者占房屋所有权的比例。

个人转让离婚析产房屋所得的收入，符合家庭生活自用5年以上唯一住房的，可以申请免征个人所得税。

（6）个人转让自用5年以上，并且是家庭唯一生活用房取得的所得，免征个人所得税。

（7）根据《财政部 税务总局关于支持居民换购住房有关个人所得税政策的公告》（2022年第30号）规定，在2022年10月1日至2023年12月31日期间，纳税人出售自有住房并在现住房出售后1年内，在同一城市重新购买住房的，可按规定申请退还出售现住房已缴纳的个人所得税。

（8）根据财政部、国家税务总局发布的《关于廉租住房经济适用住房和住房租赁有关税收政策的通知》，自2008年3月1日起，对个人出租住房取得的所得减按10%征收个人所得税。

(9) 根据《财政部 税务总局关于小微企业和个体工商户所得税优惠政策的公告》(2023 年第 6 号)规定，2023 年 1 月 1 日至 2024 年 12 月 31 日期间，对个体工商户经营所得年应纳税所得额不超过 100 万元的部分，在现行优惠政策基础上，再减半征收入个人所得税。

第五节 企 业 所 得 税

企业所得税是指对中华人民共和国境内的企业（居民企业及非居民企业）和其他取得收入的组织以其生产经营所得为征税对象所征收的一种所得税。

一、纳税人

在中华人民共和国境内，企业和其他取得收入的组织为企业所得税的纳税人。个人独资企业、合伙企业不适用《企业所得税法》。

企业分为居民企业和非居民企业。居民企业是指依法在中国境内成立，或者依照外国（地区）法律成立但实际管理机构在中国境内的企业。

非居民企业是指依照外国（地区）法律成立且实际管理机构不在中国境内，但在中国境内设立机构、场所的，或者在中国境内未设立机构、场所，但有来源于中国境内所得的企业。

二、征税对象

居民企业应当就其来源于中国境内、境外的所得缴纳企业所得税。

非居民企业在中国境内设立机构、场所的，应当就其所设机构、场所取得的来源于中国境内的所得，以及发生在中国境外但与其所设机构、场所有实际联系的所得，缴纳企业所得税。

非居民企业在中国境内未设立机构、场所的，或者虽设立机构、场所但取得的所得与其所设机构、场所没有实际联系的，应当就其来源于中国境内的所得缴纳企业所得税。

三、计税依据

企业所得税的计税依据为应纳税所得额。

企业每一纳税年度的收入总额，减除不征税收入、免税收入、各项扣除以及允许弥补的以前年度亏损后的余额，为应纳税所得额。

企业以货币形式和非货币形式从各种来源取得的收入，为收入总额。包括：

(1) 销售货物收入；
(2) 提供劳务收入；
(3) 转让财产收入；
(4) 股息、红利等权益性投资收益；
(5) 利息收入；
(6) 租金收入；
(7) 特许权使用费收入；
(8) 接受捐赠收入；
(9) 其他收入。

企业实际发生的与取得收入有关的、合理的支出，包括成本、费用、税金、损失和其他支出，准予在计算应纳税所得额时扣除。

四、应纳税额

企业的应纳税所得额乘以适用税率，减除根据《企业所得税法》关于税收优惠的规定减免和抵免的税额后的余额，为应纳税额。

企业取得下列所得已在境外缴纳的所得税税额，可以从其当期应纳税额中抵免，抵免限额为该项所得依照《企业所得税法》规定计算的应纳税额；超过抵免限额的部分，可以在以后5个年度内，用每年的抵免限额抵免当年应抵税额后的余额进行抵补：

(1) 居民企业来源于中国境外的应税所得；
(2) 非居民企业在中国境内设立机构、场所，取得发生在中国境外但与该机构、场所有实际联系的应税所得。

五、税率

企业所得税实行比例税率，税率为25%。

非居民企业在中国境内未设立机构、场所的，或者虽设立机构、场所但取得的所得与其所设机构、场所没有实际联系的，就其来源于中国境内的所得纳税，适用税率为20%。2019年4月23日，新修订的《企业所得税法实施条例》规定，非居民企业取得的该项所得减按10%的税率征收企业所得税。

根据《财政部 税务总局关于小微企业和个体工商户所得税优惠政策的公告》(2023年第6号)规定，2023年1月1日至2024年12月31日期间，对小微企业年应纳税所得额不超过100万元的部分，在现行优惠政策基础上，减按25%计入应纳税所得税额，按20%的税率缴纳企业所得税。

【例题 7-6】 某房地产经纪机构为有限责任公司，缴纳企业所得税的税率是(　　)。

A. 5%　　　　B. 7%

C. 20%　　　　D. 25%

参考答案：D

六、纳税地点和纳税期限

居民企业以企业登记注册地为纳税地点；但登记注册地在境外的，以实际管理机构所在地为纳税地点。居民企业在中国境内设立不具有法人资格的营业机构的，应当汇总计算并缴纳企业所得税。

非居民企业在中国境内设立机构、场所的，以机构、场所所在地为纳税地点；非居民企业在中国境内设立两个或者两个以上机构、场所的，符合国务院税务主管部门规定条件的，可以选择由其主要机构、场所汇总缴纳企业所得税。非居民企业在中国境内未设立机构、场所的，以扣缴义务人所在地为纳税地点。

企业所得税按年计算，分月或者分季预缴。纳税年度自公历 1 月 1 日起至 12 月 31 日止。企业在一个纳税年度中间开业，或者终止经营活动，使该纳税年度的实际经营期不足 12 个月的，应当以其实际经营期为一个纳税年度。企业应当自月份或者季度终了之日起 15 日内，向税务机关报送预缴企业所得税纳税申报表，预缴税款；自年度终了之日起 5 个月内，向税务机关报送年度企业所得税纳税申报表，并汇算清缴，结清应缴应退税款。

七、房地产开发企业所得税预缴税款的处理

（1）房地产开发企业销售未完工开发产品取得的收入，应先按预计计税毛利率分季（或月）计算出预计毛利额，计入当期应纳税所得额。开发产品完工后，企业应及时结算其计税成本并计算此前销售收入的实际毛利额，同时将其实际毛利额与其对应的预计毛利额之间的差额，计入当年度企业本项目与其他项目合并计算的应纳税所得额。

（2）根据《房地产开发经营业务企业所得税处理办法》，预计计税毛利率暂按以下规定的标准确定。

① 开发项目位于省、自治区、直辖市和计划单列市人民政府所在地城市城区和郊区的，不低于 15%；位于地及地级市城区及郊区的，不低于 10%；位于其他地区的，不低于 5%。

② 属于经济适用房、限价房和危改房的，不得低于 3%。

第六节　房　产　税

房产税是以房产为征税对象，向产权所有人征收的一种财产税。现行房产税征收的基本规范是国务院于1986年9月15日发布并于2011年1月8日修订的《房产税暂行条例》。

一、纳税人

在中国境内拥有房屋产权的单位和个人为房产税的纳税人。产权属于全民所有的，以经营管理的单位为纳税人；产权出典的，以承典人为纳税人；产权所有人、承典人均不在房产所在地的，或者产权未确定以及租典纠纷未解决的，由房产代管人或者使用人缴纳。自2009年1月1日起，外商投资企业、外国企业和组织以及外籍个人，依照《房产税暂行条例》缴纳房产税。

二、征税对象

房产税的课税对象是房产，《房产税暂行条例》规定，房产税在城市、县城、建制镇和工矿区范围内征收，房产税的征收范围不包括农村。

三、计税依据

（一）非出租房产

对于非出租的房产，以房产原值一次减除10%～30%后的余值为房产税计税依据。具体减除幅度，由各省、自治区、直辖市人民政府规定。没有房产原值作为依据的，由房产所在地税务机关参考同类房产核定。

（二）出租房产

对于出租的房产，以房产租金收入为房产税计税依据。租金收入是房屋所有权人出租房产使用权所得的报酬，包括货币收入和实物收入。对以劳务或其他形式为报酬抵付房租收入的，应根据当地房产的租金收入水平，确定一个租金额按租计征。

【例题7-7】对于非出租的房产，征收房产税的计税依据是征税对象房产的（　　）。

A. 原值　　B. 余值

C. 市场价值　　D. 投资价值

参考答案：B

四、税率

房产税采用比例税率。按房产余值计征的，税率为1.2%，其计算公式为：

应纳房产税税额=房产原值×[1-(10%～30%)]×1.2%

按房产租金收入计征的，税率为12%，其计算公式为：

应纳房产税税额=房产租金收入×12%

【例题7-8】2017年5月，余某出租非居住房屋，月租金3 000元，租期一年，应缴纳房产税(　　)元。

A. 432　　B. 1 800

C. 3 960　　D. 4 320

参考答案：D

五、纳税环节和纳税期限

房产税在房产所在地缴纳。房产不在同一地方的纳税人，应分别向房产所在地的税务机关纳税。

房产税按年计征，分期缴纳。具体纳税期限由各省、自治区、直辖市人民政府规定。

房产税纳税义务发生的时间按下列方式确定：

(1) 购置新建商品房，自房屋交付使用之次月起计征房产税。

(2) 购置存量房，自办理房屋权属转移、变更登记手续，房地产权属登记机关签发房屋权属证书之次月起计征房产税。

(3) 出租、出借房产，自交付出租、出借房产之次月起计征房产税。

六、具备房屋功能的地下建筑的房产税计征

(1) 凡在房产税征收范围内的具备房屋功能的地下建筑，包括与地上房屋相连的地下建筑以及完全建在地面以下的建筑、地下人防设施等，均应当依照有关规定征收房产税。

上述具备房屋功能的地下建筑，是指有屋面和围护结构、能够遮风避雨，可供人们在其中生产、经营、工作、学习、娱乐、居住或储藏物资的场所。

(2) 自用的地下建筑，按以下方式计税。

① 工业用途房产，以房屋原价的50%～60%作为应税房产原值。

应纳房产税的税额=应税房产原值×[1-(10%～30%)]×1.2%

② 商业和其他用途房产，以房屋原价的70%～80%作为应税房产原值。

应纳房产税的税额＝应税房产原值×[1－(10%～30%)]×1.2%

房屋原价折算为应税房产原值的具体比例，由各省、自治区、直辖市和计划单列市财政、税务部门在上述幅度内自行确定。

③ 对于与地上房屋相连的地下建筑，如房屋的地下室、地下停车场、商场的地下部分等，应将地下部分与地上房屋视为一个整体按照地上房屋建筑的有关规定计算征收房地产税。

(3) 出租的地下建筑，按照出租地上房屋建筑的有关规定计算征收房产税。

七、减税、免税规定

房产税属地方税，为了利于地方因地制宜地处理问题，国家给予地方一定的减免权限。

目前，下列房产免征房产税。

(1) 国家机关、人民团体、军队自用的房产，上述房产是指这些单位自用的办公用房和公务用房。这些单位的出租房产以及非自身业务使用的生产、经营用房，不属于免税范围。

(2) 由国家财政部门拨付事业经费的单位自用的房产。事业单位自用房产是指这些单位本身的业务用房。

(3) 宗教寺庙、公园、名胜古迹自用的房产。宗教寺庙自用房产是指举行宗教仪式等的房屋和宗教人员使用的房屋。公园、名胜古迹自用的房产是指供公共参观游览的房屋及其管理单位办公用的房屋。但其附设的营业用房及出租的房产，不属免税范围。

(4) 个人所有非营业用的房产。

(5) 房地产开发企业开发的商品房在出售前，对房地产开发企业而言是一种产品，因此，对房地产开发企业开发建设的商品房，在售出前不征收房产税；但对售出前房地产开发企业已使用或出租、出借的商品房应按规定征收房产税。

(6) 股改铁路运输企业及合资铁路运输公司自用的房产暂免征收房产税。

(7) 经财政部批准免税的其他房产。

① 对非营利性医疗机构、疾病控制机构和妇幼保健机构等卫生机构自用的房产，免征房产税。

② 自 2001 年 1 月 1 日起，对按政府规定价格出租的公有住房和公租房，包括企业和自收自支事业单位向职工出租的单位自有住房，房管部门向居民出租的公有住房，落实私房政策中带户发还产权并以政府规定租金标准向居民出租的私有住房等，暂免征收房产税。

③ 经营公租房的租金收入，免征房产税。公共租赁住房经营管理单位应单独核算公共租赁住房租金收入，未单独核算的，不得享受免征房产税优惠政策。

④ 损坏不堪使用的房屋和危险房屋，经有关部门鉴定，停止使用后，可免征房产税。

⑤ 房产大修停用半年以上的，经纳税人申请，税务机关审核，在大修期间可免征房产税。

⑥ 在基建工地为基建工地服务的各种工棚、材料棚、休息棚和办公室、食堂、茶炉房、汽车房等临时性房屋，不论是施工企业自行建造，还是由建设单位出资建造交施工企业使用的，在施工期间一律免征房产税。但是，工程结束后，施工企业将这种临时性房屋交还或估价转让给基建单位的，应从基建单位接收的次月起，依照规定征收房产税。

⑦ 企业办的各类学校、医院、托儿所、幼儿园自用的房产，免征房产税。

⑧ 自2019年6月1日至2025年12月31日，为社区提供养老、托育、家政等服务的机构自用或通过承租、无偿使用等方式取得并用于提供社区养老、托育、家政服务的房产，免征房产税。

⑨ 自2019年1月1日起至2023年供暖期结束。继续向居民供热而收取供暖费的供热企业，为居民供热使用的厂房及土地免征房产税。

⑩ 自2016年1月1日起，国家机关、军队、人民团体、财政补助事业单位、居民委员会、村民委员会拥有的体育场馆，用于体育活动的房产，免征房产税。经费自理事业单位、体育社会团体、体育基金会、体育类民办非企业单位拥有并运营管理的体育场馆，同时符合向社会开放，用于满足公众体育活动需要，体育场馆取得的收入主要用于场馆的维护、管理和事业发展等条件的，其用于体育活动的房产，免征房产税。企业拥有并运营管理的大型体育场馆，其用于体育活动的房产，减半征收房产税。

⑪ 个人出租住房取得的收入，减按4%的税率征收房产税；企事业单位、社会团体以及其他组织，按市场价格向个人出租用于居住的住房取得的收入，减按4%的税率征收房产税。

第七节 土地增值税

土地增值税是指转让国有土地使用权及地上建筑物和其他附着物并取得收入的单位和个人，以转让所取得的增值额为计税依据缴纳的一种税。不包括通过继承、赠与等方式无偿转让房地产的行为。征收土地增值税的主要依据是《土地增值税暂行条例》及其实施细则和《关于土地增值税若干问题的通知》等。

一、纳税人

有偿转让国有土地使用权、地上建筑物及其他附着物（以下简称转让房地产）并取得收入的单位和个人为土地增值税的纳税人。

各类企业、事业单位、国家机关、社会团体和其他组织，以及个体经营者、外商投资企业、外国企业及外国驻华机构，以及外国公民、华侨、港澳同胞等均在土地增值税的纳税义务范围内。

二、征税对象

土地增值税的课税对象是指有偿转让房地产所取得的土地增值额。

三、计税依据

（一）土地增值额与扣除项目

土地增值税以纳税人转让房地产所取得的土地增值额为计税依据，土地增值税纳税人转让房地产所取得的收入减除扣除项目金额后的余额，为土地增值额。纳税人转让房地产所取得的收入，包括转让房地产的全部价款及相关的经济利益。具体包括货币收入、实物收入和其他收入。

计算土地增值额的扣除项目：

（1）取得土地使用权所支付的金额；

（2）开发土地的成本、费用；

（3）新建房及配套设施的成本、费用，或者旧房及建筑物的评估价格；

（4）与转让房地产有关的税金；

（5）财政部规定的其他扣除项目。

（二）土地增值税扣除项目的具体内容

（1）取得土地使用权所支付的金额，是指纳税人为取得土地使用权所支付的地价款和按国家统一规定交纳的有关费用。凡通过行政划拨方式无偿取得土地使用权的企业和单位，则以转让土地使用权时按规定补交的出让金及有关费用，作为取得土地使用权所支付的金额。

（2）开发土地和新建房及配套设施（以下简称房地产开发）的成本，是指纳税人房地产开发项目实际发生的成本。包括土地征用及拆迁补偿费、前期工程费、建筑安装工程费、基础设施费、公共配套设施费、开发间接费用。其中：①土地征用及拆迁补偿费，包括土地征用费，耕地占用税，劳动力安置费及有关地上、地下附着物拆迁补偿的净支出，安置拆迁用房支出等；②前期工程费用，包括规划、设计、项目可行性研究和水文、地质、勘察、测绘、“三通一平”等支出；③建筑安装工程费，是指以出包方式支付给承包单位的建筑安装工程费和以自营方式发生的建筑安装工程费；④基础设施费，包括开发小区内道路、供水、供电、供气、排污、排洪、通信、照明、环卫、绿化等工程发生的支出；⑤公共配套设施费，包括不能有偿转让的开发小区内公共配套设施发生的支出；⑥开发间接费用，是指直接组织、管理开发项目发生的费用，包括工资、职工福利费、折旧费、修建费、办公费、水电费、劳动保护费、周转房摊销等。

（3）开发土地和新建房及配套设施的费用（以下简称房地产开发费用），是指与房地产开发项目有关的销售费用、管理费用和财务费用。财务费用中的利息支出，凡能够按转让房地产项目计算分摊并提供金融机构证明的，允许据实扣除，但最高不能超过商业银行同类同期贷款利率计算的金额。其他房地产开发费用，按取得土地使用权所支付的金额和房地产开发成本两项规定计算的金额之和的5%以内计算扣除。凡不能按转让房地产项目计算分摊利息支出或不能提供金融机构证明的，房地产开发费用按取得土地使用权所付的金额、开发土地和新建房及配套设施的成本两项规定计算的金额的10%以内计算扣除。上述计算扣除的具体比例，由省、自治区、直辖市人民政府规定。

（4）旧房及建筑物的评估价格，是指在转让已使用的房屋及建筑物时，由政府批准设立的房地产评估机构评定的重置成本乘以成新度折扣率后的价格。评估价格须经当地税务机关确认。纳税人转让旧房及建筑物，凡不能取得评估价格，但能提供购房发票的，经当地税务部门确认，为取得土地使用权所支付的金额，或新建房及配套设施的成本、费用，可按发票所载金额并从购买年度起至转让年度止每年加计5%计算扣除项目的金额。对纳税人购房时缴纳的契税，凡能提供契税完税凭证的，准予作为“与转让房地产有关的税金”予以扣除，但不作为加计5%的基数。对于转让旧房及建筑物，既没有评估价格，又不能提供购房发票的，税务机关可以根据《税收征收管理法》第三十五条的规定，实行核定其应纳税额。

（5）与转让房地产有关的税金，是指在转让房地产时已缴纳的增值税、城市维护建设税、印花税。土地增值税扣除项目涉及的增值税进项税额，允许在销项税额中计算抵扣的，不计入扣除项目，不允许在销项税额中计算抵扣的，可以计入扣除项目。因转让房地产交纳的教育费附加也可视同税金予以扣除。

（6）对从事房地产开发的纳税人可按取得土地使用权所支付的金额和房地产开发成本两项规定计算的金额之和，加计20%的扣除。

另外，对纳税人成片受让土地使用权后，分期分批开发、分块转让的，其扣除项目金额的确定，可按转让土地使用权的面积占总面积的比例计算分摊；或按建筑面积计算分摊；也可按税务机关确认的其他方式计算分摊。

纳税人有下列情形之一的，按照房地产评估价格计算征收土地增值税：

（1）隐瞒、虚报房地产价格的；

（2）提供扣除项目金额不实的；

（3）转让房地产的成交价格低于房地产评估价格，无正当理由的。

四、税率

（一）土地增值税的税率划分

土地增值税实行四级超率累进税率：

（1）增值额未超过扣除项目金额50％的部分，税率为30％，速算扣除率为0；

（2）增值额超过扣除项目金额50％、未超过扣除项目金额100％的部分，税率为40％，速算扣除率为5％；

（3）增值额超过扣除项目金额100％、未超过扣除项目金额200％的部分，税率为50％，速算扣除率为15％；

（4）增值额超过扣除项目金额200％的部分，税率为60％，速算扣除率为35％。

每级“增值额未超过扣除项目金额”的比例均包括本比例数。

（二）土地增值税额的简化计算

为简化计算，土地增值税应纳税额可按增值额乘以适用的税率减去扣除项目金额乘以速算扣除系数的简便方法计算，一般计算公式为：

土地增值税税额＝增值额×适用税率－扣除项目金额×速算扣除率

土地增值税四级超率累进税率具体计算公式如下：

土地增值额未超过扣除项目金额50％的，应纳税额＝土地增值额×30％；

土地增值额超过扣除项目金额50％，未超过100％的，应纳税额＝土地增值额×40％－扣除项目金额×5％；

土地增值额超过扣除项目金额100％，未超过200％的，应纳税额＝土地增值额×50％－扣除项目金额×15％；

土地增值额超过扣除项目金额超过200％的，应纳税额＝土地增值额×60％－扣除项目金额×35％。

五、纳税环节和纳税期限

纳税人应当自转让房地产合同签订之日起7日内，到房地产所在地主管税务机关办理纳税申报，并向税务机关提交房屋及建筑物产权、土地使用权证书，土地转让、房产买卖合同，房地产评估报告及其他与转让房地产有关的资料，在核定的期限内缴纳土地增值税。纳税人因经常发生房地产转让而难以在每次转让后申报的，经税务机关审核同意后，可以定期进行纳税申报，具体期限由税务机关根据当地情况确定。纳税人转让的房地产坐落在两个或两个以上地区的，应按房地产所在地分别申报纳税。

纳税人在项目全部竣工结算前转让房地产取得的收入，由于涉及成本确定或其他原因，而无法据以计算土地增值税的，可以预征土地增值税，待该项目全部竣工、办理结算后再进行清算，多退少补。具体办法由各省、自治区、直辖市税务机关根据当地情况制定。

六、减税、免税规定

（1）纳税人建造普通标准住宅出售，增值额未超过扣除项目金额20%的，免征土地增值税。

（2）因国家建设需要依法征收、收回的房地产免征土地增值税。其中，普通标准住宅是指按所在地一般民用住宅标准建造的居住用房。普通标准住宅与其他住宅的具体划分界限由各省、自治区、直辖市人民政府规定。纳税人建造普通标准住宅出售，增值额未超过扣除项目金额之和20%的，免征土地增值税；增值额超过扣除项目金额之和20%的，应就其全部增值额按规定纳税。

因国家建设需要依法征用、收回的房地产，是指因城市实施规划、国家建设需要而被政府批准征收的房产或土地使用权。因城市实施规划、国家建设的需要而搬迁，由纳税人自行转让原房地产的，免征土地增值税。

符合上述规定的单位和个人，须向房地产所在地税务机关提出免税申请，经税务机关审核后，免征土地增值税。

对于纳税人既建普通标准住宅又搞其他房地产开发的，应分别核算增值额。不分别核算增值额或不能准确核算增值额的，其建造的普通标准住宅不能适用上述（1）中的免税规定。

“普通住宅”的认定，一律按各省、自治区、直辖市人民政府根据《国务院办公厅转发建设部等部门关于做好稳定住房价格工作意见的通知》（国办发〔2005〕26号）制定并对社会公布的“中小套型、中低价位普通住房”的标准执行。

(3) 企事业单位、社会团体以及其他组织转让旧房作为廉租住房、经济适用住房房源且增值额未超过扣除项目金额20%的，免征土地增值税。因城市实施规划、国家建设的需要而搬迁，由纳税人自行转让原房地产的，比照有关规定免征土地增值税。

因“城市实施规划”而搬迁，是指因旧城改造或因企业污染、扰民（指产生过量废气、废水、废渣和噪声，使城市居民生活受到一定危害），而由政府或政府有关主管部门根据已审批通过的城市规划确定进行搬迁的情况；因“国家建设的需要”而搬迁，是指因实施国务院、省级人民政府、国务院有关部委批准的建设项目而进行搬迁的情况。

(4) 根据《财政部税务总局关于继续实施企业改制重组有关土地增值税政策的公告》(2021年第21号) 规定，企业按照有关规定整体改制，对改制前的企业将国有土地使用权、地上建筑物及其附着物转移、变更到改制后的企业，暂不征收土地增值税。

七、土地增值税其他相关规定

(1) 土地增值税的纳税人应于转让房地产合同签订之日起7日内，到房地产所在地的主管税务机关办理纳税申报，并向税务机关提交房屋及建筑物产权、土地使用权证书、土地转让、房产买卖合同、房地产评估报告及其他与转让房地产有关的资料。纳税人因经常发生房地产转让而难以在每次转让后申报的，经税务机关审核同意后，可以定期进行纳税申报，具体期限由税务机关根据情况确定。

(2) 土地增值税的预征和清算，各地根据本地区房地产业增值水平和市场发展情况，区别普通住房、非普通住房和商用房等不同类型，科学合理地确定预征率，并适时调整。工程项目竣工结算后，应及时进行清算，多退少补；具体办法由各省、自治区、直辖市税务机关根据当地情况制定。

(3) 对未按预征规定期限预缴税款的，应根据《税收征管法》及其实施细则的有关规定，从限定的缴纳税款期限届满的次日起，加收滞纳金；对已竣工验收的房地产项目，凡转让的房地产的建筑面积占整个项目可售建筑面积的比例在85%以上的，税务机关可以要求纳税人按照转让房地产的收入与扣除项目金额配比的原则，对已转让的房地产进行土地增值税的清算。清算办法由各省、自治区、直辖市和计划单列市税务机关规定。

第八节 印 花 税

印花税是对商事活动、产权转移、权利许可证授受等行为书立、领受的应税凭证征收的一种税。征收印花税的税收制度的主要依据是2022年7月1日实施的《印花税法》。

一、纳税人

《印花税法》规定，在中华人民共和国境内的书立应税凭证、进行证券交易的单位和个人、在中华人民共和国境外书立在境内使用的应税凭证的单位和个人，应依照《印花税法》规定缴纳印花税。

二、计税依据

印花税的计税依据是指《印花税法》中规定的应税凭证的金额及证券交易的成交金额。应税凭证具体是指《印花税法》中列明的合同（书面合同）、产权转移书据和营业账簿。

（一）应税书面合同计税依据

应税书面合同的计税依据，为合同所列的金额，不包括列明的增值税税款。书面合同有：

（1）借款合同，指银行业金融机构、经国务院银行业监督管理机构批准设立的其他金融机构与借款人（不包括同业拆借）的借款合同；

（2）融资租赁合同；

（3）买卖合同，指动产买卖合同（不包括个人书立的动产买卖合同）；

（4）承揽合同；

（5）建设工程合同；

（6）运输合同，指货运合同和多式联运合同（不包括管道运输合同）；

（7）技术合同，不包括专利权、专有技术使用权书据；

（8）租赁合同；

（9）保管合同；

（10）仓储合同；

（11）财产保险合同，不包括再保险合同。

（二）应税产权转移书据计税依据

应税产权转移书据的计税依据，为产权转移书据所列的金额，不包括列明的增值税税款。产权转移书据有：

（1）土地使用权出让书据；

（2）土地使用权、房屋等建筑物和构筑物所有权转让书据（不包括土地承包经营权和土地经营权转移）；

（3）股权转让书据（不包括应交纳证券交易印花税）；

（4）商标专用权、著作权、专有技术使用权转让书据。

（三）应税营业账簿计税依据

应税营业账簿的计税依据，为账簿记载的实收资本（股本）、资本公积合计金额。

（四）证券交易的计税依据，为成交金额

应税合同、产权转移书据未列明金额的，印花税的计税依据按照实际结算的金额确定。

计税依据按照以上规定仍不能确定的，按照书立合同、产权转移数据时的市场价格确定；依法应当执行政府定价或者政府指导价的，按照国家有关规定确定。

印花税的应纳税额按照计税依据乘以适用税率计算。

同一应税凭证载有两个以上税目事项并分别列明金额的，按照各自适用的税目税率分别计算应纳税额；未分别列明金额的，从高适用税率。

同一应税凭证由两方以上当事人书立的，按照各自涉及的金额分别计算应纳税额。

已缴纳印花税的营业账簿，以后年度记载的实收资本（股本）、资本公积合计金额比已缴纳印花税的实收资本（股本）、资本公积合计金额增加的，按照增加部分计算应纳税额。

三、税目、税率

印花税共有四类17个税目，税率有比例税率和定额税率两种形式。依据《印花税法》，税目和税率的具体规定如下。

（一）合同

（1）借款合同，税率为借款金额的0.05‰；

（2）融资租赁合同，税率为租金的0.05‰；

（3）买卖合同，税率为合同价款的0.3‰；

（4）承揽合同，税率为报酬的0.3‰；

（5）建设工程合同，税率为合同价款的0.3‰；

(6) 运输合同，税率为运输费用的0.3‰；

(7) 技术合同，税率为合同价款、报酬或者使用费的0.3‰；

(8) 租赁合同，税率为租金的1‰；

(9) 保管合同，税率为保管费的1‰；

(10) 仓储合同，税率为仓储费的1‰；

(11) 财产保险合同，税率为保险费的1‰。

(二) 产权转移书据

(1) 土地使用权出让书据：税率为土地使用权出让价款的0.5‰；

(2) 土地使用权、房屋等建筑物和构筑物所有权转让书据：税率为三种所有权转让价款的0.5‰；

(3) 股权转让书据：税率为股权转让价款的0.5‰；

(4) 商标专用权、著作权、专利权、专有技术使用权转让书据：税率为四种权属转让价款的0.3‰。

(三) 营业账簿

税率为实收资本（股本）、资本公积合计金额的0.25‰。

(四) 证券交易

税率为成交金额的1‰。

四、免税规定

(1) 对经济适用住房经营管理单位与经济适用住房相关的印花税以及经济适用住房购买人涉及的印花税予以免征。

(2) 房地产开发企业在商品住房项目中配套建造经济适用住房，如能提供政府部门出具的相关材料，可按经济适用住房建筑面积占总建筑面积的比例免征开发商应缴纳的印花税。

(3) 对公租房经营管理单位免征建设、管理公租房涉及的印花税。在其他住房项目中配套建设公租房，按公租房建筑面积占总建筑面积的比例，免征建设、管理公租房涉及的印花税。

(4) 对公租房经营管理单位购买住房作为公租房，免征印花税；对公租房租赁双方免征签订租赁协议涉及的印花税。

(5) 自2008年3月1日起，对个人出租、承租住房签订的租赁合同，免征印花税。

(6) 自2008年11月1日起，对个人销售或购买住房暂免征收印花税。

(7) 为支持棚户区改造，对改造安置住房经营管理单位、开发商与改造安置住房相关的印花税以及购买安置住房的个人涉及的印花税予以免征。

【例题 7-9】 2017 年 9 月，王某转让自用 5 年以上的家庭唯一普通住房，免征的税有(　　)。

A. 契税　　B. 增值税

C. 个人所得税　　D. 印花税

E. 城市维护建设税

参考答案：BCDE

五、印花税其他相关规定

(1) 对纳税人以电子形式签订的各类应税凭证按规定征收印花税；

(2) 对土地使用权出让合同、土地使用权转让合同按产权转移书据征收印花税；

(3) 对商品房销售合同按照产权转移书据征收印花税。

第九节　其他相关税费

一、城镇土地使用税

城镇土地使用税是以城镇土地为课税对象，向拥有土地使用权的单位和个人征收的一种资源税。

(一) 纳税人

城镇土地使用税的纳税人是拥有土地使用权的单位和个人。单位，包括国有企业、集体企业、私营企业、股份制企业、外商投资企业、外国企业以及其他企业和事业单位、社会团体、国家机关、军队以及其他单位；个人，包括个体工商户以及其他个人。

拥有土地使用权的单位和个人不在土地所在地的，由代管人或实际使用人缴纳；土地使用权未确定或权属纠纷未解决的，以实际使用人为纳税人；土地使用权共有的，由共有各方划分使用比例分别纳税。

(二) 征税对象

城镇土地使用税在城市、县城、建制镇和工矿区征收。征税对象是上述范围的土地。

(三) 计税依据

城镇土地使用税的计税依据是纳税人实际占用的土地面积。纳税人实际占用的土地面积，是指由省、自治区、直辖市人民政府确定的单位组织测定的土地面积。

（四）税率

城镇土地使用税实行分类分级的幅度定额税率，每平方米土地面积的年税额按城市大小分 4 个档次：

（1）大城市 1.5～30 元；

（2）中等城市 1.2～24 元；

（3）小城市 0.9～18 元；

（4）县城、建制镇、工矿区 0.6～12 元。

（五）纳税环节和纳税期限

城镇土地使用税由土地所在地的税务机关征收，按年计算、分期缴纳。缴纳期限由省、自治区、直辖市人民政府确定。

（六）减税、免税规定

1. 政策性免税

下列土地免缴土地使用税：①国家机关、人民团体、军队自用的土地；②由国家财政部门拨付事业经费的单位自用的土地；③宗教寺庙、公园、名胜古迹自用的土地；④市政街道、广场、绿化地带等公共用地；⑤直接用于农、林、牧、渔业的生产用地；⑥经批准开山填海整治的土地和改造的废弃土地，从使用的月份起免交土地使用税 5～10 年；⑦对经济适用住房建设用地，免征城镇土地使用税；⑧开发商在商品住房项目中配套建造经济适用住房，如能提供政府部门出具的相关材料，可按经济适用住房建筑面积占总建筑面积的比例免征开发商应缴纳的城镇土地使用税；⑨对股改铁路运输企业及合资铁路运输公司自用的房产、土地暂免征收城镇土地使用税；⑩自 2008 年 3 月 1 日起，对个人出租住房，不区分用途，免征城镇土地使用税；⑪由财政部另行规定的能源、交通、水利等设施用地和其他用地。

对公租房建设期间用地及公租房建成后占地，免征城镇土地使用税。在其他住房项目中配套建设公租房，按公租房建筑面积占总建筑面积的比例，免征建设、管理公租房涉及的城镇土地使用税。

自 2009 年 12 月 1 日起，对在城镇土地使用税征税范围内单独建造的地下建筑用地，按规定征收城镇土地使用税。其中，已取得地下土地使用权证的，按土地使用权证确认的土地面积计算应征税款。未取得地下土地使用权证或地下土地使用权证上未标明土地面积的，按地下建筑垂直投影面积计算应征税款。对上述地下建筑用地暂按应征税款的 50％征收城镇土地使用税。

纳税人缴纳土地使用税确有困难需要定期减免的，由县以上税务机关批准。

2. 地方性免税

下列用地是否免税，由省、自治区、直辖市税务机关确定：①个人所有的居住房屋及院落的用地；②房产管理部门在房租调整改革前经租的居民住房用地；③免税单位的职工家属的宿舍用地；④民政部门举办的安置残疾人占一定比例的福利工厂用地；⑤集体和个人举办的学校、医院、托儿所、幼儿园用地。

3. 减税

根据《财政部　税务总局关于继续实施物流企业大宗商品仓储设施用地城镇土地使用税优惠政策的公告》（2023 年第 5 号）规定，自 2023 年 1 月 1 日起至 2027 年 12 月 31 日止，对物流企业自有（包括自用和出租）或承租的大宗商品仓储设施用地，减按所属土地等级适用税额标准的 50%计征城镇土地使用税。

二、耕地占用税

耕地占用税是对占用耕地建房或者从事其他非农业建设的单位和个人征收的一种特定行为税。

（一）纳税人

凡占用耕地建设建筑物、构筑物或者从事非农业建设的单位和个人，为耕地占用税的纳税人。其中：经批准占用耕地的，纳税人为农用地转用审批文件中标明的建设用地人；农用地转用审批文件未标明建设用地人的，纳税人为用地申请人；未经批准占用耕地的，纳税人为实际用地人。

（二）征税对象

耕地占用税的征税对象是占用耕地建设建筑物、构筑物的或从事非农业建设的行为。所谓耕地，是指用于种植农作物的土地。

（三）计税依据

耕地占用税以纳税人实际占用耕地面积为计税依据，按照规定的适用税额一次性征收。应纳税额为纳税人实际占用耕地面积（平方米）乘以适用税额。实际占用的耕地面积，包括经批准占用的耕地面积和未经批准占用的耕地面积。

（四）税率

耕地占用税实行定额税率，具体规定为：

（1）人均耕地不超过 1 亩的地区（以县、自治县、不设区的市、市辖区为单位，下同），每平方米为 10～50 元；

（2）人均耕地超过 1 亩但不超过 2 亩的地区，每平方米为 8～40 元；

（3）人均耕地超过 2 亩但不超过 3 亩的地区，每平方米为 6～30 元；

(4) 人均耕地超过3亩的地区，每平方米为5～25元。

各地区耕地占用税的适用税额，由省、自治区、直辖市人民政府根据人均耕地面积和经济发展等情况，在前款规定的税额幅度内提出，报同级人民代表大会常务委员会决定，并报全国人民代表大会常务委员会和国务院备案。各省、自治区、直辖市耕地占用税适用税额的平均水平，不得低于《耕地占用税法》所附《各省、自治区、直辖市耕地占用税平均税额表》规定的平均税额。

(五) 纳税环节和纳税期限

耕地占用税由税务机关负责征收。耕地占用税的纳税义务发生时间为纳税人收到自然资源主管部门办理占用耕地手续的书面通知的当日。纳税人应当自纳税义务发生之日起三十日内申报缴纳耕地占用税。自然资源主管部门凭耕地占用税完税凭证或者免税凭证和其他有关文件发放建设用地批准书。

税务机关应当与相关部门建立耕地占用税涉税信息共享机制和工作配合机制。县级以上地方人民政府自然资源、农业农村、水利等相关部门应当定期向税务机关提供农用地转用、临时占地等信息，协助税务机关加强耕地占用税征收管理。税务机关发现纳税人的纳税申报数据资料异常或者纳税人未按照规定期限申报纳税的，可以提请相关部门进行复核，相关部门应当自收到税务机关复核申请之日起三十日内向税务机关出具复核意见。

(六) 减税、免税规定

下列情形占用耕地，可以免征、减征耕地占用税：

(1) 军事设施、学校、幼儿园、社会福利机构、医疗机构占用耕地，免征耕地占用税。其中：①免税的军事设施，是指国家直接用于军事目的的建筑、场地和设备，根据《中华人民共和国军事设施保护法》规定，军事设施的具体范围包括：指挥机关，地上和地下的指挥工程与作战工程，军用机场、港口、码头，营区、训练场、试验场，军用洞库、仓库，军用信息基础设施，军用侦察、导航、观测台站，军用测量、导航、助航标志，军用公路、铁路专用线，军用输电线路，军用输油、输水、输气管道，边防、海防管控设施，国务院和中央军事委员会规定的其他军事设施，以及军队为执行任务必需设置的临时设施；②免税的学校，具体范围包括县级以上人民政府教育行政部门批准成立的大学、中学、小学，学历性职业教育学校和特殊教育学校，以及经省级人民政府或其人力资源社会保障行政部门批准成立的技工院校。学校内经营性场所和教职工住房占用耕地的，按照当地适用税额缴纳耕地占用税；③免税的幼儿园，具体范围限于县级以上人民政府教育行政部门批准成立的幼儿园内专门用于幼儿保育、教育的场所；④免税的社会福利机构，具体范围限于依法登记的养老服务机构、残疾人服务机构、儿童福利机构、救助管理机构、未成年人救助保护机构内，专门为老年人、残疾人、未成年人、生活无着的流浪乞讨人员提供养护、康复、托管等服务的场所；⑤免税的医疗机构，具体范围限于县级以上人民政府卫生健康行政部门批准设立的医疗机构内专门从事疾病诊断、治疗活动的场所及其配套设施。医疗机构内职工住房占用耕地的，按照当地适用税额缴纳耕地占用税。

（2）铁路线路、公路线路、飞机场跑道、停机坪、港口、航道、水利工程占用耕地，减按每平方米二元的税额征收耕地占用税。其中：①减税的铁路线路，具体范围限于铁路路基、桥梁、涵洞、隧道及其按照规定两侧留地、防火隔离带。专用铁路和铁路专用线占用耕地的，按照当地适用税额缴纳耕地占用税；②减税的公路线路，具体范围限于经批准建设的国道、省道、县道、乡道和属于农村公路的村道的主体工程以及两侧边沟或者截水沟。专用公路和城区内机动车道占用耕地的，按照当地适用税额缴纳耕地占用税；③减税的飞机场跑道、停机坪，具体范围限于经批准建设的民用机场专门用于民用航空器起降、滑行、停放的场所；④减税的港口，具体范围限于经批准建设的港口内供船舶进出、停靠以及旅客上下、货物装卸的场所；⑤减税的航道，具体范围限于在江、河、湖泊、港湾等水域内供船舶安全航行的通道；⑥减税的水利工程，具体范围限于经县级以上人民政府水行政主管部门批准建设的防洪、排涝、灌溉、引（供）水、滩涂治理、水土保持、水资源保护等各类工程及其配套和附属工程的建筑物、构筑物占压地和经批准的管理范围用地。

（3）农村居民在规定用地标准以内占用耕地新建自用住宅，按照当地适用税额减半征收耕地占用税；其中农村居民经批准搬迁，新建自用住宅占用耕地不超过原宅基地面积的部分，免征耕地占用税。

（4）农村烈士遗属、因公牺牲军人遗属、残疾军人以及符合农村最低生活保障条件的农村居民，在规定用地标准以内新建自用住宅，免征耕地占用税。

根据国民经济和社会发展的需要，国务院可以规定免征或者减征耕地占用税的其他情形，报全国人民代表大会常务委员会备案。

免征或者减征耕地占用税后，纳税人改变原占地用途，不再属于免征或者减征耕地占用税情形的，应当按照当地适用税额补缴耕地占用税。

三、城市维护建设税和教育费附加

（一）城市维护建设税

《城市维护建设税法》于2020年8月11日公布，自2021年9月1日起施行。城市维护建设税的纳税义务发生时间与增值税、消费税的纳税义务发生时间一致，是随增值税、消费税附征并专门用于城市维护建设的一种特别目的税。

在中国境内缴纳增值税、消费税的单位和个人，为城市维护建设税的纳税人。

城市维护建设税以纳税人依法实际缴纳的增值税、消费税税额为计税依据。对进口货物或者境外单位和个人向境内销售劳务、服务、无形资产缴纳的增值税、消费税额，不征收城市维护建设税。

城市维护建设税实行地区差别税率，按照纳税人所在地的不同，税率分别规定为7%、5%、1%三个档次，具体是：纳税人所在地在市区的，税率为7%；纳税人所在地在县城、镇的，税率为5%；纳税人所在地不在市区、县城或者镇的，税率为1%。

纳税人所在地，是指纳税人住所或者纳税人生产经营活动相关的其他地点，具体地点由省、自治区、直辖市确定。

城市维护建设税的应纳税额按照计税依据乘以具体适用税率计算。

根据国民经济和社会发展的需要，国务院对重大公共基础设施建设，特殊产业和群体以及重大突发事件应对等情形可以规定减征或者免征城市维护建设税，报全国人民代表大会常务委员会备案。

(二) 教育费附加

教育费附加和地方教育附加是承受增值税、消费税附征并专门用于教育的特别目的税，以各单位和个人（包括外商投资企业、外国企业及外籍个人）实际缴纳的增值税、消费税的税额为计征依据，分别与增值税、消费税同时缴纳。自2010年起，地方教育附加征收率统一为2%。

关于教育费附加、地方教育附加的免征，根据《关于扩大有关政府性基金免征范围的通知》规定，自2016年2月1日起，将免征教育费附加、地方教育附加、水利建设基金的范围，由按月纳税的月销售额或营业额不超过3万元（按季度纳税的季度销售额或营业额不超过9万元）的缴纳义务人，扩大到按月纳税的月销售额或营业额不超过10万元（按季度纳税的季度销售额或营业额不超过30万元）的缴纳义务人。

复习思考题

1. 税收有什么特征？
2. 税收制度的构成要素有哪些？
3. 我国现行税率有哪几种形式？

4. 我国现行房地产收费种类主要有哪些？

5. 契税的纳税人包括哪些？

6. 契税的计税依据是什么？减税免税规定有哪些？

7. 什么是增值税？纳税人哪些情形应缴增值税？

8. 增值税计税依据有哪些规定？

9. 增值税的减税、免税规定有哪些？

10. 与房地产相关的个人所得税税率是多少？

11. 转让住房个人所得税有哪些规定？

12. 个人所得税减税、免税有哪些规定？

13. 企业所得税计税依据有哪些规定？

14. 什么是房产税？房产税计税依据有几种形式？税率分别是多少？

15. 房产税的计税依据是什么？相应税率是多少？

16. 房产税的优惠政策有哪些规定？

17. 计算土地增值税准予扣除的项目有哪些？

18. 土地增值税的免除有哪些规定？

19. 与房地产相关的印花税免税规定有哪些？

20. 城镇土地使用税的征税对象有哪些？税率是多少？

21. 城镇土地使用税的适用税额具体有哪些规定？

22. 耕地占用税的计税依据是什么？减免规定有哪些？

23. 城市维护建设税实行的地区差别税率是如何规定的？其计税依据是什么？

第八章　不动产登记相关制度政策

不动产登记是不动产物权的法定公示手段，是不动产物权设立、变更、转让和消灭的生效要件，也是不动产物权依法获得承认和保护的依据。不动产登记是《物权法》确立的一项物权变动公示制度，不动产登记制度与房地产经纪人日常业务密不可分。作为房地产经纪人，需要熟知不动产登记类型、了解办理不动产登记的相关程序和需提交材料、进一步拓展不动产登记代办服务、做好房屋交易的权属核验工作，保证房屋交易的安全。本章介绍了不动产登记制度、不动产登记类型、不动产登记程序和不动产登记资料查询等。

第一节　不动产登记制度概述

一、不动产登记的概念和范围

（一）不动产登记的概念

《民法典》延续了《物权法》对不动产登记制度的规定。《民法典》规定，国家对不动产实行统一登记制度。不动产物权的设立、变更、转让和消灭，经依法登记发生效力；未经登记，不发生效力，但是法律另有规定的除外。不动产登记是指不动产登记机构依法将不动产权利归属和其他法定事项记载于登记簿的行为，是将不动产权利现状、权利变动情况以及其他相关事项记载在不动产登记簿上予以公示的行为，是一种不动产物权的公示方式。

（二）不动产登记的范围

不动产登记的范围是：①土地，包括耕地、林地、草地、荒地、水域、滩涂、建设用地、宅基地、无居民海岛以及因自然淤积和人工填海、填湖形成的土地等；②定着于地表、地上或者地下的建筑物、构筑物以及特定空间；③海域以及海上建筑物、构筑物；④森林和林木；⑤矿产资源、水资源；⑥法律、行政法规规定的可以登记的其他不动产。

具体来说，需要登记的不动产物权包括：集体土地所有权；房屋等建筑物、构筑物所有权；森林、林木所有权；耕地、林地、草地等土地承包经营权；建设用地使用权；宅基地使用权；海域使用权；地役权；居住权；抵押权和法律规定需要登记的其他不动产权利。《民法典》规定，依法属于国家所有的自然资源，所有权可以不登记，故国有土地所有权无须申请登记。

二、不动产登记制度的类型

目前，世界各国不动产登记的模式不同，根据登记的方式和效力，主要可分为契据登记制和产权登记制两大类型。

（一）契据登记制

契据登记制的理论基础是对抗要件主义。在这种登记模式下，不动产权利的变更、他项权利的设定，在当事人订立合约之时就已生效，即双方一经产生债的关系，不动产权利的转移或他项权利的设定即同时成立。登记仅仅是作为对抗第三人的要件，所以称为对抗要件主义。其主要特点是：登记机构对登记申请采取形式审查，登记权利的状态；登记只具有公示力而无公信力，不经登记，只能在当事人中产生效力，不能对抗第三人。法院可以裁定已登记的契约无效，登记机构对此并不承担责任。因该项制度为法国首创，所以又称为“法国登记制”。

（二）产权登记制

产权登记制的理论基础是成立要件主义。在这种登记模式下，当事人订立的有关不动产权利转移或他项权利设定的合同效力只是一种债的效力，即当事人在法律上只能得到债权的保护，而不能得到物权的保护。只有履行不动产登记手续以后，不动产受让人或他项权利的权利人的不动产物权才告成立。将登记作为不动产权利成立的要件，所以称为成立要件主义。产权登记制又可分为权利登记制和托伦斯登记制两种。

1. 权利登记制

登记机构设置登记簿，不动产权利的取得、变更过程在登记簿上记载，利害关系人、相关当事人根据登记簿的记载推知该不动产产权状态。若不动产权利的取得未经登记，便不产生效力，不仅不能对抗第三人，在当事人之间也不发生效力。其主要特点为：登记机构对登记申请采取实质审查，登记权利的现状；登记有公信力，即登记簿上所载事项可以对抗善意第三人，在法律上有绝对的效力。因该项制度发源于德国，故又称为“德国登记制”。

2. 托伦斯登记制

该制度为澳大利亚人托伦斯所创。在不动产权利予以登记后，权利人取得权属证书。不动产权利一旦载入政府产籍，权利状态就明确地记载在权属证书上，权利人可以凭证行使不动产权利。其主要特点是：不动产权利一经登记便具有绝对的法律效力；已登记权利如发生转移，必须在登记簿上加以记载；登记采取强制登记制度；登记簿为两份，权利人取得副本，登记机构保留正本，正副本内容必须完全一致。

三、不动产登记的目的

《不动产登记暂行条例》《不动产登记暂行条例实施细则》以及《民法典》的相继出台，标志着我国不动产登记体系已逐步完善。不动产登记制度作为《民法典》的一项重要制度，在提高政府治理效率、方便群众和企业办事等方面都具有重要意义。国家实施不动产登记的目的，具体来说有以下几方面。

（一）保护不动产权利人的合法权益

不动产登记是不动产物权的公示方法，《民法典》第二百一十六条明确规定："不动产登记簿是物权归属和内容的根据"，确立了不动产登记的权利推定规则，凡是记载于不动产登记簿的权利人即被推定享有该项权利。因此，在我国房地产市场发展迅速、房地产交易法律关系和权属变化复杂的情况下，完善不动产登记制度对于保护不动产权利人的合法权益具有重要作用。通过不动产登记，及时、准确地将不动产权利状况记载在不动产登记簿上，将物权变动的事实对外公开。凡经依法登记的，不动产权利人在不动产方面的房屋所有权、建设用地使用权、抵押权、地役权等权利，均受国家法律保护。任何组织或个人侵犯了不动产权利人的合法权益，都要承担法律责任。

（二）维护不动产交易安全

不动产登记簿具有公信效力。任何人都可以确认不动产登记簿记载的权利与事实上的权利保持一致，不动产登记后，不动产上的物权归属和内容在不动产登记簿上准确地展现。即便不动产登记簿上记载的物权归属和内容与真实情况不一致，当事人基于善意信赖登记簿记载而进行的不动产交易，也应当得到保护。因此，不动产物权交易的当事人通过查询不动产登记簿，就可以判断作为交易标的物的不动产上的物权归属与内容，可以正确判断能否进行交易，避免受到他人欺诈。不动产登记为交易当事人提供了较大便利，降低了交易成本，交易安全也得到了有效保障。

（三）利于国家对不动产进行管理、征收赋税和进行宏观调控

首先，为做好城市规划、建设和管理工作，就必须了解城市土地的自然状况，以及房屋的布局、结构、用途等基本情况。要做好房地产开发和住宅建设，就必须了解建设区域内的土地和原有房屋的各种资料，以便合理地规划建设用地，妥善安置原有住户，并按有关规定对被征收房屋给予合理补偿。另外，房地

产买卖和物业管理等一系列活动都涉及房地产权属和房屋的自然状况，同样需要向不动产登记机构了解该房地产的位置、权界、面积、建成年份或年代等准确的资料。

其次，不动产登记制度使得国家能够全面、准确掌握境内不动产情况，为征收各种税收服务。如我国《契税法》第十一条规定："纳税人办理土地、房屋权属登记，不动产登记机构应当查验契税完税、减免税凭证或者有关信息。未按照规定缴纳契税的，不动产机构不予办理土地、房屋权属登记。"

最后，不动产登记的信息能够为国家进行宏观调控，推行各种调控政策提供决策依据。例如，通过不动产登记获取的数据，国家可以准确地判断房地产交易的实际情况、城镇居民的居住情况等，以便进行相应的宏观调控。

四、不动产登记的原则

（一）依申请登记原则

不动产登记应当依照当事人的申请进行，但下列情形除外：

（1）不动产登记机构依据人民法院、人民检察院等国家有权机关依法作出的嘱托文件直接办理登记的；

（2）不动产登记机构依据法律、行政法规或者《不动产登记暂行条例实施细则》的规定依职权直接登记的。

（二）一体登记原则

房屋等建筑物、构筑物所有权和森林、林木等定着物应当与其所附着的土地、海域一并登记，保持权利主体一致。

土地使用权、海域使用权首次登记、转移登记、抵押登记、查封登记的，该土地、海域范围内符合登记条件的房屋等建筑物、构筑物所有权和森林、林木等定着物所有权应当一并登记。

房屋等建筑物、构筑物所有权和森林、林木等定着物所有权首次登记、转移登记、抵押登记、查封登记的，该房屋等建筑物、构筑物和森林、林木等定着物占用范围内的土地使用权、海域使用权应当一并登记。

（三）连续登记原则

未办理不动产首次登记的，不得办理不动产其他类型登记，但下列情形除外：

（1）预购商品房预告登记、预购商品房抵押预告登记的；

（2）在建建筑物抵押权登记的；

（3）预查封登记的；

(4) 法律、行政法规规定的其他情形。

(四) 属地登记原则

(1) 不动产登记由不动产所在地的县级人民政府不动产登记机构办理，直辖市、设区的市人民政府可以确定本级不动产登记机构统一办理所属各区的不动产登记。

(2) 跨行政区域的不动产登记，由所跨行政区域的不动产登记机构分别办理。

不动产单元跨行政区域且无法分别办理的，由所跨行政区域的不动产登记机构协商办理；协商不成的，由先受理登记申请的不动产登记机构向共同的上一级人民政府不动产登记主管部门提出指定办理申请。

不动产登记机构经协商确定或者依指定办理跨行政区域不动产登记的，应当在登记完毕后将不动产登记簿记载的不动产权利人以及不动产坐落、界址、总面积、跨区域面积、用途、权利类型等登记结果书面告知不动产所跨区域的其他不动产登记机构。

五、不动产登记簿

(一) 不动产单元

不动产单元，是指权属界线封闭且具有独立使用价值的空间。独立使用价值的空间应当足以实现相应的用途，并可以独立利用。《不动产登记暂行条例》规定，不动产以不动产单元为基本单位进行登记。不动产单元具有唯一编码。作为不动产登记的基本单位，不动产单元一般具备明确的界址或界线、地理空间上的确定性与唯一性、独立的使用价值等三个特征。《不动产登记暂行条例实施细则》规定，没有房屋等建筑物、构筑物以及森林、林木定着物的，以土地、海域权属界线封闭的空间为不动产单元；有房屋等建筑物、构筑物以及森林、林木定着物的，以该房屋等建筑物、构筑物以及森林、林木定着物与土地、海域界线封闭的空间为不动产单元。

不动产单元中所称房屋，包括独立成幢、权属界线封闭的空间，以及区分套、层、间等可以独立使用、权属界线封闭的空间。

(二) 不动产登记簿

不动产登记簿，是指由不动产登记机构依法制作的，对某一特定地域辖区内的不动产及其上的权利状况加以记载的具有法律效力的官方记载文件。《民法典》规定，不动产物权的设立、变更、转让和消灭，依照法律规定应当登记的，自记载于不动产登记簿时发生效力；不动产登记簿是物权归属和内容的根据。可见，不动产登记簿既要反映不动产的自然状况，还要反映其上建立的各类法律关系所导致物权变动的结果，在不动产统一登记制度中处于核心地位。

【例题 8-1】根据《民法典》规定，确定物权归属和内容的依据是（ ）。

A. 不动产权属证书　　B. 他项权证书

C. 不动产登记证明　　D. 不动产登记簿

参考答案：D

（三）不动产登记簿记载事项

不动产登记簿的记载事项主要包括：不动产的自然状况、权属状况、不动产权利限制与提示以及其他事项。其中，自然状况主要是指不动产的坐落、界址、空间界限、面积、用途等信息；权属状况主要指不动产权利的主体、类型、内容、来源、期限、权利变化等信息；对于不动产权利限制、提示的事项，主要是针对抵押登记、异议登记、预告登记和查封登记等登记类型而规定的。

《不动产登记暂行条例实施细则》中规定，不动产登记簿以宗地或者宗海为单位编成，一宗地或者一宗海范围内的全部不动产单元编入一个不动产登记簿。不动产登记簿应采取电子介质，并具有唯一、确定的纸质转化形式。暂不具备条件的，可以采用纸质介质。不动产登记机构应当配备专门的不动产登记电子存储设施，采取信息网络安全防护措施，保证电子数据安全。任何单位或者个人不得擅自复制或者篡改不动产登记簿信息。

不动产登记机构应当依法将各类登记事项准确、完整、清晰地记载于不动产登记簿。任何人不得损毁不动产登记簿，除依法予以更正外，不得修改登记事项。

六、不动产物权生效时间

不动产登记是不动产物权公示的方式，但并不是所有的不动产物权都必须经过登记后才生效。根据《民法典》规定，不动产物权生效情形分为法定生效、事实行为成就时生效、登记生效和合同成立生效等四种情形。

（一）法定生效

根据法律规定物权生效。《民法典》第二百四十九条规定，城市的土地属于国家所有。法律规定属于国家所有的农村和城市郊区的土地，属于国家所有。因此，通过立法形式直接公示土地所有权属于国家所有，无须再通过登记的方式来公示所有权的归属。

（二）事实行为成就时生效

为及时明确物权的归属，《民法典》规定了几种事实行为发生未经登记，物权也生效的情形。《民法典》第二百二十九条、第二百三十条、第二百三十一条规定，依据人民法院、仲裁委员会的法律文书或者人民政府的征收决定设立、变更、转让或者消灭物权；继承取得房地产；合法建造取得房屋所有权、拆除房屋注销所有权，自事实行为成就时生效，不以登记为生效条件。但需要注意的是，根据《民法典》第二百三十二条规定，上述事实行为成就时取得物权后，再处分上述物权时，依照法律规定需要先办理登记，再进行处分，才能发生物权效力。

（三）登记生效

登记是物权公示最主要的方法。不动产物权的设立、变更、转让和消灭，均应依照法律规定申请登记，自记载于不动产登记簿时发生效力。当事人之间订立有关设立、变更、转让和消灭不动产物权的合同，未办理物权登记的，不影响合同效力；依照法律规定需办理登记的，未经登记，不发生物权效力。不动产物权登记生效的情形主要有：买卖、交换、赠与、分割房地产登记；建设用地使用权和不动产抵押权的设立，应当登记，不登记不发生物权变动效力；设立居住权，应当申请居住权登记，居住权自登记时设立；除依据法律文书、人民政府的征收决定和拆除房屋事实行为外，已登记房地产权利的变更、更正、注销应当登记等。

（四）合同成立生效

合同成立生效即合同生效时物权设立。《民法典》中明确的合同生效时物权设立的，包括土地承包经营权和地役权。根据《民法典》第三百三十三条规定："土地承包经营权自土地承包经营权合同生效时设立。"土地承包经营权互换、转让的，当事人可以向登记机构申请登记；未经登记，不得对抗善意第三人。根据《民法典》第三百七十四条规定："地役权自地役权合同生效时设立。当事人要求登记的，可以向登记机构申请地役权登记；未经登记，不得对抗善意第三人。"地役权不登记，并非意味着地役权不能对抗第三人。地役权属于用益物权，物权具有绝对权和排他性。因此，地役权一经设立虽未登记，作为物权，仍可对抗侵权的行为，如果他人非法侵害当事人的地役权，未经登记的地役权，仍可请求排除妨碍、赔偿损失。另外，未经登记的地役权，仅仅是不应对抗善意第三人。但可以对抗恶意第三人，如对于以不公正手段获得地役权登记的人以及明知该地役权已经存在的第三人，仍具有对抗效力。

【例题 8-2】　李某父亲于 2021 年 3 月 5 日死亡；3 月 20 日不动产登记机构受理李某的继承房屋登记申请，3 月 22 日将申请登记事项记载于登记簿；3 月 23 日李某领取不动产权证书。李某取得该房屋所有权的时间是 2021 年(　　)。

A. 3 月 5 日　　B. 3 月 20 日

C. 3 月 22 日　　D. 3 月 23 日

参考答案：A

七、不动产登记机构

(一) 不动产登记机构设置

不动产登记机构，也称不动产登记机关，是负责不动产登记活动的组织，在不动产登记中占据重要地位。

《不动产登记暂行条例》第六条规定，国务院国土资源主管部门负责指导、监督全国不动产登记工作。县级以上地方人民政府应当确定一个部门为本行政区域的不动产登记机构，负责不动产登记工作，并接受上级人民政府不动产登记主管部门的指导、监督。

(二) 不动产登记机构职责

根据《民法典》规定，不动产登记机构的职责为：查验申请人提供的权属证明和其他必要材料；就有关登记事项询问申请人；如实、及时登记有关事项；法律、行政法规规定的其他职责。申请登记的不动产的有关情况需要进一步证明的，登记机构可以要求申请人补充材料，必要时可以实地查看。

权利人、利害关系人可以申请查询、复制登记资料，登记机构应当提供。不动产登记机构不得要求对不动产进行评估；不得以年检名义进行重复登记；不得有超出登记职责范围的其他行为。

登记机构因登记错误给他人造成损害的，应当承担赔偿责任。登记机构赔偿后，可以向造成登记错误的人追偿。

【例题 8-3】 根据《民法典》规定，不动产登记机构的职责有(　　)。

A. 必要时可以实地查看　　B. 如实、及时登记有关事项

C. 查验申请人提供的权属证明　　D. 就有关登记事项询问申请人

E. 对申请登记的不动产进行评估

参考答案：ABCD

第二节　不动产登记类型

不动产登记有多种分类方法。按照登记的业务类型，可分为首次登记、变更登记、转移登记、注销登记、更正登记、异议登记、预告登记和查封登记。按照登记物的类型，可分为土地登记、房屋登记和林权登记等。按照登记物权的类

型，可分为不动产所有权登记和不动产他项权利登记。

一、按照登记业务类型分类

（一）首次登记

首次登记，是指不动产权利第一次记载于不动产登记簿的登记，主要包括实践中的总登记和初始登记。《不动产登记暂行条例实施细则》中规定，未办理不动产首次登记的，不得办理不动产其他类型登记，但法律、行政法规另有规定的除外。

（二）变更登记

变更登记，是指不动产权利人主体不变情况下，因不动产权利人的姓名、名称或者不动产坐落等发生变更而进行的登记。一般来说，适用变更登记的主要情形包括：权利人姓名、名称、身份证明类型或者身份证号码发生变更的；不动产坐落、界址、用途、面积等状况变更的；不动产权利期限、来源等状况发生变化的；同一权利人分割或者合并不动产的；抵押权顺位、抵押担保范围、主债权数额、债务履行期限发生变更的；最高额抵押担保的债权范围、最高债权额、债权确定期间等发生变化的；地役权的利用目的、方法等发生变化的；共有性质发生变更的；法律、行政法规规定的其他不涉及不动产权利转移的变更情形。

例如：王某自建的房屋已办理了房屋所有权登记，因生活需要，王某经批准后在原房屋上又加建一层，房屋面积增加了 $100m^2$。该房屋所有权属没有变化，但房屋的面积发生了变化，王某应当向不动产登记机构申请变更登记。

（三）转移登记

转移登记，是指因不动产物权转移（权利人发生改变）进行的登记。由于我国实行土地的社会主义公有制，即国家所有和集体所有，因此，转移登记仅适用于土地使用权、房屋所有权及抵押权等其他物权转移的情形，如买卖、互换、赠与、继承不动产的；以不动产作价出资（入股）的；不动产分割、合并导致权利发生转移的；法人或者其他组织因合并、分立等原因致使不动产权利发生转移的；共有人增加或者减少以及共有不动产份额变化的；继承、受遗赠导致权利发生转移的；因人民法院、仲裁委员会的生效法律文书导致不动产权利发生转移的；因主债权转移引起不动产抵押权转移的；因需役地不动产权利转移引起地役权转移的；法律、行政法规规定的其他不动产权利转移情形。

例如：王某将房屋卖给李某，王某和李某应当向不动产登记机构申请办理转移登记。该房屋所有权由王某转移给李某。

【例题 8-4】下列需要办理不动产登记的情形中，不属于转移登记的是（ ）。

A. 房地产互换 B. 房地产继承

C. 房地产入股 D. 所有权人名称变更

参考答案：D

（四）注销登记

注销登记，是指因法定或约定之原因使已登记的不动产物权归于消灭或因自然的、人为的原因使不动产本身灭失时而进行的登记，主要包括申请注销登记和嘱托注销登记两种情形。申请注销登记的情形主要包括：因自然灾害等原因导致不动产灭失的；权利人放弃不动产权利的；抵押权实现的；法律、行政法规规定的其他情形。嘱托注销登记的情形主要包括：依法收回国有土地、海域等不动产权利的；不动产被依法征收、没收的；人民法院、仲裁委员会的生效法律文书导致原不动产权利消灭的；法律、行政法规规定的其他情形。

例如，房屋倒塌，就属于不动产权利客体的灭失，不动产权利自然消灭，应当申请房屋所有权的注销登记。

（五）更正登记

更正登记，是指不动产登记机构根据当事人的申请或者依职权对登记簿的错误记载事项进行更正的登记。或者说更正登记是对原登记权利的涂销，同时对其真正权利进行的登记。《民法典》第二百二十条规定："权利人、利害关系人认为不动产登记簿记载的事项错误的，可以申请更正登记。不动产登记簿记载的权利人书面同意更正或者有证据证明登记确有错误的，登记机构应当予以更正。"人民法院、仲裁委员会生效法律文书等确定的不动产权利归属、内容与不动产登记簿记载的权利状况不一致的，当事人也可以申请更正登记。

不动产权利人或者利害关系人申请更正登记，不动产登记机构认为不动产登记簿记载确有错误的，应当予以更正；但在错误登记之后已经办理了涉及不动产权利处分的登记、预告登记和查封登记的除外。不动产权属证书或者不动产登记证明填制错误以及不动产登记机构在办理更正登记中，需要更正不动产权属证书或者不动产登记证明内容的，应当书面通知权利人换发，并把换发不动产权属证书或者不动产登记证明的事项记载于登记簿。不动产登记簿记载无误的，不动产登记机构不予更正，并书面通知申请人。

【例题 8-5】 权利人发现不动产登记簿记载错误，可以向不动产登记机构申请的是（ ）。

A. 更正登记 B. 变更登记

C. 注销登记 D. 异议登记

参考答案：A

（六）异议登记

异议登记，是指事实上的权利人以及利害关系人对不动产登记簿记载的权利所提出异议，并向不动产登记机构申请的登记。

利害关系人认为不动产登记簿记载的事项错误，不动产登记簿记载的权利人不同意更正的，利害关系人可以申请异议登记。

不动产登记机构受理异议登记申请的，应当将异议事项记载于不动产登记簿，并向申请人出具异议登记证明。

登记机构予以异议登记的，申请人自异议登记15日内不提起诉讼的，异议登记失效。异议登记不当，造成权利人损害的，权利人可以向申请人请求损害赔偿。异议登记失效后，申请人就同一事项以同一理由再次申请异议登记的，不动产登记机构不予受理。

异议登记期间，不动产登记簿上记载的权利人以及第三人因处分权利申请登记的，不动产登记机构应当书面告知申请人该权利已经存在异议登记的有关事项。申请人申请继续办理的，应当予以办理，但申请人应当提供知悉异议登记存在并自担风险的书面承诺。

（七）预告登记

预告登记，是指为保全一项以将来发生的不动产物权变动为目的的请求权的不动产登记。如商品房购房人与房地产开发企业签订商品房预售合同后，可以申请预购商品房预告登记。《民法典》第二百二十一条规定："当事人签订买卖房屋的协议或者签订其他不动产物权的协议，为保障将来实现物权，按照约定可以向登记机构申请预告登记。预告登记后，未经预告登记的权利人同意，处分该不动产的，不发生物权效力。预告登记后，债权消灭或者自能够进行不动产登记之日起90日内未申请登记的，预告登记失效。"

有下列情形之一的，当事人可以按照约定申请不动产预告登记：一是商品房等不动产预售的；二是不动产买卖、抵押的；三是以预购商品房设定抵押权的；四是法律、行政法规规定的其他情形。

预告登记未到期，如出现预告登记的权利人放弃预告登记的、债权消灭的，以及法律行政法规规定的其他情形的，当事人可以持不动产登记证明、债权消灭或者权利人放弃预告登记的材料，以及法律、行政法规规定的其他必要材料申请注销预告登记。

（八）查封登记

查封登记，是指不动产登记机构按照人民法院生效法律文书和协助执行通知书，配合人民法院对指定不动产在不动产登记簿上予以注记，以限制权利人处分被查封的不动产的行为。被查封、预查封的房屋，在查封、预查封期间不得办理抵押、转让等权属变更、转移登记手续。根据最高人民法院、建设部、国土资源部联合下发的《关于依法规范人民法院执行和国土资源房地产管理部门协助执行若干问题的通知》，不动产登记机构在协助人民法院执行房屋时，不对法律生效文件和协助通知书进行实体审查。认为人民法院查封、预查封的不动产权属有错误的，可以向人民法院提出审查建议，但不应停止办理协助执行事项。不动产查封期限届满，人民法院未续封的，查封登记失效。

（九）抵押权登记

抵押权登记，是指不动产登记机构根据抵押当事人的申请，依法将抵押权设立、转移、变动等事项在登记簿上予以记载的行为。不动产抵押权登记分为：一般抵押权登记和最高额抵押权登记。一般抵押权登记包括：不动产抵押权首次登记、不动产抵押权变更登记、不动产抵押权转移登记、不动产抵押权注销登记。最高额抵押权登记包括：最高额抵押权首次登记、最高额抵押权变更登记、最高额抵押权转移登记、最高额抵押权注销登记和最高额抵押权确定登记。

二、按照登记物分类

（一）土地登记

土地登记，是指不动产登记机构依法将土地权利及相关事项在不动产登记簿上予以记载的行为。如集体土地所有权登记、国有建设用地使用权登记、集体建设用地使用权登记、宅基地使用权登记、土地使用权抵押权登记等。

（二）房屋登记

房屋登记，是指不动产登记机构依法将房屋建筑物、构筑物权利及相关事项在不动产登记簿上予以记载的行为。如房屋所有权登记、房屋抵押权登记、预购商品房预告登记。

（三）林权登记

林权登记，是指不动产登记机构依法对森林、林木和林地权利及其相关事项在不动产登记簿上予以记载的行为。

（四）海域登记

海域登记，是指不动产登记机构依法对海域权利及相关事项在不动产登记簿上予以记载的行为。依法使用海域，在海域上建造建筑物、构筑物的，应当申请海域使用权及建筑物、构筑物所有权登记。

三、按照登记物权分类

（一）不动产所有权登记

不动产所有权登记，是指不动产登记机构依法将不动产所有权及相关事项在不动产登记簿上予以记载的行为。如发生房屋买卖、互换、赠与、继承、受遗赠、以房屋出资入股，导致房屋所有权发生转移的，当事人应当在有关法律文件生效或者事实发生后申请房屋所有权转移登记。

（二）不动产他项权利登记

不动产他项权利登记，是指不动产登记机构依法将用益物权和担保物权等他项权利及相关事项在不动产登记簿上予以记载的行为。

（1）不动产用益物权登记包括：土地承包经营权登记、建设用地使用权登记、宅基地使用权登记、居住权登记和地役权登记等。

（2）不动产担保物权即抵押权登记。抵押权又分为一般抵押权登记和最高额抵押权登记。此外，《民法典》还将在建工程抵押纳入抵押权登记的范畴。

第三节 不动产登记程序

办理不动产登记，要经过申请、受理、审核、登簿和发证等程序。

一、申请

申请是指申请人根据不同的申请登记事项，到不动产登记机构现场向不动产登记机构提交登记申请材料办理不动产登记的行为。根据申请主体的不同，可以分为当事人双方共同申请和单方申请。不动产登记以当事人双方共同申请为基本原则，以单方申请为例外。

1. 双方共同申请

双方共同申请，是指不动产物权变动的双方当事人共同向不动产登记机构申请登记，主要适用于因法律行为而产生物权变动的情形，如房屋买卖、交换、赠与、抵押等。

对于全体共有人的共有不动产的登记，应当由全体共有人共同申请。按份共有人转让、抵押其享有的不动产份额，应当与受让人或者抵押权人共同申请。受让人是共有人以外的人的，还应当提交其他共有人同意的书面材料。

处分按份共有的不动产，可以由占份额 2/3 以上的按份共有人共同申请，但不动产登记簿记载共有人另有约定的除外。

2. 单方申请

单方申请，是指登记权利人或者登记义务人一方向不动产登记机构申请的登记。

属于下列情形之一的，可以由当事人单方申请：

(1) 尚未登记的不动产首次申请登记的；

(2) 继承、接受遗赠取得不动产权利的；

(3) 人民法院、仲裁委员会生效的法律文书或者人民政府生效的决定等设立、变更、转让、消灭不动产权利的；

(4) 不涉及不动产权利归属的变更登记，即不动产权利人姓名、名称、身份证明类型或者身份证明号码发生变更的；不动产坐落、界址、用途、面积等状况发生变化的；同一权利人分割或者合并不动产的；土地、海域使用权期限变更的；

(5) 不动产灭失、不动产权利消灭或者权利人放弃不动产权利，权利人申请注销登记的；

(6) 申请更正登记或者异议登记的；

(7) 预售人未按约定与预购人申请预购商品房预告登记，预购人申请预告登记的；

(8) 法律、行政法规规定的可以由当事人单方申请的其他情形。

【例题 8-6】 下列单位或个人取得房屋的情形中，可以由当事人单方申请登记的有(　　)。

A. 甲公司新建房屋　　B. 李某继承取得房屋

C. 王某购买取得房屋　　D. 张某以生效法律文件取得房屋

E. 陈某受遗赠取得房屋

参考答案：ABDE

当事人可以委托他人代为申请不动产登记，代理人应当向不动产登记机构提供被代理人身份证明、被代理人签字或者盖章的授权委托书及代理人的身份证明。授权委托书中应当载明代理人的姓名或者名称、代理事项、权限和期间，并由被代理人签名或者盖章。自然人处分不动产，被代理人不能与代理人共同到不动产登记机构现场签订授权委托书的，应提交经公证的授权委托书，境外申请人委托代理人申请不动产登记的，其授权委托书应当按国家有关规定办理公证或认证。代理人为两人或者两人以上代为处分不动产的，全部代理人应当共同代为申请，但另有授权的除外。

无民事行为能力人、限制民事行为能力人申请不动产登记的，应当由监护人代为申请。监护人代为申请登记的，应当向不动产登记机构提交申请人身份证明、监护关系证明及被监护人身份证明，以及被监护人为无民事行为能力人、限制民事行为能力人的证明材料。因处分被监护人不动产而申请登记的，还应当出具为被监护人利益而处分不动产的书面保证。监护关系证明材料可以是户口簿、监护关系公证书、出生医学证明，或所在单位、居民委员会、村民委员会或人民法院指定监护人的证明材料。父母之外的监护人处分未成年人不动产的，有关监护关系材料可以是人民法院指定监护的法律文书、监护人对被监护人享有监护权的公证材料或者其他材料。

二、受理

受理是指不动产登记机构依法查验申请主体、申请材料，询问登记事项、录入相关信息、出具受理结果等工作的过程。

不动产登记机构收到不动产登记申请材料，对于属于登记职责范围，申请材料齐全、符合法定形式，或者申请人按照要求提交全部补正申请材料的，应当受理并书面告知申请人；对于申请材料存在可以当场更正的错误的，应当告知申请人当场更正，申请人当场更正后，应当受理并书面告知申请人；对于申请材料不齐全或者不符合法定形式的，应当当场书面告知申请人不予受理并一次性告知需要补正的全部内容；对于申请登记的不动产不属于本机构登记范围的，应当当场书面告知申请人不予受理并告知申请人向有登记权的机构申请。

不动产登记机构未当场书面告知申请人不予受理的，视为受理。

三、审核

不动产登记机构在受理不动产登记申请后，应就不动产界址、空间界限、面积等材料与申请登记的不动产状况是否一致，有关证明材料、文件与申请登记的内容是否一致，登记申请是否违反法律、行政法规规定等方面进行查验。此外，《不动产登记暂行条例实施细则》规定，登记机构还应当对以下几项内容进行查验：一是申请人、委托代理人身份证明材料以及授权委托书与申请主体是否一致；二是权属来源材料或者登记原因文件与申请登记的内容是否一致；三是不动产界址、空间界限、面积等权籍调查成果是否完备，权属是否清楚、界址是否清晰、面积是否准确；四是法律、行政法规规定的完税或者缴费凭证是否齐全。

对房屋等建筑物、构筑物所有权首次登记，在建建筑物抵押权登记，因不动产灭失导致的注销登记，以及不动产登记机构认为需要实地查看的情形，不动产登记机构可以实地查看。对可能存在权属争议，或者可能涉及他人利害关系的登记申请，不动产登记机构可以向申请人、利害关系人或者有关单位进行调查。

对存在尚未解决的权属争议，申请登记的不动产权利超过规定期限，以及违反法律、行政法规或有法律、行政法规规定不予登记的其他情形的不动产，不动产登记机构应当不予登记并书面告知申请人。

除涉及国家秘密的情形外，有下列情形之一的，不动产登记机构应当在登记事项记载于不动产登记簿前进行公告：

（1）政府组织的集体土地所有权登记；

（2）宅基地使用权及房屋所有权，集体建设用地使用权及建筑物、构筑物所有权，土地承包经营权等不动产权利的首次登记；

（3）依职权更正登记；

（4）依职权注销登记；

（5）法律法规规定的其他情形。

公告应当在不动产登记机构门户网站以及不动产所在地等指定场所进行，公告期不少于 15 个工作日。公告所需时间不计算在登记办理期限内。公告期满无异议或者异议不成立的，应当及时记载于不动产登记簿。

四、登簿

登记申请完全符合《不动产登记暂行条例》《不动产登记暂行条例实施细则》规定条件的，不动产登记机构应当及时办理登记，将不动产物权变动情况记载于不动产登记簿。登记申请不符合规定条件的，不动产登记机构应当不予登记，并书面告知申请人。不动产登记机构将申请登记事项记载于不动产登记簿前，申请人可以撤回登记申请。登记事项自记载于不动产登记簿时完成登记。任何人不得损毁不动产登记簿，除依法予以更正外不得修改登记事项。

五、发证

不动产登记机构完成登记，应当依法向申请人核发不动产权属证书或者登记证明。

不动产权属证书，是权利人享有该不动产物权的证明。不动产权属证书和登记证明的区别在于，前者是权利人享有不动产物权的证明，一般是在作为本登记的所有权登记、他物权登记完成后由不动产登记机构颁发给权利人的；后者是不动产登记机构完成其他登记后颁发给权利人，用以证明登记事项已经完成的法律凭证。

集体土地所有权，房屋等建筑物、构筑物所有权，森林、林木所有权，土地承包经营权，建设用地使用权，宅基地使用权，海域使用权等不动产权利登记，核发不动产权属证书；抵押权登记、居住权登记、地役权登记和预告登记、异议登记，核发不动产登记证明。已经发放的不动产权属证书或者不动产登记证明记载事项与不动产登记簿不一致的，除有证据证实不动产登记簿确有错误外，以不动产登记簿为准。

属于建筑区划内依法属于业主共有的道路、绿地、其他公共场所、公用设施和物业服务用房等及其占用范围内的建设用地使用权，以及查封登记、预查封登记的，登记事项只记载于不动产登记簿，不核发不动产权证书或者不动产登记证明。

共有的不动产，不动产登记机构向全体共有人合并发放一本不动产权证书；共有人申请分别持证的，可以为共有人分别发放不动产权证书。共有不动产权证书应当注明共有情况，并列明全体共有人。

除法律法规另有规定的外，不动产登记机构应当自受理登记申请之日起 30 个工作日内办结不动产登记手续。

六、申请登记所需材料

（一）国有建设用地使用权和房屋所有权登记所需材料

(1) 申请国有建设用地使用权和房屋所有权首次登记应提交下列材料：

① 不动产登记申请书；

② 申请人身份证明；

③ 不动产权属证书或者土地权属来源材料；

④ 建设工程符合规划的材料；

⑤ 房屋已经竣工的材料；

⑥ 房地产调查或者测绘报告；

⑦ 相关税费缴纳凭证；

⑧ 其他必要材料。

办理房屋所有权首次登记时，申请人应当将建筑区划内依法属于业主共有的道路、绿地、其他公共场所、公用设施和物业服务用房及其占用范围内的建设用地使用权一并申请登记为业主共有。业主转让房屋所有权的，其对共有部分享有的权利依法一并转让。

(2) 申请国有建设用地使用权及房屋所有权变更登记应提交下列材料：

① 不动产登记申请书；

② 申请人身份证明；

③ 不动产权属证书；

④ 发生变更的材料；

⑤ 其他必要材料。

变更内容需要审批，涉及合同变更和补交税费的，还需提供：有批准权的人民政府或者主管部门的批准文件；国有建设用地使用权出让合同或者补充协议；国有建设用地使用权出让价款、税费等缴纳凭证。

（3）申请国有建设用地使用权和房屋所有权转移登记应提交下列材料：

① 不动产登记申请书；

② 申请人身份证明；

③ 不动产权属证书；

④ 买卖、互换、赠与合同；

⑤ 继承或者受遗赠的材料；

⑥ 分割、合并协议；

⑦ 人民法院或者仲裁委员会生效的法律文书；

⑧ 有批准权的人民政府或者主管部门的批准文件；

⑨ 相关税费缴纳凭证；

⑩ 其他必要材料。

不动产买卖合同依法应当备案的，申请人申请登记时须提交经备案的买卖合同。

（4）申请国有建设用地使用权和房屋所有权注销登记应提交下列材料：

① 不动产登记申请书；

② 申请人身份证明；

③ 不动产权属证书；

④ 证明权利消灭的材料，如房屋灭失的，提交其灭失的证明材料；

⑤ 依法没收、征收收回的，提交有权机关作出的没收、征收收回决定书；

⑥ 因人民法院或者仲裁委员会生效法律文书导致权利消灭的，提交人民法院或者仲裁委员会生效法律文书等。

（二）土地、房屋抵押权登记所需材料

（1）申请土地和房屋抵押权首次登记应提交下列材料：

① 不动产登记申请书；

② 申请人身份证明；

③ 不动产权属证书；

④ 抵押合同与主债权合同等必要材料。

抵押合同可以是单独订立的书面合同，也可以是主债权合同中的抵押条款。

(2) 申请土地和房屋抵押权变更登记应提交下列材料：

① 不动产登记申请书；

② 申请人身份证明；

③ 不动产权属证书和不动产登记证明；

④ 证明发生变更的材料和其他必要材料。

如果该抵押权的变更将对其他抵押权人产生不利影响的，还应当提交其他抵押权人的身份证明和书面同意的材料。

(3) 申请土地和房屋抵押权转移登记应提交下列材料：

① 不动产登记申请书；

② 申请人身份证明；

③ 不动产权属证书和不动产登记证明；

④ 被担保主债权的转让协议；

⑤ 债权人已经通知债务人的材料和其他必要材料。

(4) 申请土地和房屋抵押权注销登记应提交下列材料：

① 不动产登记申请书；

② 申请人身份证明；

③ 不动产登记证明或生效法律文书；

④ 抵押权消灭的材料和其他必要材料。

(三) 更正登记所需材料

(1) 权利人申请更正登记应提交下列材料：

① 不动产登记申请书；

② 申请人身份证明；

③ 不动产权属证书；

④ 证实登记确有错误的材料和其他必要材料。

(2) 利害关系人申请更正登记应提交下列材料：

① 不动产登记申请书；

② 申请人身份证明；

③ 利害关系材料；

④ 证实不动产登记簿记载错误的材料以及其他必要材料。

(四) 异议登记所需材料

利害关系人申请异议登记应提交下列材料：

① 不动产登记申请书；

② 申请人身份证明；

③ 证实对登记的不动产权利有利害关系的材料；

④ 证实不动产登记簿记载的事项错误的材料和其他必要材料。

（五）预购商品房预告登记所需材料

申请预购商品房预告登记应提交下列材料：

① 不动产登记申请书；

② 申请人身份证明；

③ 已备案的商品房预售合同；

④ 当事人关于预告登记的约定和其他必要材料。

预购人单方申请预购商品房预告登记，预售人与预购人在商品房预售合同中对预告登记附有条件和期限的，预购人应当提交相应材料。

申请预告登记的商品房已经办理在建建筑物抵押权首次登记的，当事人应当一并申请在建建筑物抵押权注销登记，并提交不动产权属转移材料、不动产登记证明。

（六）申请材料的一般要求

申请材料应当齐全，符合要求，申请人应当对申请材料的真实性负责，并作出书面承诺。

（1）不动产登记申请书

申请人申请不动产登记，应当如实、准确填写不动产登记机构制定的不动产登记申请书。申请人为自然人的，申请人应当在不动产登记申请书上签字；申请人为法人或其他组织的，申请人应当在不动产登记申请书上盖章。自然人委托他人申请不动产登记的，代理人应在不动产登记申请书上签字；法人或其他组织委托他人申请不动产登记的，代理人应在不动产登记申请书上签字，并加盖法人或其他组织的公章。

共有的不动产，申请人应当在不动产登记申请书中注明共有性质。按份共有不动产的，应明确相应具体份额，共有份额宜采取分数或百分数表示。

申请不动产登记的，申请人或者其代理人应当向不动产登记机构提供有效的联系方式。申请人或者其代理人的联系方式发生变动的，应当书面告知不动产登记机构。

（2）身份证明材料

申请人申请不动产登记，以境内自然人为例，可以提交的身份证明材料包括：身份证或军官证、士官证；身份证遗失的，应提交临时身份证；未成年人可以提交居民身份证或户口簿等。

已经登记的不动产，因其权利人的名称、身份证明类型或者身份证明号码等内容发生变更的，申请人申请办理该不动产的登记事项时，应当提供能够证实其身份变更的材料。

（3）法律文书

申请人提交的人民法院裁判文书、仲裁委员会裁决书应当为已生效的法律文书。提交一审人民法院裁判文书的，应当同时提交人民法院出具的裁判文书已经生效的证明文件等相关材料，即时生效的裁定书、经双方当事人签收的调解书除外。

需要协助执行的生效法律文书应当由该法律文书作出机关的工作人员送达，送达时应当提供工作证件和执行公务的证明文件。人民法院直接送达法律文书有困难的，可以委托其他法院代为送达。

七、不动产登记收费

（一）登记收费标准

住宅类不动产登记费按件向登记申请人收取，当事各方共同申请登记的，由登记为不动产权利人的一方缴纳。规划用途为住宅的房屋及其建设用地使用权登记收费标准为每件 80 元；非住宅类不动产登记收费标准为每件 550 元；对申请办理车库、车位、储藏室不动产登记，单独核发不动产权属证书或登记证明的，不动产登记费减按住宅类不动产登记每件 80 元收取。申请人以一个不动产单元提出一项不动产权利的登记申请，并完成一个登记类型登记的为一件。不动产登记机构按规定核发一本不动产权属证书免收证书工本费。向一个以上不动产权利人核发权属证书的，每增加一本证书加收证书工本费 10 元。

廉租住房、公共租赁住房、经济适用住房和棚户区改造安置住房所有权及其建设用地使用权办理不动产登记，登记收费标准为零。

（二）登记优惠收费标准

（1）减半收取不动产登记费的情形有：申请不动产更正登记、异议登记的；不动产权利人姓名、名称、身份证明类型或者身份证明号码发生变更申请变更登记的；同一权利人因分割、合并不动产申请变更登记的；以及国家法律、法规规定予以减半收取的。

（2）免收不动产登记费的情形有：申请与房屋配套的车库、车位、储藏室等登记，不单独核发不动产权属证书的；因行政区划调整导致不动产坐落的街道、门牌号或房屋名称变更而申请变更登记的；小微企业（含个体工商户）申请不动产登记的；因农村集体产权制度改革导致土地、房屋等确权变更而申请变更登记的；国家法律、法规规定予以免收的。

（3）只收取不动产权属证书工本费的情形有：单独申请宅基地使用权登记

的；申请宅基地使用权及地上房屋所有权登记的；夫妻间不动产权利人变更，申请登记的；因不动产权属证书丢失、损坏等原因申请补发、换发证书的。

（4）不收取不动产登记费的情形有：查封登记、注销登记、预告登记和因不动产登记机构错误导致更正登记的，不收取不动产登记费。

第四节　不动产登记资料的查询

一、不动产登记资料查询概述

不动产登记资料，是指不动产登记机构在登记过程中形成和收集的一系列文字和图件等资料，包括不动产登记簿等不动产登记结果资料和不动产登记原始资料。其中，不动产登记原始资料包括不动产登记申请书、申请人身份材料、不动产权属来源、登记原因、不动产权籍调查成果等申请材料以及不动产登记机构审核材料。

《不动产登记暂行条例》规定，权利人、利害关系人可以依法查询、复制登记资料，不动产登记机构应当提供。其中“权利人”是指不动产的登记权利人，即在不动产登记簿上记载的不动产物权的归属人，如房屋所有权人、房屋抵押权人、地役权人、建设用地使用权人等。权利人可以自己申请查询、复制不动产登记资料，也可以委托律师或者其他代理人查询、复制不动产登记资料。“利害关系人”是指与登记的不动产具有法律上的利害关系之人，它不仅包括交易的当事人，也包括与登记权利人发生其他法律纠纷的第三人。《不动产登记资料查询暂行办法》对利害关系人查询明确规定，对因买卖、互换、赠与、租赁、抵押不动产，以及因不动产存在民事纠纷且已经提起诉讼、仲裁构成利害关系的利害关系人，可以查询不动产登记结果。

为保护权利人个人信息，《民法典》第二百一十九条规定：“利害关系人不得公开、非法使用权利人的不动产登记资料。”

实行不动产登记资料公开查询，是完善不动产登记制度的必然要求，是保障不动产权利人或不动产权利变动当事人的合法权益、维护不动产市场秩序的必然要求。实行不动产登记资料公开查询制度，也是不动产登记机构依法办事的需要。

二、不动产登记资料的查询程序

（一）查询人提出查询申请

权利人和利害关系人需要查询和复制不动产登记资料的，应向不动产登记机构提出申请。

权利人和利害关系人申请查询，应当提交查询申请书以及不动产权利人、利害关系人的身份证明材料。不动产的利害关系人申请查询不动产登记结果的，除提交上述材料外，还应当提交下列利害关系证明材料：

（1）因买卖、互换、赠与、租赁、抵押不动产构成利害关系的，提交买卖合同、互换合同、赠与合同、租赁合同、抵押合同；

（2）因不动产存在相关民事纠纷且已经提起诉讼或者仲裁而构成利害关系的，提交受理案件通知书、仲裁受理通知书。

不动产权利人、利害关系人委托代理人代为申请查询不动产登记资料的，被委托人应当提交双方身份证明原件和授权委托书，查询、复制不动产登记资料的范围由委托授权书确定。授权委托书中应注明双方姓名或者名称、居民身份证号码或者统一社会信用代码、委托事项、委托时限、法律义务、委托日期等内容，双方签字或者盖章。

有买卖、租赁、抵押不动产意向，或者拟就不动产提起诉讼或者仲裁等，但不能提供利害关系证明材料的，可以提交查询申请书以及不动产权利人、利害关系人的身份证明材料，查询相关不动产登记簿记载的不动产的自然状况；不动产是否存在共有情形；是否存在抵押权登记、预告登记或者异议登记情形；是否存在查封登记或者其他限制处分的情形等信息。

有关国家机关查询的，应当提供本单位出具的协助查询材料、工作人员的工作证。

（二）查询机构提供查询

对符合规定的查询申请，不动产登记机构应当当场提供查询；因情况特殊，不能当场提供查询的，应当在5个工作日内向查询人提供。

（三）查询结果证明的出具

查询人要求复制不动产登记资料的，不动产登记机构应当提供复制。

查询人要求出具查询结果证明的，不动产登记机构应当出具查询结果证明。查询结果证明应注明出具的时间，并加盖不动产登记机构查询专用章。

三、对查询机构和查询人的要求

（一）对查询机构的要求

（1）应当建立不动产登记资料管理制度以及信息安全保密制度。

（2）建设符合不动产登记资料安全保护标准的不动产登记资料存放场所。

（3）加强不动产登记信息化建设，按照统一的不动产登记信息管理基础平台建设要求和技术标准，做好数据整合、系统建设和信息服务等工作。

(4) 应当采取措施保障不动产登记信息安全。任何单位和个人不得泄露不动产登记信息。

(二) 对查询人的要求

(1) 按规定提交查询资料。查询人查询不动产登记资料的，应按照规定提交相应的材料，不提交材料或提交材料不符合规定的，不动产登记机构可以不予查询，并出具不予查询告知书。

(2) 在指定场所查询。查询人查询不动产登记资料，应当在不动产登记机构设定的场所进行。不动产登记原始资料不得带离指定的场所。

(3) 不得毁坏登记资料。查询人查询、复制不动产登记资料的，不得将不动产登记资料带离指定场所，不得拆散、调换、抽取、撕毁、污损不动产登记资料，也不得损坏查询设备。

(4) 保守国家秘密。查询人对查询中涉及的国家秘密负有保密义务，不得泄露给他人，也不得不正当使用。

复 习 思 考 题

1. 简述《民法典》确定的不动产登记制度。
2. 简述不动产登记原则。
3. 什么是不动产登记簿？其法律效力如何？
4. 不动产物权生效情形有哪些？
5. 按登记业务的类型，不动产登记的类型有哪几种？
6. 简述不动产登记的程序。
7. 房屋所有权变更登记、转移登记、更正登记的区别有哪些？
8. 不动产登记的双方共同申请和单方申请的情形有哪些？
9. 不动产权属证书和登记证明的区别是什么？
10. 不动产的登记收费标准是什么？什么情形下可以享有优惠收费标准？
11. 查询不动产登记资料对查询人有哪些要求？

第九章　房地产广告相关制度政策

房地产经纪服务的主要目的是促成房地产交易。房地产广告的作用就是以深具吸引力、说服力及记忆力的广告语，以最吸引人们注意力的方式把房地产商品的特点巧妙地传达给消费者。广告的作用是让好产品被更多的人了解、认识和使用，而不是想办法让人们蒙上眼睛，更不可能因为广告的赞美，使不好的产品变好。我国已出台相关法律和制度政策，规范房地产广告行为。要做好房地产经纪服务，应懂得房地产广告特点，了解房地产广告相关制度政策。为此，本章主要介绍发布房地产广告应当遵守的原则和提供的文件、房地产广告的内容和具体要求以及房地产广告发布的禁止行为等。

第一节　房地产广告概述

一、房地产广告的含义和特点

房地产广告，指房地产开发企业、房地产权利人、房地产经纪服务机构发布的房地产项目预售、预租、出售、出租、项目转让以及其他房地产项目介绍的广告。与一般产品广告相比，房地产广告具有下列特点。

（1）较强的区域性和针对性。房地产位置固定，仅依靠楼盘现场的广告范围和影响有限，需要媒体广泛传播才能达到更好的促销效果，但也并非是广告范围越大越好。房地产广告促销策划，尤其是对于广告媒体的选择，应有针对性地选择媒体，使其影响和覆盖区域与目标市场相一致。

（2）独特性。任何一个房地产项目在区位、设计、建造和质量等方面都不会与其他房地产项目完全相同，具有自身的优缺点。因此，房地产广告应抓住项目本身的优势，将项目的独特性优势提升为广告宣传的重点。

（3）较大的信息量。购买房地产需要的资金量大，客户作出购买决策通常会十分谨慎，反复对比考虑才会形成购买决定。客户掌握的信息越全面，作出决策的时间会越短。因此，房地产广告应尽可能传递更多的有效信息，将房地产产品介绍得越详细，客户对它就会越了解，越能产生购买欲望。同时，受到促销费用和广告受众接受度的制约，必须严格控制广告的时长，广告基调和主题的提炼要非常精准。

(4) 时效性。房地产广告投放的时间过短、广告频率过低，达不到预期的效果，而过期则失去了促销的意义。这就要求房地产广告发布者在投入广告费用之前选择好广告公司，并作好详细的市场调研和广告策划，尽量减少不可预见的风险，达到预期的效果。

二、房地产广告应当遵守的原则

(一) 合法性原则

发布房地产广告，应当遵守《广告法》《城市房地产管理法》《土地管理法》及国家有关广告监督管理和房地产管理的规定。《广告法》对房地产广告及其法律责任作出了规定。《城市房地产管理法》《土地管理法》和《城市房地产开发经营管理条例》等法律法规对房地产广告宣传也作出了相应的规定。《商品房销售管理办法》第三章对商品房销售广告与合同作出了具体规定。《城市商品房预售管理办法》也对售楼广告和说明书提出了要求。国家工商行政管理总局、建设部联合发布的《关于进一步加强房地产广告管理的通知》和国家工商行政管理总局颁布的《房地产广告发布规定》(国家工商行政管理总局令第 80 号公布，2021 年 4 月 2 日修正)，进一步规范了房地产开发企业、房地产权利人、房地产中介服务机构发布的房地产项目预售、预租、出售、出租、项目转让以及其他房地产项目介绍的广告行为。

(二) 真实性原则

《房地产广告发布规定》第六条第（七）项规定，发布房地产广告应当具有或者提供确认广告内容真实性的其他证明文件，进一步强调对房地产广告真实性的要求。如预售、预租商品房广告中对房屋装修档次、装修材料的使用等的描述可以视为广告主的真实承诺，既放宽了对房地产广告宣传内容的约束，又增加了广告主的出证责任。如对房地产项目的介绍要真实，不得欺骗和误导消费者。在价格、位置、面积、内部结构及装修装饰等方面的表示上，应当真实准确。

(三) 科学性原则

房地产广告必须科学、准确，符合社会主义精神文明建设和弘扬中华民族优秀传统文化要求。房地产广告在房地产交易活动中是具有文化品位和色彩的文化现象，其科学性主要体现在对展示的销售楼盘、推广业务等内容表述上，要真实确切，客观反映广告要素等情况。房地产广告的制作和宣传目的是满足消费者需要，唤起消费者注意，调动消费者兴趣、激发消费者欲望，从而实现促销目的，但决不能违背职业道德，违反相关规定散布封建迷信，过度夸大事实，与社会主义精神文明建设要求不一致。《房地产广告发布规定》第八条规定：“房地产广告不得含有风水、占卜等封建迷信内容，对项目情况进行的说明、渲染，不得有悖社会良好风尚。”《广告法》第九条第（八）项明确规定，广告不得含有迷信等内容；第五十七条规定，对发布含有迷信内容房地产广告的，由市场监督管理部门责令停止发布广告，并对广告主视情节轻重，进行吊销营业执照、没收广告费用、吊销广告发布登记证件等处罚。

第二节 房地产广告发布规定

一、房地产广告管理

随着个人购房比例不断提高，房地产广告作为房地产信息发布的重要方式，对促进商品房销售起到了积极作用。但房地产广告宣传中也存在着虚假、夸大等问题，侵害了购房者的合法权益。

房地产开发企业、房地产中介服务机构发布商品房销售宣传广告，应当执行《广告法》《房地产广告发布规定》等有关规定，广告内容必须真实、合法、科学、准确。房地产开发企业、房地产中介服务机构发布的商品房销售广告和宣传资料所明示的事项，当事人应当在商品房买卖合同中约定。

二、发布房地产广告应当提供的文件

发布房地产广告，应当具有或者提供下列相应真实、合法、有效的证明文件：

（1）房地产开发企业、房地产权利人、房地产中介服务机构的营业执照或者其他主体资格证明；

（2）房地产主管部门颁发的房地产开发企业资质证书；

（3）自然资源管理部门颁发的项目土地使用权证明；

（4）工程竣工验收合格证明；

（5）发布房地产项目预售、出售广告，应当具有地方政府建设主管部门颁发的预售、销售许可证证明；出租、项目转让广告，应当具有相应的产权证明；

（6）房地产中介机构发布所代理的房地产项目广告，应当提供业主委托证明；

（7）确认广告内容真实性的其他证明文件。

三、房地产广告的内容

房地产预售、销售广告，必须载明以下事项：

（1）房地产开发企业名称；

（2）房地产中介服务机构代理销售的，载明该机构名称；

（3）预售或者销售许可证书号。

广告中仅介绍房地产项目名称的，可以不必载明上述事项。

四、发布房地产广告的具体要求

（1）房地产广告中涉及所有权或者使用权的，所有或者使用的基本单位应当是有实际意义的完整的生产、生活空间。

（2）房地产广告中对价格有表示的，应当清楚表示为实际的销售价格，明示价格的有效期限。

（3）房地产广告中的项目位置示意图，应当准确、清楚，比例恰当。

（4）房地产广告中涉及的交通、商业、文化教育设施及其他市政条件等，如在规划或者建设中，应当在广告中注明。

（5）房地产广告涉及内部结构、装修装饰的，应当真实、准确。

（6）房地产广告中不得利用其他项目的形象、环境作为本项目的效果。

（7）房地产广告中使用建筑设计效果图或者模型照片的，应当在广告中注明。

（8）房地产广告中不得出现融资或者变相融资的内容。

（9）房地产广告中涉及贷款服务的，应当载明提供贷款的银行名称及贷款额度、年期。

（10）房地产广告中不得含有广告主能够为入住者办理户口、就业、升学等事项的承诺。

（11）房地产广告中涉及物业管理内容的，应当符合国家有关规定；涉及尚未实现的物业管理内容，应当在广告中注明。

（12）房地产广告中涉及房地产价格评估的，应当表明评估单位、估价师和评估时间；使用其他数据、统计资料、文摘、引用语的，应当真实、准确，表明出处。

（13）房地产广告中表明推销的商品或者服务附带赠送的，应当明示所附带赠送商品或者服务的品种、规格、数量、期限和方式。

（14）房地产广告使用数据、统计资料、调查结果、文摘、引用语等引证内容的，应当真实、准确，并表明出处。引证内容有适用范围和有效期限的，应当明确表示。

（15）房地产广告中涉及专利产品或者专利方法的，应当标明专利号和专利种类。未取得专利权的，不得在广告中谎称取得专利权。禁止使用未授予专利权的专利申请和已经终止、撤销、无效的专利作广告。

（16）房地产广告不得贬低其他生产经营者的商品或者服务。

（17）房地产广告应当具有可识别性，能够使消费者辨明其为广告。

（18）大众传播媒介不得以新闻报道形式变相发布房地产广告。通过大众传播媒介发布的房地产广告应当显著标明"广告"，与其他非广告信息相区别，不得使消费者产生误解。

（19）广播电台、电视台发布房地产广告，应当遵守国务院有关部门关于时长、方式的规定，并应当对广告时长作出明显提示。

【例题 9-1】下列关于房地产广告内容的说法，错误的是（　　）。

A. 涉及住宅房屋所有权的，其所有的基本单位应是有实际意义且完整的生活空间

B. 涉及文化教育设施的，如正在建设中，无须在广告中注明

C. 涉及住房价格有表示的，应清楚表示其实际销售价格并明示价格有效期限

D. 涉及住房贷款服务的，应载明提供贷款银行的名称、贷款额度及年期

参考答案：B

第三节　房地产互联网广告管理

随着信息技术的发展，房地产营销从传统线下转向互联网，进入了互联网广告时代，互联网广告经营额已经超过传统广告经营额的总和。房地产互联网广告，是指通过网站、网页、互联网应用程序等互联网媒介，以文字、图片、音频、视频或者其他形式，直接或者间接地推销房地产商品及服务的商业广告。为规范互联网广告活动，保护消费者的合法权益，促进互联网广告业的健康发展，维护公平竞争的市场经济秩序，国家市场监督管理总局发布了《互联网广告管理办法》。住房和城乡建设部、国家发展和改革委员会、工业和信息化部、中国人民银行、国家税务总局、国家市场监督管理总局、中国银行业监督管理委员会联合发布《关于加强房地产中介管理促进行业健康发展的意见》，对通过互联网提供房地产中介服务的行为也作出了规定。为保障房源信息真实有效，规范房地产

中介行为，中国房地产估价师与房地产经纪人学会发布了《“真房源”标识指引（试行）》。

一、房地产互联网广告的经营主体

近年来，互联网广告行业快速发展，参与互联网广告活动的主体日益多元化，广告形式、经营模式、投放方式等方面不断发展变化，其多样性、多元性、广泛性的特征更趋明显，《互联网广告管理办法》规定，在中华人民共和国境内，利用网站、网页、互联网应用程序等互联网媒介，以文字、图片、音频、视频或者其他形式，直接或者间接地推销商品或者服务的商业广告活动，适用互联网广告管理的相关规定。利用互联网为广告主或者广告主委托的广告经营者发布广告的自然人、法人或者其他组织，适用关于广告发布者的规定。利用互联网提供信息服务的自然人、法人或者其他组织，适用关于互联网信息服务提供者的规定；从事互联网广告设计、制作、代理、发布等活动的，应当适用关于广告经营者、广告发布者等主体的规定。

二、互联网广告管理规定

（一）基本要求

互联网广告应当真实、合法，坚持正确导向，以健康的表现形式表达广告内容，符合社会主义精神文明建设和弘扬中华优秀传统文化的要求。利用互联网从事广告活动，应当遵守法律、法规，诚实信用，公平竞争。国家鼓励、支持开展互联网公益广告宣传活动，传播社会主义核心价值观和中华优秀传统文化，倡导文明风尚。

互联网广告应当具有可识别性，能够使消费者辨明其为广告。对于竞价排名的商品或者服务，广告发布者应当显著标明“广告”，与自然搜索结果明显区分。除法律、行政法规禁止发布或者变相发布广告的情形外，通过知识介绍、体验分享、消费测评等形式推销商品或者服务，并附加购物链接等购买方式的，广告发布者应当显著标明“广告”。

广告主应当对互联网广告内容的真实性负责。广告主发布互联网广告的，主体资格、行政许可、引证内容等应当符合法律法规的要求，相关证明文件应当真实、合法、有效。广告主可以通过自建网站，以及自有的客户端、互联网应用程序、公众号、网络店铺页面等互联网媒介自行发布广告，也可以委托广告经营者、广告发布者发布广告。

（二）网络直播广告

商品销售者或者服务提供者通过互联网直播方式推销商品或者服务，构成商业广告的，应当依法承担广告主的责任和义务。直播间运营者接受委托提供广告设计、制作、代理、发布服务的，应当依法承担广告经营者、广告发布者的责任和义务。直播营销人员接受委托提供广告设计、制作、代理、发布服务的，应当依法承担广告经营者、广告发布者的责任和义务。直播营销人员以自己的名义或者形象对商品、服务作推荐、证明，构成广告代言的，应当依法承担广告代言人的责任和义务。

（三）广告档案

广告主自行发布互联网广告的，广告发布行为应当符合法律法规的要求，建立广告档案并及时更新。相关档案保存时间自广告发布行为终了之日起不少于三年。广告主委托发布互联网广告，修改广告内容时应当以书面形式或者其他可以被确认的方式，及时通知为其提供服务的广告经营者、广告发布者。广告经营者、广告发布者应当按照下列规定，建立、健全和实施互联网广告业务的承接登记、审核、档案管理制度：

（1）查验并登记广告主的真实身份、地址和有效联系方式等信息，建立广告档案并定期查验更新，记录、保存广告活动的有关电子数据；相关档案保存时间自广告发布行为终了之日起不少于三年；

（2）查验有关证明文件，核对广告内容，对内容不符或者证明文件不全的广告，广告经营者不得提供设计、制作、代理服务，广告发布者不得发布；

（3）配备熟悉广告法律法规的广告审核人员或者设立广告审核机构。

广告经营者、广告发布者应当依法配合市场监督管理部门开展的互联网广告行业调查，及时提供真实、准确、完整的资料。利用算法推荐等方式发布互联网广告的，应当将其算法推荐服务相关规则、广告投放记录等记入广告档案。

（四）违法广告防范

互联网平台经营者在提供互联网信息服务过程中应当采取措施防范、制止违法广告，并遵守下列规定：

（1）记录、保存利用其信息服务发布广告的用户真实身份信息，信息记录保存时间自信息服务提供行为终了之日起不少于三年；

（2）对利用其信息服务发布的广告内容进行监测、排查，发现违法广告的，应当采取通知改正、删除、屏蔽、断开发布链接等必要措施予以制止，并保留相关记录；

（3）建立有效的投诉、举报受理和处置机制，设置便捷的投诉举报入口或者公布投诉举报方式，及时受理和处理投诉举报；

（4）不得以技术手段或者其他手段阻挠、妨碍市场监督管理部门开展广告监测；

（5）配合市场监督管理部门调查互联网广告违法行为，并根据市场监督管理部门的要求，及时采取技术手段保存涉嫌违法广告的证据材料，如实提供相关广告发布者的真实身份信息、广告修改记录以及相关商品或者服务的交易信息等；

（6）依据服务协议和平台规则对利用其信息服务发布违法广告的用户采取警示、暂停或者终止服务等措施。

三、房源信息发布管理

《关于加强房地产中介管理促进行业健康发展的意见》要求中介机构发布的房源信息应当内容真实、全面、准确，在门店、网站等不同渠道发布的同一房源信息应当一致。房地产中介从业人员应当实名在网站等渠道上发布房源信息。中介机构不得发布未经产权人书面委托的房源信息，不得隐瞒抵押等影响房屋交易的信息。对已出售或出租的房屋，促成交易的中介机构要在房屋买卖或租赁合同签订之日起2个工作日内，将房源信息从门店、网站等发布渠道上撤除；对委托人已取消委托的房屋，中介机构要在2个工作日内将房源信息从各类渠道上撤除。

《“真房源”标识指引（试行）》规定，房源应当同时符合依法可售、真实委托、真实状况、真实价格、真实在售的要求。依法可售，要求房源信息中的房屋是依据现行法律、法规和政策可以出售的，不存在现行法律、法规和政策禁止出售、限制出售等不符合交易条件的情形。真实委托，要求房源信息中的房屋是其所有权人有出售意愿的，且与房地产中介服务机构签订了房屋出售经纪服务合同或者以其他方式明确表示委托房地产经纪机构出售。真实状况，要求房源信息中的房屋区位、用途、面积、结构、户型、图片等状况，应当与房屋登记状况及客观事实一致，不存在误导性表述和虚假宣传。真实价格，要求房源信息中的房屋标价，是房屋所有权人委托公布或者当前明确表示同意发布的出售价格。真实在售，要求房源信息中的房屋当前正在出售中，不存在房地产中介服务机构及其经纪从业人员已知或者应知已成交和出售委托失效的情形。法律、法规和政策对房源信息真实有效另有规定的，应当同时符合其规定。房地产中介服务机构、住房租赁企业对外出租房屋的真房源标识，可参照《“真房源”标识指引（试行）》。

第四节　房地产广告发布的禁止行为

一、禁止发布房地产广告的几种情形

1. 禁止发布房地产虚假广告

《广告法》规定，广告应当真实、合法，广告不得含有虚假或者引人误解的内容，不得欺骗、误导消费者。《广告法》第二十八条对虚假广告作出了界定。广告以虚假或者引人误解的内容欺骗、误导消费者的，构成虚假广告。广告有下列情形之一的，为虚假广告：

(1) 商品或者服务不存在的；

(2) 商品的性能、功能、产地、用途、质量、规格、成分、价格、生产者、有效期限、销售状况、曾获荣誉等信息，或者服务的内容、提供者、形式、质量、价格、销售状况、曾获荣誉等信息，以及与商品或者服务有关的允诺等信息与实际情况不符，对购买行为有实质性影响的；

(3) 使用虚构、伪造或者无法验证的科研成果、统计资料、调查结果、文摘、引用语等信息作证明材料的；

(4) 虚构使用商品或者接受服务的效果的；

(5) 以虚假或者引人误解的内容欺骗、误导消费者的其他情形。

《城市房地产开发经营管理条例》第二十五条规定："房地产开发企业不得进行虚假广告宣传。"虚假内容主要是指：向购房者承诺与实际情况不符或根本无法兑现的各种价格优惠、服务标准、环境及配套设施、物业管理等。

举例1。某市出现大小相同的四幅广告牌，每幅广告牌大约长10米、高6米，其中，第一幅广告牌的主角是奥巴马，在他的巨幅照片的左上角写着奥巴马的介绍：1993年毕业于常春藤联盟哥伦比亚大学，在图片的右方印有"我们赖以成功的价值从未改变"中英文对照字样。在奥巴马的北边还有比尔·盖茨、李政道、巴菲特的巨幅照片，均以同样的方式出现在广告牌上。经证实该楼盘与美国常春藤联盟没有任何的关系，而广告语"我来自常春藤"误导、欺骗了消费者，该广告中使用奥巴马、李政道、比尔·盖茨、巴菲特等公众人物肖像，很显然属于侵犯他人肖像权，虽然我国没有规定广告中不能使用外国领导人肖像，但是这也违反了《广告法》第三十三条"广告主或者广告经营者在广告中使用他人名义或者形象的，应当事先取得其书面同意"的规定。

举例2。某市一房地产开发企业在销售××园楼盘的广告宣传中，以"风水

旺地、梅李福地”“15 分钟直达市区某大型商场”等广告用语为内容吸引消费者。《房地产广告发布规定》第八条规定：“房地产广告不得含有风水、占卜等封建迷信内容，对项目情况进行的说明、渲染，不得有悖社会良好风尚。”第十一条规定：“房地产广告中的项目位置示意图，应当准确、清楚、比例恰当。”该广告中应以该项目到达某具体参照物的现有交通干线的实际交通距离表示，不宜用所需时间来表示距离。

2. 凡下列情况的房地产不得发布广告

（1）在未经依法取得国有土地使用权的土地上开发建设的；

（2）在未经国家征用的集体所有的土地上建设的；

（3）司法机关和行政机关依法裁定、决定查封或者以其他形式限制房地产权利的；

（4）预售房地产，但未取得该项目预售许可证的；

（5）权属有争议的；

（6）违反国家有关规定建设的；

（7）不符合工程质量标准，经验收不合格的；

（8）法律、行政法规规定禁止的其他情形。

3. 有下列情形之一的，不得设置户外广告

（1）利用交通安全设施、交通标志的；

（2）影响市政公共设施、交通安全设施、交通标志、消防设施、消防安全标志使用的；

（3）妨碍生产或者人民生活，损害市容市貌的；

（4）在国家机关、文物保护单位、风景名胜区等的建筑控制地带，或者县级以上地方人民政府禁止设置户外广告的区域设置的。

4. 互联网广告活动中的禁止性行为

以弹出等形式发布互联网广告，广告主、广告发布者应当显著标明关闭标志，确保一键关闭，不得有下列情形：

（1）没有关闭标志或者计时结束才能关闭广告；

（2）关闭标志虚假、不可清晰辨识或者难以定位等，为关闭广告设置障碍；

（3）关闭广告须经两次以上点击；

（4）在浏览同一页面、同一文档过程中，关闭后继续弹出广告，影响用户正常使用网络；

（5）其他影响一键关闭的行为。

启动互联网应用程序时展示、发布的开屏广告适用以上规定。

不得以下列方式欺骗、误导用户点击、浏览广告：

（1）虚假的系统或者软件更新、报错、清理、通知等提示；

（2）虚假的播放、开始、暂停、停止、返回等标志；

（3）虚假的奖励承诺；

（4）其他欺骗、误导用户点击、浏览广告的方式。

利用互联网发布、发送广告，不得影响用户正常使用网络，不得在搜索政务服务网站、网页、互联网应用程序、公众号等的结果中插入竞价排名广告。未经用户同意、请求或者用户明确表示拒绝的，不得向其交通工具、导航设备、智能家电等发送互联网广告，不得在用户发送的电子邮件或者互联网即时通信信息中附加广告或者广告链接。发布含有链接的互联网广告，广告主、广告经营者和广告发布者应当核对下一级链接中与前端广告相关的广告内容。

5. 其他不得发布广告的情形

（1）任何单位或者个人未经当事人同意或者请求，不得向其住宅、交通工具等发送广告，也不得以电子信息方式向其发送广告。

（2）以电子信息方式发送广告的，应当明示发送者的真实身份和联系方式，并向接收者提供拒绝继续接收的方式。

（3）公共场所的管理者或者电信业务经营者、互联网信息服务提供者对其明知或者应知的利用其场所或者信息传输、发布平台发送、发布违法广告的，应当予以制止。

二、房地产广告不得包含的内容

《广告法》规定，房地产广告，房源信息应当真实，面积应当表明为建筑面积或者套内建筑面积，并不得含有下列内容：

（1）升值或者投资回报的承诺；

（2）以项目到达某一具体参照物的所需时间表示项目位置；

（3）违反国家有关价格管理的规定；

（4）对规划或者建设中的交通、商业、文化教育设施以及其他市政条件作误导宣传；

（5）使用或者变相使用中华人民共和国的国旗、国歌、国徽，军旗、军歌、军徽；

（6）使用或者变相使用国家机关、国家机关工作人员的名义或者形象；

（7）使用“国家级”“最高级”“最佳”等用语；

（8）损害国家的尊严或者利益，泄露国家秘密；

(9) 妨碍社会安定，损害社会公共利益；

(10) 危害人身、财产安全，泄露个人隐私；

(11) 妨碍社会公共秩序或者违背社会良好风尚；

(12) 含有淫秽、色情、赌博、迷信、恐怖、暴力的内容；

(13) 含有民族、种族、宗教、性别歧视的内容；

(14) 妨碍环境、自然资源或者文化遗产保护；

(15) 法律、行政法规规定禁止的其他情形。

三、违法违规行为的处罚

违反《广告法》规定，发布虚假广告的，由市场监督管理部门责令停止发布广告，责令广告主在相应范围内消除影响，处广告费用 3 倍以上 5 倍以下的罚款，广告费用无法计算或者明显偏低的，处 20 万元以上 100 万元以下的罚款；2 年内有 3 次以上违法行为或者有其他严重情节的，处广告费用 5 倍以上 10 倍以下的罚款，广告费用无法计算或者明显偏低的，处 100 万元以上 200 万元以下的罚款，可以吊销营业执照，并由广告审查机关撤销广告审查批准文件、一年内不受理其广告审查申请。

违反《房地产广告发布规定》发布广告，法律法规有规定的，依照有关法律法规规定予以处罚。法律法规没有规定的，对负有责任的广告主、广告经营者、广告发布者，处以违法所得 3 倍以下但不超过 3 万元的罚款；没有违法所得的，处以 1 万元以下的罚款。

《广告法》规定，因发布虚假广告，或者有其他该法规定的违法行为，被吊销营业执照的公司、企业的法定代表人，对违法行为负有个人责任的，自该公司、企业被吊销营业执照之日起 3 年内不得担任公司、企业的董事、监事、高级管理人员。

举例 3。某市甲广告有限公司（以下简称甲公司）在该市某区一楼盘售楼中心的围墙上发布“公园地产、升值无限、商圈地产、便捷无限、海岸地产、活力无限、品质地产、魅力无限”等户外广告。甲公司的“公园地产、升值无限”广告宣传行为，违反了《房地产广告发布规定》第四条的规定，在打“升值或者投资回报”之禁令的“擦边球”。鉴于甲公司积极配合调查，如实提供证据，没有造成社会危害，该区市场监督管理局责令甲公司立即改正违法行为和限期 15 日内补办登记手续，并罚款 1 万元。

复习思考题

1. 发布房地产广告应当遵守哪些原则?
2. 发布房地产广告应当提供哪些文件?
3. 房地产预售、销售广告必须载明哪些事项?
4. 发布房地产广告有哪些具体要求?
5. 房源信息发布的要求有哪些?
6. 什么是“真房源”?
7. 房地产互联网广告活动禁止的行为有哪些?
8. 禁止发布房地产广告的情形有哪几种?
9. 房地产广告不得包含的内容有哪些?

法律、行政法规、部门规章、规范性文件、司法解释简称与全称及相关信息对照表

一、法律

1.《宪法》——《中华人民共和国宪法》（1982年12月4日第五届全国人民代表大会第五次会议通过，根据2018年3月11日第十三届全国人民代表大会第一次会议通过的《中华人民共和国宪法修正案》修正）

2.《民法典》——《中华人民共和国民法典》（2020年5月28日第十三届全国人民代表大会第三次会议通过）

3.《城市房地产管理法》——《中华人民共和国城市房地产管理法》（1994年7月5日第八届全国人民代表大会常务委员会第八次会议通过，根据2019年8月26日第十三届全国人民代表大会常务委员会第十二次会议《关于修改〈中华人民共和国土地管理法〉、〈中华人民共和国城市房地产管理法〉的决定》第三次修正）

4.《土地管理法》——《中华人民共和国土地管理法》（1986年6月25日第六届全国人民代表大会常务委员会第十六次会议通过，根据2019年8月26日第十三届全国人民代表大会常务委员会第十二次会议《关于修改〈中华人民共和国土地管理法〉、〈中华人民共和国城市房地产管理法〉的决定》第三次修正）

5.《城乡规划法》——《中华人民共和国城乡规划法》（2007年10月28日第十届全国人民代表大会常务委员会第三十次会议通过，根据2019年4月23日第十三届全国人民代表大会常务委员会第十次会议《关于修改〈中华人民共和国建筑法〉等八部法律的决定》第二次修正）

6.《农村土地承包法》——《中华人民共和国农村土地承包法》（2002年8月29日第九届全国人民代表大会常务委员会第二十九次会议通过，根据2018年12月29日第十三届全国人民代表大会常务委员会第七次会议《关于修改〈中华人民共和国农村土地承包法〉的决定》第二次修正）

7.《农村土地承包经营纠纷调解仲裁法》——《中华人民共和国农村土地承包经营纠纷调解仲裁法》（2009年6月27日第十一届全国人民代表大会常务委

员会第九次会议通过）

8.《刑法》——《中华人民共和国刑法》（1979年7月1日第五届全国人民代表大会第二次会议通过，根据2020年12月26日第十三届全国人民代表大会常务委员会第二十四次会议通过的《中华人民共和国刑法修正案（十一）》修正）

9.《建筑法》——《中华人民共和国建筑法》（1997年11月1日第八届全国人民代表大会常务委员会第二十八次会议通过，根据2019年4月23日第十三届全国人民代表大会常务委员会第十次会议《关于修改〈中华人民共和国建筑法〉等八部法律的决定》第二次修正）

10.《民事诉讼法》——《中华人民共和国民事诉讼法》（1991年4月9日第七届全国人民代表大会第四次会议通过，根据2023年9月1日第十四届全国人民代表大会常务委员会第五次会议《关于修改〈中华人民共和国民事诉讼法〉的决定》第五次修正）

11.《广告法》——《中华人民共和国广告法》（1994年10月27日第八届全国人民代表大会常务委员会第十次会议通过根据2021年4月29日第十三届全国人民代表大会常务委员会第二十八次会议《关于修改〈中华人民共和国道路交通安全法〉等八部法律的决定》第二次修正）

12.《税收征收管理法》——《中华人民共和国税收征收管理法》（1992年9月4日第七届全国人民代表大会常务委员会第二十七次会议通过，根据2015年4月24日第十二届全国人民代表大会常务委员会第十四次会议《关于修改〈中华人民共和国港口法〉等七部法律的决定》第三次修正）

13.《契税法》——《中华人民共和国契税法》（2020年8月11日第十三届全国人民代表大会常务委员会第二十一次会议通过）

14.《耕地占用税法》——《中华人民共和国耕地占用税法》（2018年12月29日第十三届全国人民代表大会常务委员会第七次会议通过）

15.《城市维护建设税法》——《中华人民共和国城市维护建设税法》（2020年8月11日第十三届全国人民代表大会常务委员会第二十一次会议通过）

16.《个人所得税法》——《中华人民共和国个人所得税法》（1980年9月10日第五届全国人民代表大会第三次会议通过，根据2018年8月31日第十三届全国人民代表大会常务委员会第五次会议《关于修改中华人民共和国个人所得税法〉的决定》第七次修正）

17.《企业所得税法》——《中华人民共和国企业所得税法》（2007年3月16日第十届全国人民代表大会第五次会议通过，根据2018年12月29日第十三届全国人民代表大会常务委员会第七次会议《关于修改〈中华人民共和国电力

法〉等四部法律的决定》第二次修正)

18.《印花税法》——《中华人民共和国印花税法》(2021年6月10日第十三届全国人民代表大会常务委员会第二十九次会议通过)

二、行政法规

1.《土地管理法实施条例》——《中华人民共和国土地管理法实施条例》(1998年12月27日中华人民共和国国务院令第256号公布,根据2021年7月2日中华人民共和国国务院令第743号第三次修订)

2.《城市房地产开发经营管理条例》——《城市房地产开发经营管理条例》(1998年7月20日中华人民共和国国务院令第248号公布,根据2020年11月29日《国务院关于修改和废止部分行政法规的决定》第五次修订)

3.《国有土地上房屋征收与补偿条例》——《国有土地上房屋征收与补偿条例》(2011年1月21日中华人民共和国国务院令第590号公布)

4.《物业管理条例》——《物业管理条例》(2003年6月8日中华人民共和国国务院令第379号公布,根据2018年3月19日《国务院关于修改和废止部分行政法规的决定》第三次修订)

5.《城镇国有土地使用权出让和转让暂行条例》——《中华人民共和国城镇国有土地使用权出让和转让暂行条例》(1990年5月19日中华人民共和国国务院令第55号公布,根据2020年11月29日《国务院关于修改和废止部分行政法规的决定》修订)

6.《住房公积金管理条例》——《住房公积金管理条例》(1999年4月3日中华人民共和国国务院令第262号公布,根据2019年3月24日《国务院关于修改部分行政法规的决定》第二次修订)

7.《不动产登记暂行条例》——《不动产登记暂行条例》(2014年11月24日中华人民共和国国务院令第656号公布,根据2019年3月24日《国务院关于修改部分行政法规的决定》修订)

8.《城镇土地使用税暂行条例》——《中华人民共和国城镇土地使用税暂行条例》(1988年9月27日中华人民共和国国务院令第17号公布,根据2019年3月2日《国务院关于修改部分行政法规的决定》第四次修订)

9.《基本农田保护条例》——《基本农田保护条例》(1998年12月27日中华人民共和国国务院令第257号公布,根据2011年1月8日《国务院关于废止和修改部分行政法规的决定》修订)

10.《建设工程勘察设计管理条例》——《建设工程勘察设计管理条例》

（2000年9月25日中华人民共和国国务院令第293号公布，根据2017年10月7日《国务院关于修改部分行政法规的决定》第二次修订）

11.《建设工程质量管理条例》——《建设工程质量管理条例》（2000年1月30日中华人民共和国国务院令第279号发布，根据2023年4月23日《国务院关于修改部分行政法规的决定》第二次修订）

12.《增值税暂行条例》——《中华人民共和国增值税暂行条例》（1993年12月13日中华人民共和国国务院第134号公布，根据2017年11月19日《国务院关于废止〈中华人民共和国营业税暂行条例〉和修改〈中华人民共和国增值税暂行条例〉的决定》第二次修订）

《关于废止〈中华人民共和国营业税暂行条例〉和修改〈中华人民共和国增值税暂行条例〉的决定》——《关于废止〈中华人民共和国营业税暂行条例〉和修改〈中华人民共和国增值税暂行条例〉的决定》（2017年11月19日中华人民共和国国务院令第691号公布）

13.《税收征收管理法实施细则》——《中华人民共和国税收征收管理法实施细则》（2002年9月7日中华人民共和国国务院令第362号）

14.《企业所得税法实施条例》——《中华人民共和国企业所得税法实施条例》（2007年12月6日中华人民共和国国务院令第512号公布，根据2019年4月23日《国务院关于修改部分行政法规的决定》修订）

15.《房产税暂行条例》——《中华人民共和国房产税暂行条例》（1986年9月15日国务院令第90号发布，根据2011年1月8日《国务院关于废止和修改部分行政法规的决定》修订）

16.《土地增值税暂行条例》——《中华人民共和国土地增值税暂行条例》（1993年12月13日中华人民共和国国务院令第138号发布，根据2011年1月8日《国务院关于废止和修改部分行政法规的决定》修订）

三、部门规章

1.《商品房销售管理办法》——《商品房销售管理办法》（2001年4月4日建设部令第88号公布）

2.《城市商品房预售管理办法》——《城市商品房预售管理办法》（1994年11月15日建设部令第40号公布，根据2004年7月20日建设部令第131号修改）

3.《城市房地产转让管理规定》——《城市房地产转让管理规定》（1995年8月7日建设部令第45号公布，根据2001年8月15日建设部令第96号修订）

4.《房地产经纪管理办法》——《房地产经纪管理办法》（2011年1月20

日住房和城乡建设部、国家发展和改革委员会、人力资源和社会保障部令第 8 号公布，根据 2016 年 4 月 1 日住房和城乡建设部国家发展和改革委员会人力资源和社会保障部令第 29 号修改）

5.《商品房屋租赁管理办法》——《商品房屋租赁管理办法》（2010 年 12 月 1 日住房和城乡建设部令第 6 号公布）

6.《已购公有住房和经济适用住房上市出售管理暂行办法》——《已购公有住房和经济适用住房上市出售管理暂行办法》（1999 年 4 月 22 日建设部令第 69 号公布）

7.《城市房地产抵押管理办法》——《城市房地产抵押管理办法》（1997 年 5 月 9 日建设部令第 56 号发布，根据 2021 年 3 月 30 日住房和城乡建设部令第 52 号修改）

8.《房产测绘管理办法》——《房产测绘管理办法》（2000 年 12 月 28 日建设部国家测绘局令第 83 号公布）

9.《住宅室内装饰装修管理办法》——《住宅室内装饰装修管理办法》（（2002 年 3 月 5 日建设部令第 110 号发布，根据 2011 年 1 月 26 日住房和城乡建设部令第 9 号修改）

10.《住宅专项维修资金管理办法》——《住宅专项维修资金管理办法》（2007 年 12 月 4 日建设部财政部令第 165 号发布）

11.《公共租赁住房管理办法》——《公共租赁住房管理办法》（2012 年 7 月 15 日住房和城乡建设部令第 11 号公布）

12.《不动产登记暂行条例实施细则》——《不动产登记暂行条例实施细则》（2016 年 1 月 1 日国土资源部令第 63 号公布，根据 2019 年 7 月 16 日《自然资源部关于第一批废止和修改的部门规章的决定》修正）

13.《房地产广告发布规定》——《房地产广告发布规定》（2015 年 12 月 24 日国家工商行政管理总局令第 80 号公布，根据 2021 年 4 月 2 日国家市场监督管理总局令第 38 号修改）

14.《闲置土地处置办法》——《闲置土地处置办法》（1999 年 4 月 26 日国土资源部令第 53 号公布，根据 2012 年 5 月 22 日国土资源部第 1 次部务会议修订）

15.《建筑工程施工许可管理办法》——《建筑工程施工许可管理办法》（1999 年 10 月 15 日建设部令第 71 号发布，根据 2021 年 3 月 30 日住房和城乡建设部令第 52 号修改）

16.《房屋建筑和市政基础设施工程竣工验收备案管理办法》——《房屋建筑和政基础设施工程竣工验收备案管理办法》（2000 年 4 月 4 日建设部令第 78

号发布，根据2009年10月19日住房和城乡建设部令第2号修正）

17.《房地产开发企业资质管理规定》——《房地产开发企业资质管理规定》（2000年3月29日建设部令第77号发布，根据2022年3月2日住房和城乡建设部令第54号修改）

18.《不动产登记资料查询暂行办法》——《不动产登记资料查询暂行办法》（2018年3月2日国土资源部令第80号公布，根据2019年7月16日《自然资源部关于废止和修改的第一批部门规章的决定》修正）

19.《增值税暂行条例实施细则》——《中华人民共和国增值税暂行条例实施细则》［1993年12月25日财政部（93）财法字第38号发布，根据2011年10月28日中华人民共和国财政部令第65号第二次修改并公布］

四、规范性文件

1.《关于深化城镇住房制度改革的决定》——《国务院关于深化城镇住房制度改革的决定》（国发〔1994〕43号）

2.《关于促进房地产市场持续健康发展的通知》——《国务院关于促进房地产市场持续健康发展的通知》（国发〔2003〕18号）

3.《关于深入推进新型城镇化建设的若干意见》——《国务院关于深入推进新型城镇化建设的若干意见》（国发〔2016〕8号）

4.《关于加快培育和发展住房租赁市场的若干意见》——《国务院办公厅关于加快培育和发展住房租赁市场的若干意见》（国发〔2016〕39号）

5.《关于加强个人诚信体系建设的指导意见》——《国务院办公厅关于加强个人诚信体系建设的指导意见》（国办发〔2016〕98号）

6.《关于进一步加强房地产市场监管完善商品房预售制度有关问题的通知》——《住房城乡建设部关于进一步加强房地产市场监管完善商品房预售制度有关问题的通知》（建房〔2010〕53号）

7.《关于规范商业性个人住房贷款中第二套住房认定标准的通知》——《住房城乡建设部　中国人民银行　中国银行业监督管理委员会关于规范商业性个人住房贷款中第二套住房认定标准的通知》（建房〔2010〕83号）

8.《关于规范住房公积金个人住房贷款政策有关问题的通知》——《住房和城乡建设部　财政部　中国人民银行　中国银行业监督管理委员会关于规范住房公积金个人住房贷款政策有关问题的通知》（建金〔2010〕179号）

9.《关于加强房地产经纪管理进一步规范交易秩序的通知》——《住房和城乡建设部　国家发展改革委关于加强房地产经纪管理进一步规范交易秩序的通

知》(建房〔2011〕1号)

10.《关于公共租赁住房和廉租住房并轨运行的通知》——《住房城乡建设部 财政部 国家发展改革委关于公共租赁住房和廉租住房并轨运行的通知》(建保〔2013〕178号)

11.《关于加快培育和发展住房租赁市场的指导意见》——《住房城乡建设部关于加快培育和发展住房租赁市场的指导意见》(建房〔2015〕4号)

12.《关于公共租赁住房税收优惠政策的通知》——《财政部关于公共租赁住房税收优惠政策的通知》(财税〔2015〕139号)

13.《关于加强房地产中介管理促进行业健康发展的意见》——《住房城乡建设部等部门关于加强房地产中介管理促进行业健康发展的意见》(建房〔2016〕168号)

14.《关于营改增后契税、房产税、土地增值税、个人所得税计税依据的通知》——《财政部 国家税务总局关于营改增后契税、房产税、土地增值税、个人所得税计税依据的通知》(财税〔2016〕43号)

15.《关于在人口净流入的大中城市加快发展住房租赁市场的通知》——《住房城乡建设部 国家发展改革委 公安部 财政部 国土资源部 人民银行 税务总局 工商总局 证监会关于在人口净流入的大中城市加快发展住房租赁市场的通知》(建房〔2017〕153号)

16.《关于进一步规范和加强房屋网签备案工作的指导意见》——《住房城乡建设部关于进一步规范和加强房屋网签备案工作的指导意见》(建房〔2018〕128号)

17.《房屋交易合同网签备案业务规范(试行)》——《住房和城乡建设部关于印发房屋交易合同网签备案业务规范(试行)的通知》(建房规〔2019〕5号)

18.《关于提升房屋网签备案服务效能的意见》——《住房和城乡建设部关于提升房屋网签备案服务效能的意见》(建房规〔2020〕4号)

19.《耕地占用税法实施办法》——《财政部 税务总局 自然资源部 农业农村部 生态环境部关于发布〈中华人民共和国耕地占用税法实施办法〉的公告》(财政部公告2019年第81号)

20.《关于引导农村土地经营权有序流转发展农业适度规模经营的意见》——《中共中央办公厅、国务院办公厅印发〈关于引导农村土地经营权有序流转发展农业适度规模经营的意见〉》(中办发〔2014〕61号)(国务院公报〔2014〕34号)

21.《关于引导农村产权流转交易市场健康发展的意见》——《国务院办公厅关于引导农村产权流转交易市场健康发展的意见》(国办发〔2014〕71号)

22.《关于农村土地征收、集体经营性建设用地入市、宅基地制度改革试点工作的意见》——《关于农村土地征收、集体经营性建设用地入市、宅基地制度改革试点工作的意见》(2014 年 12 月 31 日中共中央办公厅、国务院办公厅印发)

23.《关于持续整治规范房地产市场秩序的通知》——《住房和城乡建设部等 8 部门关于持续整治规范房地产市场秩序的通知》(建房〔2021〕55 号)

24.《全国城镇分期分批推行住房制度改革的实施方案》——《国务院关于印发在全国城镇分期分批推行住房制度改革实施方案的通知》(国发〔1988〕11 号)

25.《关于继续积极稳妥地进行城镇住房制度改革的通知》——《国务院关于继续积极稳妥地进行城镇住房制度改革的通知》(国发〔1991〕30 号)

26.《关于进一步深化城镇住房制度改革加快住房建设的通知》——《国务院关于进一步深化城镇住房制度改革加快住房建设的通知》(国发〔1998〕23 号)

27.《关于进一步简化和规范个人无偿赠与或受赠不动产免征营业税、个人所得税所需证明资料的公告》——《国家税务总局关于进一步简化和规范个人无偿赠与或受赠不动产免征营业税、个人所得税所需证明资料的公告》(国家税务总局公告 2015 年第 75 号)

28.《全国房屋网签备案业务数据标准的通知》——《住房和城乡建设部办公厅关于印发全国房屋网签备案业务数据标准的通知》(建办房〔2020〕14 号)

29.《关于加强房地产经纪管理规范交易结算资金账户管理有关问题的通知》——《建设部　中国人民银行关于加强房地产经纪管理规范交易结算资金账户管理有关问题的通知》(建住房〔2006〕321 号)

30.《商品住宅实行住宅质量保证书和住宅使用说明书制度的规定》——《建设部关于印发〈商品住宅实行住宅质量保证书和住宅使用说明书制度的规定〉的通知》(1998 年 5 月 12 日建房〔1998〕102 号)

31.《公共租赁住房资产管理暂行办法》——《财政部　住房城乡建设部关于印发〈公共租赁住房资产管理暂行办法〉的通知》(财资〔2018〕106 号)

32.《关于完善建设用地使用权转让、出租、抵押二级市场的指导意见》——《国务院办公厅关于完善建设用地使用权转让、出租、抵押二级市场的指导意见》(国办发〔2019〕34 号)

33.《关于授权和委托用地审批权的决定》——《国务院关于授权和委托用地审批权的决定》(国发〔2020〕4 号)

34.《国有土地上房屋征收评估办法》——《住房和城乡建设部关于印发〈国有土地上房屋征收评估办法〉的通知》(建房〔2011〕77 号)

35.《房屋建筑和市政基础设施工程竣工验收规定》——《住房城乡建设部关

于印发〈房屋建筑和市政基础设施工程竣工验收规定〉的通知》（建质〔2013〕171号）

36.《关于深化“证照分离”改革进一步激发市场主体发展活力的通知》——《国务院关于深化“证照分离”改革进一步激发市场主体发展活力的通知》（国发〔2021〕7号）

37.《关于促进房地产市场平稳健康发展的通知》——《国务院办公厅关于促进房地产市场平稳健康发展的通知》（国办发〔2010〕4号）

38.《关于进一步规范和加强房屋网签备案工作的指导意见》——《住房城乡建设部关于进一步规范和加强房屋网签备案工作的指导意见》（建房〔2018〕128号）

39.《关于加强房屋网签备案信息共享提升公共服务水平的通知》——《住房城乡建设部　最高人民法院　公安部　人民银行　税务总局　银保监会关于加强房屋网签备案信息共享提升公共服务水平的通知》（建房〔2020〕61号）

40.《房屋交易与产权管理工作导则》——《住房城乡建设部办公厅关于印发〈房屋交易与产权管理工作导则〉的通知》（建办房〔2015〕45号）

41.《关于对失信被执行人实施联合惩戒的合作备忘录》——《国家发展改革委等四十四部门关于印发对失信被执行人实施联合惩戒的合作备忘录的通知》（发改财金〔2016〕141号）

42.《关于加快推进失信被执行人信用监督、警示和惩戒机制建设的意见》——《中共中央办公厅　国务院办公厅关于加快推进失信被执行人信用监督、警示和惩戒机制建设的意见》（中办发〔2016〕64号）

43.《关于建立完善守信联合激励和失信联合惩戒制度加快推进社会诚信建设的指导意见》——《国务院关于建立完善守信联合激励和失信联合惩戒制度加快推进社会诚信建设的指导意见》（国发〔2016〕33号）

44.《经济适用住房管理办法》——《建设部　发展改革委　监察部　财政部　国土资源部　人民银行　税务总局关于印发〈经济适用住房管理办法〉的通知》（建住房〔2007〕258号）

45.《关于加强经济适用住房管理有关问题的通知》——《住房城乡建设部关于加强经济适用住房管理有关问题的通知》（建保〔2010〕59号）

46.《关于印发失信被执行人信用监督、警示和惩戒机制建设分工方案的通知》——《住房城乡建设部办公厅关于印发失信被执行人信用监督、警示和惩戒机制建设分工方案的通知》（建办厅〔2017〕32号）

47.《关于对失信被执行人实施限制不动产交易惩戒措施的通知》——《国家

发展改革委　最高人民法院　国土资源部关于对失信被执行人实施限制不动产交易惩戒措施的通知》(发改财金〔2018〕370号)

48.《关于进一步加强房地产市场监管完善商品住房预售制度有关问题的通知》——《住房城乡建设部关于进一步加强房地产市场监管完善商品住房预售制度有关问题的通知》(建房〔2010〕53号)

49.《关于做好稳定住房价格工作意见的通知》——《国务院办公厅转发建设部等部门关于做好稳定住房价格工作意见的通知》(国办发〔2005〕26号)

50.《关于进一步做好房地产市场调控工作有关问题的通知》——《国务院办公厅关于进一步做好房地产市场调控工作有关问题的通知》(国办发〔2011〕1号)

51.《关于对房地产领域相关失信责任主体实施联合惩戒的合作备忘录》——《国家发展改革委等三十一部门关于印发〈关于对房地产领域相关失信责任主体实施联合惩戒的合作备忘录〉的通知》(发改财金〔2017〕1206号)

52.《关于整顿规范住房租赁市场秩序的意见》——《住房和城乡建设部　国家发展改革委　公安部　市场监管总局　银保监会　国家网信办关于整顿规范住房租赁市场秩序的意见》(建房规〔2019〕10号)

53.《关于加强轻资产住房租赁企业监管的意见》——《住房和城乡建设部等部门关于加强轻资产住房租赁企业监管的意见》(建房规〔2021〕2号)

54.《关于加快发展生活性服务业促进消费结构升级的指导意见》——《国务院办公厅关于加快发展生活性服务业促进消费结构升级的指导意见》(国办发〔2015〕85号)

55.《关于规范房地产经纪服务的意见》——《住房和城乡建设部 市场监管总局关于规范房地产经纪服务的意见》(建房规〔2023〕2号)

56.《关于规范与银行信贷业务相关的房地产抵押估价管理有关问题的通知》——《建设部　中国人民银行　中国银行业监督管理委员会关于规范与银行信贷业务相关的房地产抵押估价管理有关问题的通知》(建住房〔2006〕8号)

57.《关于压缩不动产登记办理时间的通知》——《国务院办公厅关于压缩不动产登记办理时间的通知》(国办发〔2019〕8号)

58.《关于不动产登记收费有关政策问题的通知》——《财政部　国家发展改革委关于不动产登记收费有关政策问题的通知》(财税〔2016〕79号)

59.《关于不动产登记收费标准等有关问题的通知》——《国家发展改革委　财政部关于不动产登记收费标准等有关问题的通知》(发改价格规〔2016〕2559号)

60.《关于减免部分行政事业性收费有关政策的通知》——《财政部　国家发展改革委关于减免部分行政事业性收费有关6政策的通知》(财税〔2019〕45号)

61.《关于不动产登记资料依申请公开问题的函》——《国土资源部办公厅关于不动产登记资料依申请公开问题的函》(国土资厅函〔2016〕363号)

62.《关于明确政府信息公开与业务查询事项界限的解释》——《国务院办公厅政府信息与政务公开办公室关于明确政府信息公开与业务查询事项界限的解释》(国办公开办函〔2016〕206号)

63.《关于做好不动产抵押权登记工作的通知》——《自然资源部关于做好不动产抵押权登记工作的通知》(自然资发〔2021〕54号)

64.《关于放开部分服务价格的通知》——《国家发展改革委关于放开部分服务价格的通知》(发改价格〔2014〕2732号)

65.《关于放开房地产咨询收费和下放房地产经纪收费管理的通知》——《国家发展改革委　住房城乡建设部关于放开房地产咨询收费和下放房地产经纪收费管理的通知》(发改价格〔2014〕1289号)

66.《房地产经纪人员职业资格制度暂行规定》和《房地产经纪人执业资格考试实施办法》——《人事部　建设部关于印发〈房地产经纪人员职业资格制度暂行规定〉和〈房地产经纪人执业资格考试实施办法〉的通知》(人发〔2001〕128号)

67.《关于改变房地产经纪人执业资格注册管理方式有关问题的通知》——《建设部关于改变房地产经纪人执业资格注册管理方式有关问题的通知》(建办住房〔2004〕43号)

68.《关于进一步整顿规范房地产交易秩序的通知》——《建设部　国家发展改革委　国家工商行政管理总局关于进一步整顿规范房地产交易秩序的通知》(建住房〔2006〕166号)

69.《关于加快推进社会信用体系建设构建以信用为基础的新型监管机制的指导意见》——《国务院办公厅关于加快推进社会信用体系建设构建以信用为基础的新型监管机制的指导意见》(国办发〔2019〕35号)

70.《关于加强和改进住宅物业管理工作的通知》——《住房和城乡建设部等部门关于加强和改进住宅物业管理工作的通知》(建房规〔2020〕10号)

71.《关于推进养老服务发展的意见》——《国务院办公厅关于推进养老服务发展的意见》(国办发〔2019〕5号)

72.《关于加强和完善城乡社区治理的意见》——《中共中央国务院关于加强和完善城乡社区治理的意见》(中发〔2017〕13号)

73.《关于全面推进城镇老旧小区改造工作的指导意见》——《国务院办公厅关于全面推进城镇老旧小区改造工作的指导意见》(国办发〔2020〕23号)

74.《关于进一步发挥住宅专项维修资金在老旧小区和电梯更新改造中支持作用的通知》——《住房城乡建设部办公厅 财政部办公厅关于进一步发挥住宅专项维修资金在老旧小区和电梯更新改造中支持作用的通知》(建办房〔2015〕52号)

75.《关于加快推进"互联网+政务服务"工作的指导意见》——《国务院关于加快推进"互联网+政务服务"工作的指导意见》(国发〔2016〕55号)

76.《关于推动物业服务企业加快发展线上线下生活服务的意见》——《住房和城乡建设部等部门关于推动物业服务企业加快发展线上线下生活服务的意见》(建房〔2020〕99号)

77.《业主大会和业主委员会指导规则》——《住房和城乡建设部关于印发〈业主大会和业主委员会指导规则〉的通知》(建房〔2009〕274号)

78.《前期物业管理招标投标管理暂行办法》——《建设部关于印发〈前期物业管理招标投标管理暂行办法〉的通知》(建住房〔2003〕130号)

79.《前期物业服务合同(示范文本)》——《建设部关于印发〈前期物业服务合同(示范文本)〉的通知》(建住房〔2004〕155号)

80.《物业服务收费管理办法》——《国家发展改革委 建设部关于印发物业服务收费管理办法的通知》(发改价格〔2003〕1864号)

81.《关于放开部分服务价格意见的通知》——《国家发展改革委关于放开部分服务价格意见的通知》(发改价格〔2014〕2755)

82.《关于土地增值税若干问题的通知》——《财政部 国家税务总局关于土地增值税若干问题的通知》(财税〔2006〕21号)

83.《关于贯彻实施契税法若干事项执行口径的公告》——《财政部 国家税务总局关于贯彻实施契税法若干事项执行口径的公告》(财政部 税务总局公告2021年第23号)

84.《关于全面推开营业税改征增值税试点的通知》——《财政部 国家税务总局关于全面推开营业税改征增值税试点的通知》(财税〔2016〕36号)

85.《关于深化增值税改革有关政策的公告》——《财政部 税务总局 海关总署关于深化增值税改革有关政策的公告》(财政部 税务总局 海关总署公告2019年第39号)

86.《房地产开发经营业务企业所得税处理办法》——《房地产开发经营业务企业所得税处理办法》(国税发〔2009〕31号,根据国家税务总局公告2014

年第35号、国家税务总局公告2018年第31号修改）

87.《关于个人出售住房所得征收个人所得税有关问题的通知》——《财政部 国家税务总局 建设部关于个人出售住房所得征收个人所得税有关问题的通知》（财税字〔1999〕278号）

88.《关于个人住房转让所得征收个人所得税有关问题的通知》——《国家税务总局关于个人住房转让所得征收个人所得税有关问题的通知》（国税发〔2006〕108号）

89.《关于进一步加强房地产税收管理的通知》——《国家税务总局关于进一步加强房地产税收管理的通知》（国税发〔2005〕82号）

90.《关于房地产税收政策执行中几个具体问题的通知》——《国家税务总局关于房地产税收政策执行中几个具体问题的通知》（国税发〔2005〕172号）

91.《关于实施房地产税收一体化管理若干具体问题的通知》——《国家税务总局关于实施房地产税收一体化管理若干具体问题的通知》（国税发〔2005〕156号）

92.《营业税改征增值税试点过渡政策的规定》——《财政部 国家税务总局关于全面推开营业税改征增值税试点的通知 附件3：营业税改征增值税试点过渡政策的规定》（财税〔2016〕36号）

93.《关于调整房地产交易环节契税营业税优惠政策的通知》——《财政部 国家税务总局 住房城乡建设部关于调整房地产交易环节契税营业税优惠政策的通知》（财税〔2016〕23号）

94.《关于调整房地产交易环节税收政策的通知》——《财政部 国家税务总局关于调整房地产交易环节税收政策的通知》（财税〔2008〕137号）

95.《关于廉租住房经济适用住房和住房租赁有关税收政策的通知》——《财政部 国家税务总局关于廉租住房经济适用住房和住房租赁有关税收政策的通知》（财税〔2008〕24号）

96.《关于贯彻实施契税法若干事项执行口径的公告》——《财政部 国家税务总局关于贯彻实施契税法若干事项执行口径的公告》（财政部 税务总局公告2021年第23号）

97.《关于完善住房租赁有关税收政策的公告》——《财政部 国家税务总局 住房城乡建设部关于完善住房租赁有关税收政策的公告》（财政部 税务总局 住房城乡建设部公告2021年第24号）

98.《关于加快发展保障性租赁住房的意见》——《国务院办公厅关于加快发展保障性租赁住房的意见》（国办发〔2021〕22号）

99.《关于做好公共租赁住房和廉租住房并轨运行有关财政工作的通知》——《财政部关于做好公共租赁住房和廉租住房并轨运行有关财政工作的通知》(财综〔2014〕11号)

100.《住房公积金个人住房贷款业务规范》——《住房城乡建设部关于发布国家标准〈住房公积金个人住房贷款业务规范〉的公告》(住房和城乡建设部公告第1717号)(GB/T 51267—2017)

101.《住房公积金资金管理业务标准》——《住房和城乡建设部关于发布行业标准〈住房公积金资金管理业务标准〉的公告》(住房和城乡建设部公告2019年第18号)

102.《关于住房公积金管理若干具体问题的指导意见》——《建设部　财政部　中国人民银行关于住房公积金管理若干具体问题的指导意见》(建金管〔2005〕5号)

103.《关于维护住房公积金缴存职工购房贷款权益的通知》——《住房城乡建设部　财政部　中国人民银行　国土资源部关于维护住房公积金缴存职工购房贷款权益的通知》(建金〔2017〕246号)

104.《关于发展住房公积金个人住房贷款业务的通知》——《住房城乡建设部　财政部　中国人民银行关于发展住房公积金个人住房贷款业务的通知》(建金〔2014〕148号)

105.《关于明确增值税小规模纳税人免征增值税政策的公告》——《财政部　税务总局关于明确增值税小规模纳税人免征增值税政策的公告》(财政部　税务总局公告2021年第11号)

106.《关于延长部分税收优惠政策执行期限的公告》——《财政部　税务总局关于延长部分税收优惠政策执行期限的公告》(2021年第6号)

107.《关于延续供热企业增值税房产税城镇土地使用税优惠政策的通知》——《财政部　税务总局关于延续供热企业增值税房产税城镇土地使用税优惠政策的通知》(财税〔2019〕38号)

108.《关于继续执行企业事业单位改制重组有关契税政策的公告》——《财政部　税务总局关于继续执行企业事业单位改制重组有关契税政策的公告》(财政部　税务总局公告2021年第17号)

109.《关于契税法实施后有关优惠政策衔接问题的公告》——《财政部　税务总局关于契税法实施后有关优惠政策衔接问题的公告》(财政部　税务总局公告2021年第29号)

110.《关于养老、托育、家政等社区家庭服务业税费优惠政策的公告》——

《财政部　税务总局发展改革委民政部商务部卫生健康委关于养老、托育、家政等社区家庭服务业税费优惠政策的公告》(财政部公告2019年第76号)

111.《关于高校学生公寓房产税印花税政策的通知》——《财政部　税务总局关于高校学生公寓房产税印花税政策的通知》(财税〔2019〕14号)

112.《关于公共租赁住房税收优惠政策的公告》——《财政部　税务总局关于公共租赁住房税收优惠政策的公告》(财政部　税务总局公告2019年第61号)

113.《关于契税纳税服务与征收管理若干事项的公告》——《国家税务总局关于契税纳税服务与征收管理若干事项的公告》(国家税务总局公告2021年第25号)

114.《关于协同做好不动产“带押过户”便民利企服务的通知》——《自然资源部　中国银行保险监督管理委员会关于协同做好不动产“带押过户”便民利企服务的通知》(自然资发〔2023〕29号)

115.《关于支持居民换购住房有关个人所得税政策的公告》——《财政部税务总局关于支持居民换购住房有关个人所得税政策的公告》(财政部 税务总局公告2022年第30号)

116.《关于继续实施物流企业大宗商品仓储设施用地城镇土地使用税优惠政策的公告》——《财政部　税务总局发布关于继续实施物流企业大宗商品仓储设施用地城镇土地使用税优惠政策的公告》(财政部　税务总局公告2023年第5号)

117.《关于实施小微企业和个体工商户所得税优惠政策的公告》——《财政部　税务总局关于实施小微企业和个体工商户所得税优惠政策的公告》(财政部　税务总局公告2023年第6号)

118.《关于继续实施企业改制重组有关土地增值税政策的公告》——《财政部　税务总局关于继续实施企业改制重组有关土地增值税政策的公告》(财政部　税务总局公告2023年第51号)

五、司法解释

1.《关于审理买卖合同纠纷案件适用法律若干问题的解释》——《最高人民法院关于审理买卖合同纠纷案件适用法律若干问题的解释》(法释〔2012〕8号)

2.《关于审理建筑物区分所有权纠纷案件适用法律若干问题的解释》——《最高人民法院关于审理建筑物区分所有权纠纷案件适用法律若干问题的解释》(2009年3月23日由最高人民法院审判委员会第1464次会议通过，根据2020年12月23日最高人民法院审判委员会第1823次会议通过的《最高人民法院关于修改〈最高人民法院关于在民事审判工作中适用《中华人民共和国工会法》若干问题的解释〉等二十七件民事类司法解释的决定》修正）

3.《关于审理物业服务纠纷案件适用法律若干问题的解释》——《最高人民法院关于审理物业服务纠纷案件具体应用法律若干问题的解释》（法释〔2009〕8号）（2009年4月20日最高人民法院审判委员会第1466次会议通过）

4.《关于审理涉及国有土地使用权合同纠纷案件适用法律问题的解释》——《最高人民法院关于审理涉及国有土地使用权合同纠纷案件适用法律问题的解释》（法释〔2005〕5号）（2004年11月23日由最高人民法院审判委员会第1334次会议通过，根据2020年12月23日最高人民法院审判委员会第1823次会议通过的《最高人民法院关于修改〈最高人民法院关于在民事审判工作中适用《中华人民共和国工会法》若干问题的解释〉等二十七件民事类司法解释的决定》修正）

5.《关于审理商品房买卖合同纠纷案件适用法律若干问题的解释》——《最高人民法院关于审理商品房买卖合同纠纷案件适用法律若干问题的解释》（2003年3月24日由最高人民法院审判委员会第1267次会议通过，根据2020年12月23日最高人民法院审判委员会第1823次会议通过的《最高人民法院关于修改〈最高人民法院关于在民事审判工作中适用《中华人民共和国工会法》若干问题的解释〉等二十七件民事类司法解释的决定》修正）

6.《关于审理城镇房屋租赁合同纠纷案件具体应用法律若干问题的解释》——《最高人民法院关于审理城镇房屋租赁合同纠纷案件具体应用法律若干问题的解释》（2009年6月22日由最高人民法院审判委员会第1469次会议通过，根据2020年12月23日最高人民法院审判委员会第1823次会议通过的《最高人民法院关于修改〈最高人民法院关于在民事审判工作中适用《中华人民共和国工会法》若干问题的解释〉等二十七件民事类司法解释的决定》修正）

7.《关于适用〈中华人民共和国民法典〉婚姻家庭编的解释（一）》——《最高人民法院关于适用〈中华人民共和国民法典〉婚姻家庭编的解释（一）》（法释〔2020〕22号，2020年12月25日由最高人民法院审判委员会第1825次会议通过）

8.《关于适用〈中华人民共和国民法典〉继承编的解释（一）》——《最高人民法院关于适用〈中华人民共和国民法典〉继承编的解释（一）》（法释〔2020〕23号，2020年12月25日由最高人民法院审判委员会第1825次会议通过）

9.《关于适用〈中华人民共和国民法典〉物权编的解释（一）》——《最高人民法院关于适用〈中华人民共和国民法典〉物权编的解释（一）》（法释〔2020〕24号）（2020年12月25日由最高人民法院审判委员会第1825次会议通过）

10.《关于适用〈中华人民共和国民法典〉有关担保制度的解释》——《最高人民法院关于适用〈中华人民共和国民法典〉有关担保制度的解释》（法释〔2020〕28号，2020年12月25日由最高人民法院审判委员会第1825次会议通过）

11.《关于限制被执行人高消费的若干规定》——《最高人民法院关于限制被执行人高消费的若干规定》（法释〔2015〕17号）

12.《关于公布失信被执行人名单信息的若干规定》——《最高人民法院关于公布失信被执行人名单信息的若干规定》（法释〔2017〕7号）

13.《关于人民法院民事执行中查封、扣押、冻结财产的规定》——《最高人民法院关于人民法院民事执行中查封、扣押、冻结财产的规定》（法释〔2004〕15号）（2004年10月26日最高人民法院审判委员会第1330次会议通过，根据2020年12月23日最高人民法院审判委员会第1823次会议通过的《最高人民法院关于修改〈最高人民法院关于人民法院扣押铁路运输货物若干问题的规定〉等十八件执行类司法解释的决定》修正）

14.《关于人民法院民事执行中拍卖、变卖财产的规定》——《最高人民法院关于人民法院民事执行中拍卖、变卖财产的规定》（法释〔2004〕16号）（2004年10月26日最高人民法院审判委员会第1330次会议通过，根据2020年12月23日最高人民法院审判委员会第1823次会议通过的《最高人民法院关于修改〈最高人民法院关于人民法院扣押铁路运输货物若干问题的规定〉等十八件执行类司法解释的决定》修正）

附录一

中华人民共和国城市房地产管理法

（1994年7月5日第八届全国人民代表大会常务委员会第八次会议通过　根据2007年8月30日第十届全国人民代表大会常务委员会第二十九次会议《关于修改〈中华人民共和国城市房地产管理法〉的决定》第一次修正　根据2009年8月27日第十一届全国人民代表大会常务委员会第十次会议《关于修改部分法律的决定》第二次修正　根据2019年8月26日第十三届全国人民代表大会常务委员会第十二次会议《关于修改〈中华人民共和国土地管理法〉、〈中华人民共和国城市房地产管理法〉的决定》第三次修正）

目　录

第一章　总　　则

第一条　为了加强对城市房地产的管理，维护房地产市场秩序，保障房地产权利人的合法权益，促进房地产业的健康发展，制定本法。

第二条　在中华人民共和国城市规划区国有土地（以下简称国有土地）范围内取得房地产开发用地的土地使用权，从事房地产开发、房地产交易，实施房地产管理，应当遵守本法。

本法所称房屋，是指土地上的房屋等建筑物及构筑物。

本法所称房地产开发，是指在依据本法取得国有土地使用权的土地上进行基础设施、房屋建设的行为。

本法所称房地产交易，包括房地产转让、房地产抵押和房屋租赁。

第三条　国家依法实行国有土地有偿、有限期使用制度。但是，国家在本法规定的范围内划拨国有土地使用权的除外。

第四条　国家根据社会、经济发展水平，扶持发展居民住宅建设，逐步改善居民的居住条件。

第五条　房地产权利人应当遵守法律和行政法规，依法纳税。房地产权利人的合法权益受法律保护，任何单位和个人不得侵犯。

第六条　为了公共利益的需要，国家可以征收国有土地上单位和个人的房屋，并依法给予拆迁补偿，维护被征收人的合法权益；征收个人住宅的，还应当保障被征收人的居住条件。具体办法由国务院规定。

第七条　国务院建设行政主管部门、土地管理部门依照国务院规定的职权划分，各司其职，密切配合，管理全国房地产工作。

县级以上地方人民政府房产管理、土地管理部门的机构设置及其职权由省、自治区、直辖市人民政府确定。

第二章　房地产开发用地

第一节　土地使用权出让

第八条　土地使用权出让，是指国家将国有土地使用权（以下简称土地使用权）在一定年限内出让给土地使用者，由土地使用者向国家支付土地使用权出让金的行为。

第九条　城市规划区内的集体所有的土地，经依法征收转为国有土地后，该幅国有土地的使用权方可有偿出让，但法律另有规定的除外。

第十条　土地使用权出让，必须符合土地利用总体规划、城市规划和年度建设用地计划。

第十一条　县级以上地方人民政府出让土地使用权用于房地产开发的，须根据省级以上人民政府下达的控制指标拟订年度出让土地使用权总面积方案，按照国务院规定，报国务院或者省级人民政府批准。

第十二条　土地使用权出让，由市、县人民政府有计划、有步骤地进行。出让的每幅地块、用途、年限和其他条件，由市、县人民政府土地管理部门会同城市规划、建设、房产管理部门共同拟定方案，按照国务院规定，报经有批准权的人民政府批准后，由市、县人民政府土地管理部门实施。

直辖市的县人民政府及其有关部门行使前款规定的权限，由直辖市人民政府规定。

第十三条　土地使用权出让，可以采取拍卖、招标或者双方协议的方式。

商业、旅游、娱乐和豪华住宅用地，有条件的，必须采取拍卖、招标方式；没有条件，不能采取拍卖、招标方式的，可以采取双方协议的方式。

采取双方协议方式出让土地使用权的出让金不得低于按国家规定所确定的最低价。

第十四条　土地使用权出让最高年限由国务院规定。

第十五条　土地使用权出让，应当签订书面出让合同。

土地使用权出让合同由市、县人民政府土地管理部门与土地使用者签订。

第十六条　土地使用者必须按照出让合同约定，支付土地使用权出让金；未按照出让合同约定支付土地使用权出让金的，土地管理部门有权解除合同，并可以请求违约赔偿。

第十七条　土地使用者按照出让合同约定支付土地使用权出让金的，市、县人民政府土地管理部门必须按照出让合同约定，提供出让的土地；未按照出让合同约定提供出让的土地的，土地使用者有权解除合同，由土地管理部门返还土地使用权出让金，土地使用者并可以请求违约赔偿。

第十八条　土地使用者需要改变土地使用权出让合同约定的土地用途的，必须取得出让方和市、县人民政府城市规划行政主管部门的同意，签订土地使用权出让合同变更协议或者重新签订土地使用权出让合同，相应调整土地使用权出让金。

第十九条　土地使用权出让金应当全部上缴财政，列入预算，用于城市基础设施建设和土地开发。土地使用权出让金上缴和使用的具体办法由国务院规定。

第二十条　国家对土地使用者依法取得的土地使用权，在出让合同约定的使用年限届满前不收回；在特殊情况下，根据社会公共利益的需要，可以依照法律程序提前收回，并根据土地使用者使用土地的实际年限和开发土地的实际情况给予相应的补偿。

第二十一条　土地使用权因土地灭失而终止。

第二十二条　土地使用权出让合同约定的使用年限届满，土地使用者需要继续使用土地的，应当至迟于届满前一年申请续期，除根据社会公共利益需要收回该幅土地的，应当予以批准。经批准准予续期的，应当重新签订土地使用权出让合同，依照规定支付土地使用权出让金。

土地使用权出让合同约定的使用年限届满，土地使用者未申请续期或者虽申请续期但依照前款规定未获批准的，土地使用权由国家无偿收回。

第二节　土地使用权划拨

第二十三条　土地使用权划拨，是指县级以上人民政府依法批准，在土地使用者缴纳补偿、安置等费用后将该幅土地交付其使用，或者将土地使用权无偿交付给土地使用者使用的行为。

依照本法规定以划拨方式取得土地使用权的，除法律、行政法规另有规定外，没有使用期限的限制。

第二十四条　下列建设用地的土地使用权，确属必需的，可以由县级以上人民政府依法批准划拨：

（一）国家机关用地和军事用地；

（二）城市基础设施用地和公益事业用地；

（三）国家重点扶持的能源、交通、水利等项目用地；

（四）法律、行政法规规定的其他用地。

第三章　房 地 产 开 发

第二十五条　房地产开发必须严格执行城市规划，按照经济效益、社会效益、环境效益相统一的原则，实行全面规划、合理布局、综合开发、配套建设。

第二十六条　以出让方式取得土地使用权进行房地产开发的，必须按照土地使用权出让合同约定的土地用途、动工开发期限开发土地。超过出让合同约定的动工开发日期满一年未动工开发的，可以征收相当于土地使用权出让金百分之二十以下的土地闲置费；满二年未动工开发的，可以无偿收回土地使用权；但是，因不可抗力或者政府、政府有关部门的行为或者动工开发必需的前期工作造成动工开发迟延的除外。

第二十七条 房地产开发项目的设计、施工，必须符合国家的有关标准和规范。

房地产开发项目竣工，经验收合格后，方可交付使用。

第二十八条 依法取得的土地使用权，可以依照本法和有关法律、行政法规的规定，作价入股，合资、合作开发经营房地产。

第二十九条 国家采取税收等方面的优惠措施鼓励和扶持房地产开发企业开发建设居民住宅。

第三十条 房地产开发企业是以营利为目的，从事房地产开发和经营的企业。设立房地产开发企业，应当具备下列条件：

（一）有自己的名称和组织机构；

（二）有固定的经营场所；

（三）有符合国务院规定的注册资本；

（四）有足够的专业技术人员；

（五）法律、行政法规规定的其他条件。

设立房地产开发企业，应当向工商行政管理部门申请设立登记。工商行政管理部门对符合本法规定条件的，应当予以登记，发给营业执照；对不符合本法规定条件的，不予登记。

设立有限责任公司、股份有限公司，从事房地产开发经营的，还应当执行公司法的有关规定。

房地产开发企业在领取营业执照后的一个月内，应当到登记机关所在地的县级以上地方人民政府规定的部门备案。

第三十一条 房地产开发企业的注册资本与投资总额的比例应当符合国家有关规定。

房地产开发企业分期开发房地产的，分期投资额应当与项目规模相适应，并按照土地使用权出让合同的约定，按期投入资金，用于项目建设。

第四章 房地产交易

第一节 一般规定

第三十二条 房地产转让、抵押时，房屋的所有权和该房屋占用范围内的土地使用权同时转让、抵押。

第三十三条 基准地价、标定地价和各类房屋的重置价格应当定期确定并公布。具体办法由国务院规定。

第三十四条 国家实行房地产价格评估制度。

房地产价格评估，应当遵循公正、公平、公开的原则，按照国家规定的技术标准和评估程序，以基准地价、标定地价和各类房屋的重置价格为基础，参照当地的市场价格进行评估。

第三十五条 国家实行房地产成交价格申报制度。

房地产权利人转让房地产，应当向县级以上地方人民政府规定的部门如实申报成交价，不得瞒报或者作不实的申报。

第三十六条 房地产转让、抵押，当事人应当依照本法第五章的规定办理权属登记。

第二节 房 地 产 转 让

第三十七条 房地产转让，是指房地产权利人通过买卖、赠与或者其他合法方式将其房地产转移给他人的行为。

第三十八条 下列房地产，不得转让：

（一）以出让方式取得土地使用权的，不符合本法第三十九条规定的条件的；

（二）司法机关和行政机关依法裁定、决定查封或者以其他形式限制房地产权利的；

（三）依法收回土地使用权的；

（四）共有房地产，未经其他共有人书面同意的；

（五）权属有争议的；

（六）未依法登记领取权属证书的；

（七）法律、行政法规规定禁止转让的其他情形。

第三十九条 以出让方式取得土地使用权的，转让房地产时，应当符合下列条件：

（一）按照出让合同约定已经支付全部土地使用权出让金，并取得土地使用权证书；

（二）按照出让合同约定进行投资开发，属于房屋建设工程的，完成开发投资总额的百分之二十五以上，属于成片开发土地的，形成工业用地或者其他建设用地条件。

转让房地产时房屋已经建成的，还应当持有房屋所有权证书。

第四十条 以划拨方式取得土地使用权的，转让房地产时，应当按照国务院规定，报有批准权的人民政府审批。有批准权的人民政府准予转让的，应当由受让方办理土地使用权出让手续，并依照国家有关规定缴纳土地使用权出让金。

以划拨方式取得土地使用权的，转让房地产报批时，有批准权的人民政府按照国务院规定决定可以不办理土地使用权出让手续的，转让方应当按照国务院规定将转让房地产所获收益中的土地收益上缴国家或者作其他处理。

第四十一条　房地产转让，应当签订书面转让合同，合同中应当载明土地使用权取得的方式。

第四十二条　房地产转让时，土地使用权出让合同载明的权利、义务随之转移。

第四十三条　以出让方式取得土地使用权的，转让房地产后，其土地使用权的使用年限为原土地使用权出让合同约定的使用年限减去原土地使用者已经使用年限后的剩余年限。

第四十四条　以出让方式取得土地使用权的，转让房地产后，受让人改变原土地使用权出让合同约定的土地用途的，必须取得原出让方和市、县人民政府城市规划行政主管部门的同意，签订土地使用权出让合同变更协议或者重新签订土地使用权出让合同，相应调整土地使用权出让金。

第四十五条　商品房预售，应当符合下列条件：

（一）已交付全部土地使用权出让金，取得土地使用权证书；

（二）持有建设工程规划许可证；

（三）按提供预售的商品房计算，投入开发建设的资金达到工程建设总投资的百分之二十五以上，并已经确定施工进度和竣工交付日期；

（四）向县级以上人民政府房产管理部门办理预售登记，取得商品房预售许可证明。

商品房预售人应当按照国家有关规定将预售合同报县级以上人民政府房产管理部门和土地管理部门登记备案。

商品房预售所得款项，必须用于有关的工程建设。

第四十六条　商品房预售的，商品房预购人将购买的未竣工的预售商品房再行转让的问题，由国务院规定。

第三节　房地产抵押

第四十七条　房地产抵押，是指抵押人以其合法的房地产以不转移占有的方式向抵押权人提供债务履行担保的行为。债务人不履行债务时，抵押权人有权依法以抵押的房地产拍卖所得的价款优先受偿。

第四十八条　依法取得的房屋所有权连同该房屋占用范围内的土地使用权，可以设定抵押权。

以出让方式取得的土地使用权，可以设定抵押权。

第四十九条　房地产抵押，应当凭土地使用权证书、房屋所有权证书办理。

第五十条　房地产抵押，抵押人和抵押权人应当签订书面抵押合同。

第五十一条　设定房地产抵押权的土地使用权是以划拨方式取得的，依法拍卖该房地产后，应当从拍卖所得的价款中缴纳相当于应缴纳的土地使用权出让金的款额后，抵押权人方可优先受偿。

第五十二条　房地产抵押合同签订后，土地上新增的房屋不属于抵押财产。需要拍卖该抵押的房地产时，可以依法将土地上新增的房屋与抵押财产一同拍卖，但对拍卖新增房屋所得，抵押权人无权优先受偿。

第四节　房　屋　租　赁

第五十三条　房屋租赁，是指房屋所有权人作为出租人将其房屋出租给承租人使用，由承租人向出租人支付租金的行为。

第五十四条　房屋租赁，出租人和承租人应当签订书面租赁合同，约定租赁期限、租赁用途、租赁价格、修缮责任等条款，以及双方的其他权利和义务，并向房产管理部门登记备案。

第五十五条　住宅用房的租赁，应当执行国家和房屋所在城市人民政府规定的租赁政策。租用房屋从事生产、经营活动的，由租赁双方协商议定租金和其他租赁条款。

第五十六条　以营利为目的，房屋所有权人将以划拨方式取得使用权的国有土地上建成的房屋出租的，应当将租金中所含土地收益上缴国家。具体办法由国务院规定。

第五节　中介服务机构

第五十七条　房地产中介服务机构包括房地产咨询机构、房地产价格评估机构、房地产经纪机构等。

第五十八条　房地产中介服务机构应当具备下列条件：

（一）有自己的名称和组织机构；

（二）有固定的服务场所；

（三）有必要的财产和经费；

（四）有足够数量的专业人员；

（五）法律、行政法规规定的其他条件。

设立房地产中介服务机构，应当向工商行政管理部门申请设立登记，领取营业执照后，方可开业。

第五十九条 国家实行房地产价格评估人员资格认证制度。

第五章 房地产权属登记管理

第六十条 国家实行土地使用权和房屋所有权登记发证制度。

第六十一条 以出让或者划拨方式取得土地使用权，应当向县级以上地方人民政府土地管理部门申请登记，经县级以上地方人民政府土地管理部门核实，由同级人民政府颁发土地使用权证书。

在依法取得的房地产开发用地上建成房屋的，应当凭土地使用权证书向县级以上地方人民政府房产管理部门申请登记，由县级以上地方人民政府房产管理部门核实并颁发房屋所有权证书。

房地产转让或者变更时，应当向县级以上地方人民政府房产管理部门申请房产变更登记，并凭变更后的房屋所有权证书向同级人民政府土地管理部门申请土地使用权变更登记，经同级人民政府土地管理部门核实，由同级人民政府更换或者更改土地使用权证书。

法律另有规定的，依照有关法律的规定办理。

第六十二条 房地产抵押时，应当向县级以上地方人民政府规定的部门办理抵押登记。

因处分抵押房地产而取得土地使用权和房屋所有权的，应当依照本章规定办理过户登记。

第六十三条 经省、自治区、直辖市人民政府确定，县级以上地方人民政府由一个部门统一负责房产管理和土地管理工作的，可以制作、颁发统一的房地产权证书，依照本法第六十一条的规定，将房屋的所有权和该房屋占用范围内的土地使用权的确认和变更，分别载入房地产权证书。

第六章 法 律 责 任

第六十四条 违反本法第十一条、第十二条的规定，擅自批准出让或者擅自出让土地使用权用于房地产开发的，由上级机关或者所在单位给予有关责任人员行政处分。

第六十五条 违反本法第三十条的规定，未取得营业执照擅自从事房地产开发业务的，由县级以上人民政府工商行政管理部门责令停止房地产开发业务活动，没收违法所得，可以并处罚款。

第六十六条 违反本法第三十九条第一款的规定转让土地使用权的，由县级以上人民政府土地管理部门没收违法所得，可以并处罚款。

第六十七条　违反本法第四十条第一款的规定转让房地产的，由县级以上人民政府土地管理部门责令缴纳土地使用权出让金，没收违法所得，可以并处罚款。

第六十八条　违反本法第四十五条第一款的规定预售商品房的，由县级以上人民政府房产管理部门责令停止预售活动，没收违法所得，可以并处罚款。

第六十九条　违反本法第五十八条的规定，未取得营业执照擅自从事房地产中介服务业务的，由县级以上人民政府工商行政管理部门责令停止房地产中介服务业务活动，没收违法所得，可以并处罚款。

第七十条　没有法律、法规的依据，向房地产开发企业收费的，上级机关应当责令退回所收取的钱款；情节严重的，由上级机关或者所在单位给予直接责任人员行政处分。

第七十一条　房产管理部门、土地管理部门工作人员玩忽职守、滥用职权，构成犯罪的，依法追究刑事责任；不构成犯罪的，给予行政处分。

房产管理部门、土地管理部门工作人员利用职务上的便利，索取他人财物，或者非法收受他人财物为他人谋取利益，构成犯罪的，依法追究刑事责任；不构成犯罪的，给予行政处分。

第七章　附　　则

第七十二条　在城市规划区外的国有土地范围内取得房地产开发用地的土地使用权，从事房地产开发、交易活动以及实施房地产管理，参照本法执行。

第七十三条　本法自 1995 年 1 月 1 日起施行。

附录二

中华人民共和国土地管理法

（1986年6月25日第六届全国人民代表大会常务委员会第十六次会议通过 根据1988年12月29日第七届全国人民代表大会常务委员会第五次会议《关于修改〈中华人民共和国土地管理法〉的决定》第一次修正 1998年8月29日第九届全国人民代表大会常务委员会第四次会议修订根据2004年8月28日第十届全国人民代表大会常务委员会第十一次会议《关于修改〈中华人民共和国土地管理法〉的决定》第二次修正 根据2019年8月26日第十三届全国人民代表大会常务委员会第十二次会议《关于修改〈中华人民共和国土地管理法〉、〈中华人民共和国城市房地产管理法〉的决定》第三次修正）

目　录

第一章　总　则

第一条　为了加强土地管理，维护土地的社会主义公有制，保护、开发土地资源，合理利用土地，切实保护耕地，促进社会经济的可持续发展，根据宪法，制定本法。

第二条　中华人民共和国实行土地的社会主义公有制，即全民所有制和劳动群众集体所有制。

全民所有，即国家所有土地的所有权由国务院代表国家行使。

任何单位和个人不得侵占、买卖或者以其他形式非法转让土地。土地使用权可以依法转让。

国家为了公共利益的需要，可以依法对土地实行征收或者征用并给予补偿。

国家依法实行国有土地有偿使用制度。但是，国家在法律规定的范围内划拨国有土地使用权的除外。

第三条 十分珍惜、合理利用土地和切实保护耕地是我国的基本国策。各级人民政府应当采取措施，全面规划，严格管理，保护、开发土地资源，制止非法占用土地的行为。

第四条 国家实行土地用途管制制度。

国家编制土地利用总体规划，规定土地用途，将土地分为农用地、建设用地和未利用地。严格限制农用地转为建设用地，控制建设用地总量，对耕地实行特殊保护。

前款所称农用地是指直接用于农业生产的土地，包括耕地、林地、草地、农田水利用地、养殖水面等；建设用地是指建造建筑物、构筑物的土地，包括城乡住宅和公共设施用地、工矿用地、交通水利设施用地、旅游用地、军事设施用地等；未利用地是指农用地和建设用地以外的土地。

使用土地的单位和个人必须严格按照土地利用总体规划确定的用途使用土地。

第五条 国务院自然资源主管部门统一负责全国土地的管理和监督工作。

县级以上地方人民政府自然资源主管部门的设置及其职责，由省、自治区、直辖市人民政府根据国务院有关规定确定。

第六条 国务院授权的机构对省、自治区、直辖市人民政府以及国务院确定的城市人民政府土地利用和土地管理情况进行督察。

第七条 任何单位和个人都有遵守土地管理法律、法规的义务，并有权对违反土地管理法律、法规的行为提出检举和控告。

第八条 在保护和开发土地资源、合理利用土地以及进行有关的科学研究等方面成绩显著的单位和个人，由人民政府给予奖励。

第二章 土地的所有权和使用权

第九条 城市市区的土地属于国家所有。

农村和城市郊区的土地，除由法律规定属于国家所有的以外，属于农民集体所有；宅基地和自留地、自留山，属于农民集体所有。

第十条 国有土地和农民集体所有的土地，可以依法确定给单位或者个人使用。使用土地的单位和个人，有保护、管理和合理利用土地的义务。

第十一条 农民集体所有的土地依法属于村农民集体所有的，由村集体经济组织或者村民委员会经营、管理；已经分别属于村内两个以上农村集体经济组织的农民集体所有的，由村内各该农村集体经济组织或者村民小组经营、管理；已经属于乡（镇）农民集体所有的，由乡（镇）农村集体经济组织经营、管理。

第十二条 土地的所有权和使用权的登记，依照有关不动产登记的法律、行政法规执行。

依法登记的土地的所有权和使用权受法律保护，任何单位和个人不得侵犯。

第十三条 农民集体所有和国家所有依法由农民集体使用的耕地、林地、草地，以及其他依法用于农业的土地，采取农村集体经济组织内部的家庭承包方式承包，不宜采取家庭承包方式的荒山、荒沟、荒丘、荒滩等，可以采取招标、拍卖、公开协商等方式承包，从事种植业、林业、畜牧业、渔业生产。家庭承包的耕地的承包期为三十年，草地的承包期为三十年至五十年，林地的承包期为三十年至七十年；耕地承包期届满后再延长三十年，草地、林地承包期届满后依法相应延长。

国家所有依法用于农业的土地可以由单位或者个人承包经营，从事种植业、林业、畜牧业、渔业生产。

发包方和承包方应当依法订立承包合同，约定双方的权利和义务。承包经营土地的单位和个人，有保护和按照承包合同约定的用途合理利用土地的义务。

第十四条 土地所有权和使用权争议，由当事人协商解决；协商不成的，由人民政府处理。

单位之间的争议，由县级以上人民政府处理；个人之间、个人与单位之间的争议，由乡级人民政府或者县级以上人民政府处理。

当事人对有关人民政府的处理决定不服的，可以自接到处理决定通知之日起三十日内，向人民法院起诉。

在土地所有权和使用权争议解决前，任何一方不得改变土地利用现状。

第三章 土地利用总体规划

第十五条 各级人民政府应当依据国民经济和社会发展规划、国土整治和资源环境保护的要求、土地供给能力以及各项建设对土地的需求，组织编制土地利用总体规划。

土地利用总体规划的规划期限由国务院规定。

第十六条　下级土地利用总体规划应当依据上一级土地利用总体规划编制。

地方各级人民政府编制的土地利用总体规划中的建设用地总量不得超过上一级土地利用总体规划确定的控制指标，耕地保有量不得低于上一级土地利用总体规划确定的控制指标。

省、自治区、直辖市人民政府编制的土地利用总体规划，应当确保本行政区域内耕地总量不减少。

第十七条　土地利用总体规划按照下列原则编制：

（一）落实国土空间开发保护要求，严格土地用途管制；

（二）严格保护永久基本农田，严格控制非农业建设占用农用地；

（三）提高土地节约集约利用水平；

（四）统筹安排城乡生产、生活、生态用地，满足乡村产业和基础设施用地合理需求，促进城乡融合发展；

（五）保护和改善生态环境，保障土地的可持续利用；

（六）占用耕地与开发复垦耕地数量平衡、质量相当。

第十八条　国家建立国土空间规划体系。编制国土空间规划应当坚持生态优先，绿色、可持续发展，科学有序统筹安排生态、农业、城镇等功能空间，优化国土空间结构和布局，提升国土空间开发、保护的质量和效率。

经依法批准的国土空间规划是各类开发、保护、建设活动的基本依据。已经编制国土空间规划的，不再编制土地利用总体规划和城乡规划。

第十九条　县级土地利用总体规划应当划分土地利用区，明确土地用途。

乡（镇）土地利用总体规划应当划分土地利用区，根据土地使用条件，确定每一块土地的用途，并予以公告。

第二十条　土地利用总体规划实行分级审批。

省、自治区、直辖市的土地利用总体规划，报国务院批准。

省、自治区人民政府所在地的市、人口在一百万以上的城市以及国务院指定的城市的土地利用总体规划，经省、自治区人民政府审查同意后，报国务院批准。

本条第二款、第三款规定以外的土地利用总体规划，逐级上报省、自治区、直辖市人民政府批准；其中，乡（镇）土地利用总体规划可以由省级人民政府授权的设区的市、自治州人民政府批准。

土地利用总体规划一经批准，必须严格执行。

第二十一条　城市建设用地规模应当符合国家规定的标准，充分利用现有建设用地，不占或者尽量少占农用地。

城市总体规划、村庄和集镇规划，应当与土地利用总体规划相衔接，城市总体规划、村庄和集镇规划中建设用地规模不得超过土地利用总体规划确定的城市和村庄、集镇建设用地规模。

在城市规划区内、村庄和集镇规划区内，城市和村庄、集镇建设用地应当符合城市规划、村庄和集镇规划。

第二十二条 江河、湖泊综合治理和开发利用规划，应当与土地利用总体规划相衔接。在江河、湖泊、水库的管理和保护范围以及蓄洪滞洪区内，土地利用应当符合江河、湖泊综合治理和开发利用规划，符合河道、湖泊行洪、蓄洪和输水的要求。

第二十三条 各级人民政府应当加强土地利用计划管理，实行建设用地总量控制。

土地利用年度计划，根据国民经济和社会发展计划、国家产业政策、土地利用总体规划以及建设用地和土地利用的实际状况编制。土地利用年度计划应当对本法第六十三条规定的集体经营性建设用地作出合理安排。土地利用年度计划的编制审批程序与土地利用总体规划的编制审批程序相同，一经审批下达，必须严格执行。

第二十四条 省、自治区、直辖市人民政府应当将土地利用年度计划的执行情况列为国民经济和社会发展计划执行情况的内容，向同级人民代表大会报告。

第二十五条 经批准的土地利用总体规划的修改，须经原批准机关批准；未经批准，不得改变土地利用总体规划确定的土地用途。

经国务院批准的大型能源、交通、水利等基础设施建设用地，需要改变土地利用总体规划的，根据国务院的批准文件修改土地利用总体规划。

经省、自治区、直辖市人民政府批准的能源、交通、水利等基础设施建设用地，需要改变土地利用总体规划的，属于省级人民政府土地利用总体规划批准权限内的，根据省级人民政府的批准文件修改土地利用总体规划。

第二十六条 国家建立土地调查制度。

县级以上人民政府自然资源主管部门会同同级有关部门进行土地调查。土地所有者或者使用者应当配合调查，并提供有关资料。

第二十七条 县级以上人民政府自然资源主管部门会同同级有关部门根据土地调查成果、规划土地用途和国家制定的统一标准，评定土地等级。

第二十八条 国家建立土地统计制度。

县级以上人民政府统计机构和自然资源主管部门依法进行土地统计调查，定期发布土地统计资料。土地所有者或者使用者应当提供有关资料，不得拒报、迟报，不得提供不真实、不完整的资料。

统计机构和自然资源主管部门共同发布的土地面积统计资料是各级人民政府编制土地利用总体规划的依据。

第二十九　条国家建立全国土地管理信息系统，对土地利用状况进行动态监测。

第四章　耕　地　保　护

第三十条　国家保护耕地，严格控制耕地转为非耕地。

国家实行占用耕地补偿制度。非农业建设经批准占用耕地的，按照“占多少，垦多少”的原则，由占用耕地的单位负责开垦与所占用耕地的数量和质量相当的耕地；没有条件开垦或者开垦的耕地不符合要求的，应当按照省、自治区、直辖市的规定缴纳耕地开垦费，专款用于开垦新的耕地。

省、自治区、直辖市人民政府应当制定开垦耕地计划，监督占用耕地的单位按照计划开垦耕地或者按照计划组织开垦耕地，并进行验收。

第三十一条　县级以上地方人民政府可以要求占用耕地的单位将所占用耕地耕作层的土壤用于新开垦耕地、劣质地或者其他耕地的土壤改良。

第三十二条　省、自治区、直辖市人民政府应当严格执行土地利用总体规划和土地利用年度计划，采取措施，确保本行政区域内耕地总量不减少、质量不降低。耕地总量减少的，由国务院责令在规定期限内组织开垦与所减少耕地的数量与质量相当的耕地；耕地质量降低的，由国务院责令在规定期限内组织整治。新开垦和整治的耕地由国务院自然资源主管部门会同农业农村主管部门验收。

个别省、直辖市确因土地后备资源匮乏，新增建设用地后，新开垦耕地的数量不足以补偿所占用耕地的数量的，必须报经国务院批准减免本行政区域内开垦耕地的数量，易地开垦数量和质量相当的耕地。

第三十三条　国家实行永久基本农田保护制度。下列耕地应当根据土地利用总体规划划为永久基本农田，实行严格保护：

（一）经国务院农业农村主管部门或者县级以上地方人民政府批准确定的粮、棉、油、糖等重要农产品生产基地内的耕地；

（二）有良好的水利与水土保持设施的耕地，正在实施改造计划以及可以改造的中、低产田和已建成的高标准农田；

（三）蔬菜生产基地；

（四）农业科研、教学试验田；

（五）国务院规定应当划为永久基本农田的其他耕地。

各省、自治区、直辖市划定的永久基本农田一般应当占本行政区域内耕地的百分之八十以上，具体比例由国务院根据各省、自治区、直辖市耕地实际情况规定。

第三十四条　永久基本农田划定以乡（镇）为单位进行，由县级人民政府自然资源主管部门会同同级农业农村主管部门组织实施。永久基本农田应当落实到地块，纳入国家永久基本农田数据库严格管理。

乡（镇）人民政府应当将永久基本农田的位置、范围向社会公告，并设立保护标志。

第三十五条　永久基本农田经依法划定后，任何单位和个人不得擅自占用或者改变其用途。国家能源、交通、水利、军事设施等重点建设项目选址确实难以避让永久基本农田，涉及农用地转用或者土地征收的，必须经国务院批准。

禁止通过擅自调整县级土地利用总体规划、乡（镇）土地利用总体规划等方式规避永久基本农田农用地转用或者土地征收的审批。

第三十六条　各级人民政府应当采取措施，引导因地制宜轮作休耕，改良土壤，提高地力，维护排灌工程设施，防止土地荒漠化、盐渍化、水土流失和土壤污染。

第三十七条　非农业建设必须节约使用土地，可以利用荒地的，不得占用耕地；可以利用劣地的，不得占用好地。

禁止占用耕地建窑、建坟或者擅自在耕地上建房、挖砂、采石、采矿、取土等。

禁止占用永久基本农田发展林果业和挖塘养鱼。

第三十八条　禁止任何单位和个人闲置、荒芜耕地。已经办理审批手续的非农业建设占用耕地，一年内不用而又可以耕种并收获的，应当由原耕种该幅耕地的集体或者个人恢复耕种，也可以由用地单位组织耕种；一年以上未动工建设的，应当按照省、自治区、直辖市的规定缴纳闲置费；连续二年未使用的，经原批准机关批准，由县级以上人民政府无偿收回用地单位的土地使用权；该幅土地原为农民集体所有的，应当交由原农村集体经济组织恢复耕种。

在城市规划区范围内，以出让方式取得土地使用权进行房地产开发的闲置土地，依照《中华人民共和国城市房地产管理法》的有关规定办理。

第三十九条　国家鼓励单位和个人按照土地利用总体规划，在保护和改善生态环境、防止水土流失和土地荒漠化的前提下，开发未利用的土地；适宜开发为农用地的，应当优先开发成农用地。

国家依法保护开发者的合法权益。

第四十条 开垦未利用的土地，必须经过科学论证和评估，在土地利用总体规划划定的可开垦的区域内，经依法批准后进行。禁止毁坏森林、草原开垦耕地，禁止围湖造田和侵占江河滩地。

根据土地利用总体规划，对破坏生态环境开垦、围垦的土地，有计划有步骤地退耕还林、还牧、还湖。

第四十一条 开发未确定使用权的国有荒山、荒地、荒滩从事种植业、林业、畜牧业、渔业生产的，经县级以上人民政府依法批准，可以确定给开发单位或者个人长期使用。

第四十二条 国家鼓励土地整理。县、乡（镇）人民政府应当组织农村集体经济组织，按照土地利用总体规划，对田、水、路、林、村综合整治，提高耕地质量，增加有效耕地面积，改善农业生产条件和生态环境。

地方各级人民政府应当采取措施，改造中、低产田，整治闲散地和废弃地。

第四十三条 因挖损、塌陷、压占等造成土地破坏，用地单位和个人应当按照国家有关规定负责复垦；没有条件复垦或者复垦不符合要求的，应当缴纳土地复垦费，专项用于土地复垦。复垦的土地应当优先用于农业。

第五章 建 设 用 地

第四十四条 建设占用土地，涉及农用地转为建设用地的，应当办理农用地转用审批手续。

永久基本农田转为建设用地的，由国务院批准。

在土地利用总体规划确定的城市和村庄、集镇建设用地规模范围内，为实施该规划而将永久基本农田以外的农用地转为建设用地的，按土地利用年度计划分批次按照国务院规定由原批准土地利用总体规划的机关或者其授权的机关批准。在已批准的农用地转用范围内，具体建设项目用地可以由市、县人民政府批准。

在土地利用总体规划确定的城市和村庄、集镇建设用地规模范围外，将永久基本农田以外的农用地转为建设用地的，由国务院或者国务院授权的省、自治区、直辖市人民政府批准。

第四十五条 为了公共利益的需要，有下列情形之一，确需征收农民集体所有的土地的，可以依法实施征收：

（一）军事和外交需要用地的；

（二）由政府组织实施的能源、交通、水利、通信、邮政等基础设施建设需要用地的；

（三）由政府组织实施的科技、教育、文化、卫生、体育、生态环境和资源保护、防灾减灾、文物保护、社区综合服务、社会福利、市政公用、优抚安置、英烈保护等公共事业需要用地的；

（四）由政府组织实施的扶贫搬迁、保障性安居工程建设需要用地的；

（五）在土地利用总体规划确定的城镇建设用地范围内，经省级以上人民政府批准由县级以上地方人民政府组织实施的成片开发建设需要用地的；

（六）法律规定为公共利益需要可以征收农民集体所有的土地的其他情形。

前款规定的建设活动，应当符合国民经济和社会发展规划、土地利用总体规划、城乡规划和专项规划；第（四）项、第（五）项规定的建设活动，还应当纳入国民经济和社会发展年度计划；第（五）项规定的成片开发并应当符合国务院自然资源主管部门规定的标准。

第四十六条　征收下列土地的，由国务院批准：

（一）永久基本农田；

（二）永久基本农田以外的耕地超过三十五公顷的；

（三）其他土地超过七十公顷的。

征收前款规定以外的土地的，由省、自治区、直辖市人民政府批准。

征收农用地的，应当依照本法第四十四条的规定先行办理农用地转用审批。其中，经国务院批准农用地转用的，同时办理征地审批手续，不再另行办理征地审批；经省、自治区、直辖市人民政府在征地批准权限内批准农用地转用的，同时办理征地审批手续，不再另行办理征地审批，超过征地批准权限的，应当依照本条第一款的规定另行办理征地审批。

第四十七条　国家征收土地的，依照法定程序批准后，由县级以上地方人民政府予以公告并组织实施。

县级以上地方人民政府拟申请征收土地的，应当开展拟征收土地现状调查和社会稳定风险评估，并将征收范围、土地现状、征收目的、补偿标准、安置方式和社会保障等在拟征收土地所在的乡（镇）和村、村民小组范围内公告至少三十日，听取被征地的农村集体经济组织及其成员、村民委员会和其他利害关系人的意见。

多数被征地的农村集体经济组织成员认为征地补偿安置方案不符合法律、法规规定的，县级以上地方人民政府应当组织召开听证会，并根据法律、法规的规定和听证会情况修改方案。

拟征收土地的所有权人、使用权人应当在公告规定期限内，持不动产权属证明材料办理补偿登记。县级以上地方人民政府应当组织有关部门测算并落实有关费用，保证足额到位，与拟征收土地的所有权人、使用权人就补偿、安置等签订协议；个别确实难以达成协议的，应当在申请征收土地时如实说明。

相关前期工作完成后，县级以上地方人民政府方可申请征收土地。

第四十八条　征收土地应当给予公平、合理的补偿，保障被征地农民原有生活水平不降低、长远生计有保障。

征收土地应当依法及时足额支付土地补偿费、安置补助费以及农村村民住宅、其他地上附着物和青苗等的补偿费用，并安排被征地农民的社会保障费用。征收农用地的土地补偿费、安置补助费标准由省、自治区、直辖市通过制定公布区片综合地价确定。制定区片综合地价应当综合考虑土地原用途、土地资源条件、土地产值、土地区位、土地供求关系、人口以及经济社会发展水平等因素，并至少每三年调整或者重新公布一次。

征收农用地以外的其他土地、地上附着物和青苗等的补偿标准，由省、自治区、直辖市制定。对其中的农村村民住宅，应当按照先补偿后搬迁、居住条件有改善的原则，尊重农村村民意愿，采取重新安排宅基地建房、提供安置房或者货币补偿等方式给予公平、合理的补偿，并对因征收造成的搬迁、临时安置等费用予以补偿，保障农村村民居住的权利和合法的住房财产权益。

县级以上地方人民政府应当将被征地农民纳入相应的养老等社会保障体系。被征地农民的社会保障费用主要用于符合条件的被征地农民的养老保险等社会保险缴费补贴。被征地农民社会保障费用的筹集、管理和使用办法，由省、自治区、直辖市制定。

第四十九条　被征地的农村集体经济组织应当将征收土地的补偿费用的收支状况向本集体经济组织的成员公布，接受监督。

禁止侵占、挪用被征收土地单位的征地补偿费用和其他有关费用。

第五十条　地方各级人民政府应当支持被征地的农村集体经济组织和农民从事开发经营，兴办企业。

第五十一条　大中型水利、水电工程建设征收土地的补偿费标准和移民安置办法，由国务院另行规定。

第五十二条　建设项目可行性研究论证时，自然资源主管部门可以根据土地利用总体规划、土地利用年度计划和建设用地标准，对建设用地有关事项进行审查，并提出意见。

第五十三条　经批准的建设项目需要使用国有建设用地的，建设单位应当持法律、行政法规规定的有关文件，向有批准权的县级以上人民政府自然资源主管部门提出建设用地申请，经自然资源主管部门审查，报本级人民政府批准。

第五十四条　建设单位使用国有土地，应当以出让等有偿使用方式取得；但是，下列建设用地，经县级以上人民政府依法批准，可以以划拨方式取得：

（一）国家机关用地和军事用地；

（二）城市基础设施用地和公益事业用地；

（三）国家重点扶持的能源、交通、水利等基础设施用地；

（四）法律、行政法规规定的其他用地。

第五十五条　以出让等有偿使用方式取得国有土地使用权的建设单位，按照国务院规定的标准和办法，缴纳土地使用权出让金等土地有偿使用费和其他费用后，方可使用土地。

自本法施行之日起，新增建设用地的土地有偿使用费，百分之三十上缴中央财政，百分之七十留给有关地方人民政府。具体使用管理办法由国务院财政部门会同有关部门制定，并报国务院批准。

第五十六条　建设单位使用国有土地的，应当按照土地使用权出让等有偿使用合同的约定或者土地使用权划拨批准文件的规定使用土地；确需改变该幅土地建设用途的，应当经有关人民政府自然资源主管部门同意，报原批准用地的人民政府批准。其中，在城市规划区内改变土地用途的，在报批前，应当先经有关城市规划行政主管部门同意。

第五十七条　建设项目施工和地质勘查需要临时使用国有土地或者农民集体所有的土地的，由县级以上人民政府自然资源主管部门批准。其中，在城市规划区内的临时用地，在报批前，应当先经有关城市规划行政主管部门同意。土地使用者应当根据土地权属，与有关自然资源主管部门或者农村集体经济组织、村民委员会签订临时使用土地合同，并按照合同的约定支付临时使用土地补偿费。

临时使用土地的使用者应当按照临时使用土地合同约定的用途使用土地，并不得修建永久性建筑物。

临时使用土地期限一般不超过二年。

第五十八条　有下列情形之一的，由有关人民政府自然资源主管部门报经原批准用地的人民政府或者有批准权的人民政府批准，可以收回国有土地使用权：

（一）为实施城市规划进行旧城区改建以及其他公共利益需要，确需使用土地的；

（二）土地出让等有偿使用合同约定的使用期限届满，土地使用者未申请续期或者申请续期未获批准的；

（三）因单位撤销、迁移等原因，停止使用原划拨的国有土地的；

（四）公路、铁路、机场、矿场等经核准报废的。

依照前款第（一）项的规定收回国有土地使用权的，对土地使用权人应当给予适当补偿。

第五十九条　乡镇企业、乡（镇）村公共设施、公益事业、农村村民住宅等乡（镇）村建设，应当按照村庄和集镇规划，合理布局，综合开发，配套建设；建设用地，应当符合乡（镇）土地利用总体规划和土地利用年度计划，并依照本法第四十四条、第六十条、第六十一条、第六十二条的规定办理审批手续。

第六十条　农村集体经济组织使用乡（镇）土地利用总体规划确定的建设用地兴办企业或者与其他单位、个人以土地使用权入股、联营等形式共同举办企业的，应当持有关批准文件，向县级以上地方人民政府自然资源主管部门提出申请，按照省、自治区、直辖市规定的批准权限，由县级以上地方人民政府批准；其中，涉及占用农用地的，依照本法第四十四条的规定办理审批手续。

按照前款规定兴办企业的建设用地，必须严格控制。省、自治区、直辖市可以按照乡镇企业的不同行业和经营规模，分别规定用地标准。

第六十一条　乡（镇）村公共设施、公益事业建设，需要使用土地的，经乡（镇）人民政府审核，向县级以上地方人民政府自然资源主管部门提出申请，按照省、自治区、直辖市规定的批准权限，由县级以上地方人民政府批准；其中，涉及占用农用地的，依照本法第四十四条的规定办理审批手续。

第六十二条　农村村民一户只能拥有一处宅基地，其宅基地的面积不得超过省、自治区、直辖市规定的标准。

人均土地少、不能保障一户拥有一处宅基地的地区，县级人民政府在充分尊重农村村民意愿的基础上，可以采取措施，按照省、自治区、直辖市规定的标准保障农村村民实现户有所居。

农村村民建住宅，应当符合乡（镇）土地利用总体规划、村庄规划，不得占用永久基本农田，并尽量使用原有的宅基地和村内空闲地。编制乡（镇）土地利用总体规划、村庄规划应当统筹并合理安排宅基地用地，改善农村村民居住环境和条件。

农村村民住宅用地，由乡（镇）人民政府审核批准；其中，涉及占用农用地的，依照本法第四十四条的规定办理审批手续。

农村村民出卖、出租、赠与住宅后，再申请宅基地的，不予批准。

国家允许进城落户的农村村民依法自愿有偿退出宅基地，鼓励农村集体经济组织及其成员盘活利用闲置宅基地和闲置住宅。

国务院农业农村主管部门负责全国农村宅基地改革和管理有关工作。

第六十三条　土地利用总体规划、城乡规划确定为工业、商业等经营性用途，并经依法登记的集体经营性建设用地，土地所有权人可以通过出让、出租等方式交由单位或者个人使用，并应当签订书面合同，载明土地界址、面积、动工期限、使用期限、土地用途、规划条件和双方其他权利义务。

前款规定的集体经营性建设用地出让、出租等，应当经本集体经济组织成员的村民会议三分之二以上成员或者三分之二以上村民代表的同意。

通过出让等方式取得的集体经营性建设用地使用权可以转让、互换、出资、赠与或者抵押，但法律、行政法规另有规定或者土地所有权人、土地使用权人签订的书面合同另有约定的除外。

集体经营性建设用地的出租，集体建设用地使用权的出让及其最高年限、转让、互换、出资、赠与、抵押等，参照同类用途的国有建设用地执行。具体办法由国务院制定。

第六十四条　集体建设用地的使用者应当严格按照土地利用总体规划、城乡规划确定的用途使用土地。

第六十五条　在土地利用总体规划制定前已建的不符合土地利用总体规划确定的用途的建筑物、构筑物，不得重建、扩建。

第六十六条　有下列情形之一的，农村集体经济组织报经原批准用地的人民政府批准，可以收回土地使用权：

（一）为乡（镇）村公共设施和公益事业建设，需要使用土地的；

（二）不按照批准的用途使用土地的；

（三）因撤销、迁移等原因而停止使用土地的。

依照前款第（一）项规定收回农民集体所有的土地的，对土地使用权人应当给予适当补偿。

收回集体经营性建设用地使用权，依照双方签订的书面合同办理，法律、行政法规另有规定的除外。

第六章　监　督　检　查

第六十七条　县级以上人民政府自然资源主管部门对违反土地管理法律、法规的行为进行监督检查。

县级以上人民政府农业农村主管部门对违反农村宅基地管理法律、法规的行为进行监督检查的，适用本法关于自然资源主管部门监督检查的规定。

土地管理监督检查人员应当熟悉土地管理法律、法规，忠于职守、秉公执法。

第六十八条　县级以上人民政府自然资源主管部门履行监督检查职责时，有权采取下列措施：

（一）要求被检查的单位或者个人提供有关土地权利的文件和资料，进行查阅或者予以复制；

（二）要求被检查的单位或者个人就有关土地权利的问题作出说明；

（三）进入被检查单位或者个人非法占用的土地现场进行勘测；

（四）责令非法占用土地的单位或者个人停止违反土地管理法律、法规的行为。

第六十九条　土地管理监督检查人员履行职责，需要进入现场进行勘测、要求有关单位或者个人提供文件、资料和作出说明的，应当出示土地管理监督检查证件。

第七十条　有关单位和个人对县级以上人民政府自然资源主管部门就土地违法行为进行的监督检查应当支持与配合，并提供工作方便，不得拒绝与阻碍土地管理监督检查人员依法执行职务。

第七十一条　县级以上人民政府自然资源主管部门在监督检查工作中发现国家工作人员的违法行为，依法应当给予处分的，应当依法予以处理；自己无权处理的，应当依法移送监察机关或者有关机关处理。

第七十二条　县级以上人民政府自然资源主管部门在监督检查工作中发现土地违法行为构成犯罪的，应当将案件移送有关机关，依法追究刑事责任；尚不构成犯罪的，应当依法给予行政处罚。

第七十三条　依照本法规定应当给予行政处罚，而有关自然资源主管部门不给予行政处罚的，上级人民政府自然资源主管部门有权责令有关自然资源主管部门作出行政处罚决定或者直接给予行政处罚，并给予有关自然资源主管部门的负责人处分。

第七章　法　律　责　任

第七十四条　买卖或者以其他形式非法转让土地的，由县级以上人民政府自然资源主管部门没收违法所得；对违反土地利用总体规划擅自将农用地改为建设用地的，限期拆除在非法转让的土地上新建的建筑物和其他设施，恢复土地原状，对符合土地利用总体规划的，没收在非法转让的土地上新建的建筑物和其他设施；可以并处罚款；对直接负责的主管人员和其他直接责任人员，依法给予处分；构成犯罪的，依法追究刑事责任。

第七十五条　违反本法规定，占用耕地建窑、建坟或者擅自在耕地上建房、挖砂、采石、采矿、取土等，破坏种植条件的，或者因开发土地造成土地荒漠化、盐渍化的，由县级以上人民政府自然资源主管部门、农业农村主管部门等按照职责责令限期改正或者治理，可以并处罚款；构成犯罪的，依法追究刑事责任。

第七十六条　违反本法规定，拒不履行土地复垦义务的，由县级以上人民政府自然资源主管部门责令限期改正；逾期不改正的，责令缴纳复垦费，专项用于土地复垦，可以处以罚款。

第七十七条　未经批准或者采取欺骗手段骗取批准，非法占用土地的，由县级以上人民政府自然资源主管部门责令退还非法占用的土地，对违反土地利用总体规划擅自将农用地改为建设用地的，限期拆除在非法占用的土地上新建的建筑物和其他设施，恢复土地原状，对符合土地利用总体规划的，没收在非法占用的土地上新建的建筑物和其他设施，可以并处罚款；对非法占用土地单位的直接负责的主管人员和其他直接责任人员，依法给予处分；构成犯罪的，依法追究刑事责任。

超过批准的数量占用土地，多占的土地以非法占用土地论处。

第七十八条　农村村民未经批准或者采取欺骗手段骗取批准，非法占用土地建住宅的，由县级以上人民政府农业农村主管部门责令退还非法占用的土地，限期拆除在非法占用的土地上新建的房屋。

超过省、自治区、直辖市规定的标准，多占的土地以非法占用土地论处。

第七十九条　无权批准征收、使用土地的单位或者个人非法批准占用土地的，超越批准权限非法批准占用土地的，不按照土地利用总体规划确定的用途批准用地的，或者违反法律规定的程序批准占用、征收土地的，其批准文件无效，对非法批准征收、使用土地的直接负责的主管人员和其他直接责任人员，依法给予处分；构成犯罪的，依法追究刑事责任。非法批准、使用的土地应当收回，有关当事人拒不归还的，以非法占用土地论处。

非法批准征收、使用土地，对当事人造成损失的，依法应当承担赔偿责任。

第八十条　侵占、挪用被征收土地单位的征地补偿费用和其他有关费用，构成犯罪的，依法追究刑事责任；尚不构成犯罪的，依法给予处分。

第八十一条　依法收回国有土地使用权当事人拒不交出土地的，临时使用土地期满拒不归还的，或者不按照批准的用途使用国有土地的，由县级以上人民政府自然资源主管部门责令交还土地，处以罚款。

第八十二条　擅自将农民集体所有的土地通过出让、转让使用权或者出租等方式用于非农业建设，或者违反本法规定，将集体经营性建设用地通过出让、出租等方式交由单位或者个人使用的，由县级以上人民政府自然资源主管部门责令限期改正，没收违法所得，并处罚款。

第八十三条　依照本法规定，责令限期拆除在非法占用的土地上新建的建筑物和其他设施的，建设单位或者个人必须立即停止施工，自行拆除；对继续施工的，作出处罚决定的机关有权制止。建设单位或者个人对责令限期拆除的行政处罚决定不服的，可以在接到责令限期拆除决定之日起十五日内，向人民法院起诉；期满不起诉又不自行拆除的，由作出处罚决定的机关依法申请人民法院强制执行，费用由违法者承担。

第八十四条　自然资源主管部门、农业农村主管部门的工作人员玩忽职守、滥用职权、徇私舞弊，构成犯罪的，依法追究刑事责任；尚不构成犯罪的，依法给予处分。

第八章　附　　则

第八十五条　外商投资企业使用土地的，适用本法；法律另有规定的，从其规定。

第八十六条　在根据本法第十八条的规定编制国土空间规划前，经依法批准的土地利用总体规划和城乡规划继续执行。

第八十七条　本法自 1999 年 1 月 1 日起施行。

后　记

本书是房地产经纪人职业资格考试用书之一，原名为《房地产基本制度与政策》，自 2002 年正式出版。2016 年，根据房地产经纪人职业资格考试科目名称调整，更名为《房地产交易制度政策》。

本书的主要内容是房地产经纪人从事经纪业务、做好经纪专业服务所需要的制度政策规定，各章内容包括房地产业及相关法规政策、房地产基本制度与房地产权利，房地产转让、新建商品房销售、房屋租赁、个人住房贷款、房地产交易税费、不动产登记、房地产广告等相关制度政策。编写与修改本书的目的不仅是满足报考人员职业资格考试准备的需要，更是希望在房地产交易制度政策方面，能对广大房地产经纪从业人员、中介服务机构的实际工作有所帮助。

本次印刷出版的《房地产交易制度政策》为第五版，与第四版比较，本书在多数章节内容上均有较大程度的修改与补充。如全书结合近年来相关行政法规、部门规章、规范性文件等，对相关章节均较系统地、有针对性地进行了修改；为丰富内容增进结构的合理性，重点对房地产转让相关制度政策、房屋租赁相关制度政策进行了修改和调整；依据近期新颁布的税法与规章，对房地产交易税费进行了修改与补充。

本书由东北财经大学教授王全民任主编，承担主要编写和统稿工作，参加本书各章节修改工作的人员有王永慧、胡细英、张丽、刘倬、程敏敏、贺楠。在本书修改过程中，北京大成律师事务所合伙人吴雨冰、成都房地产交易中心李飞、安徽省宣城金桥房地产估价经纪公司董事长陈树民、四川天府新区公园城市建设局崔永强等专家学者和业内同行，以及一些读者对本书提出了许多修改意见和建议，中国房地产估价师与房地产经纪人学会贺楠参加了本书多个章节的修改工作和本书修改过程的联系、沟通等工作，中国房地产估价师与房地产经纪人学会王佳等参加了本书的校对工作，在此向他（她）们表示诚挚的感谢。

作者

2023 年 9 月